だれのための海洋保護区か

西アフリカの水産資源保護の現場から

關野伸之
SEKINO Nobuyuki

新泉社

目次

序章「理想の自然保護区」で……011

I 水産資源をめぐるポリティックス

第1章 世界に広がる海洋保護区とその悲劇……035
一 海洋保護区とはなにか 036
二 海洋保護区の大型化とネットワーク化 039
三 西アフリカに広がる海洋保護区ネットワーク 042
四 海洋保護区という利権 049
五 海洋保護区の悲劇 053

第2章　だれが魚を獲るのか……059
一　ヨーロッパ航海士の到来（一五～一六世紀）　063
二　フランスによる植民地化と漁民への影響（一七～一九世紀）　065
三　宗主国フランスによる水産資源開発と漁業紛争の勃発（二〇世紀前半）　070
四　政府による漁業振興と卸売業の台頭（一九六〇～七〇年代）　076
五　水産資源保護の高まりと海洋漁業への法的規制（一九八〇～九〇年代）　083
六　海洋保護区の誕生と激化する漁業紛争（二〇〇〇年代～現在）　087

II　だれのための海洋保護区か

第3章　海洋保護区はいかにつくられたか……095
一　歴史の異なる一四の村　096
二　海洋保護区はいかにつくられたか　122

三　理想の海洋保護区か、対立を生む装置か　131
四　調査方法　132

第4章　つくられたコミュニティ……135
一　CBNRM（コミュニティ主体型自然資源管理）は環境保全の万能薬か　138
二　排除・無視された漁民の声　142
三　つくられたコミュニティ　152
四　適切なCBNRMの構築に向けて　162

第5章　増える魚と減る魚──問われる科学の役割……167
一　海洋保護区の生態的効果　170
二　漁業規制に関する議論──禁漁か規制か？　172
三　「科学的調査」の言説　178
四　「チョフを守れ」という言説　183
五　科学者に求められる役割　191

第6章 エコツーリズムという幻想 …… 195
一 エコツーリズムとは何か 199
二 急成長するエコツーリズムをめぐる論争 202
三 セネガルにおけるツーリズムの歴史 204
四 エコロッジ「クール・バンブーン」 212
五 エコツーリズムは地域開発に貢献するか 215
六 「コミュニティ主体型エコツーリズム」の幻想 226
七 エコツーリズムという幻想を超えて 231

第7章 環境NGOはだれのために動くのか …… 235
一 環境NGOオセアニウムの躍進 241
二 環境NGOの光と影 247
三 環境NGOに内在するジレンマ 254
四 再生産される権力関係 257
五 環境NGOと市民社会 262

III 海洋保護区という装置がもたらすもの

第8章　だれの意見が正しいのか……269
一　競合する利害関係者のレジティマシー　271
二　海洋保護区のゆらぐレジティマシー　281
三　水産資源におけるレジティマシーのもつジレンマ　288

第9章　海洋保護区という言説を超えて……291
一　海洋保護区の言説と現実　292
二　自己存続を図る海洋保護区　298
三　地域にかかわることの意味　305

資料1　サルーム・デルタの歴史　310
資料2　漁業および資源管理年表（フランスとセネガル）　329
おわりに　342
文献一覧　i

セネガル地図

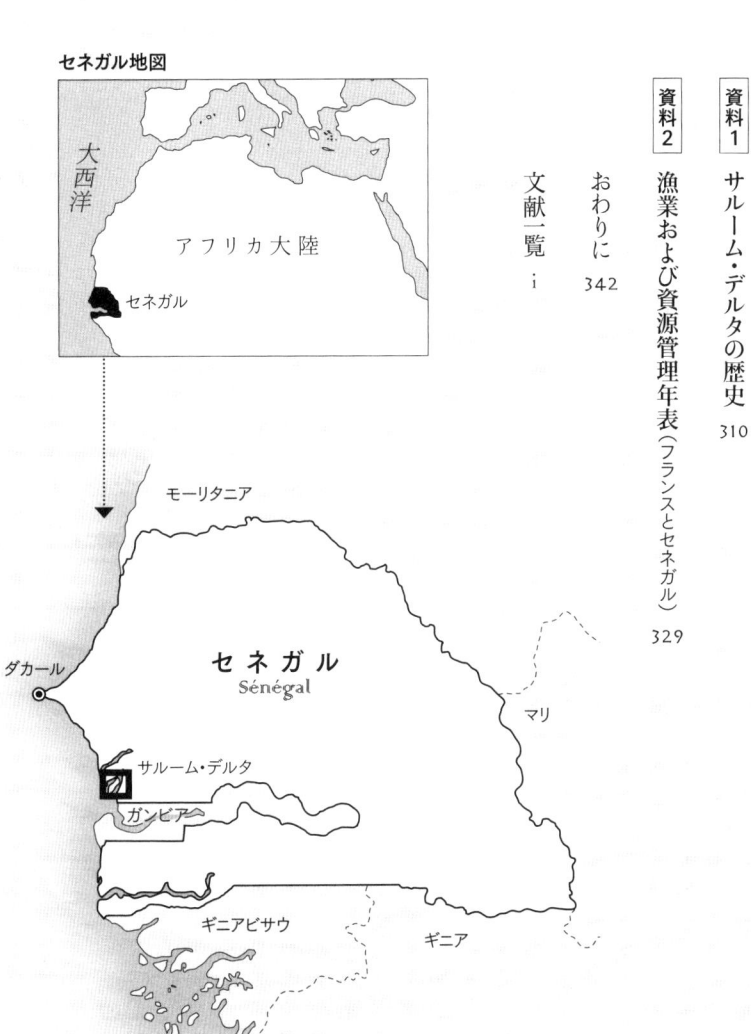

サルーム・デルタの村落の位置

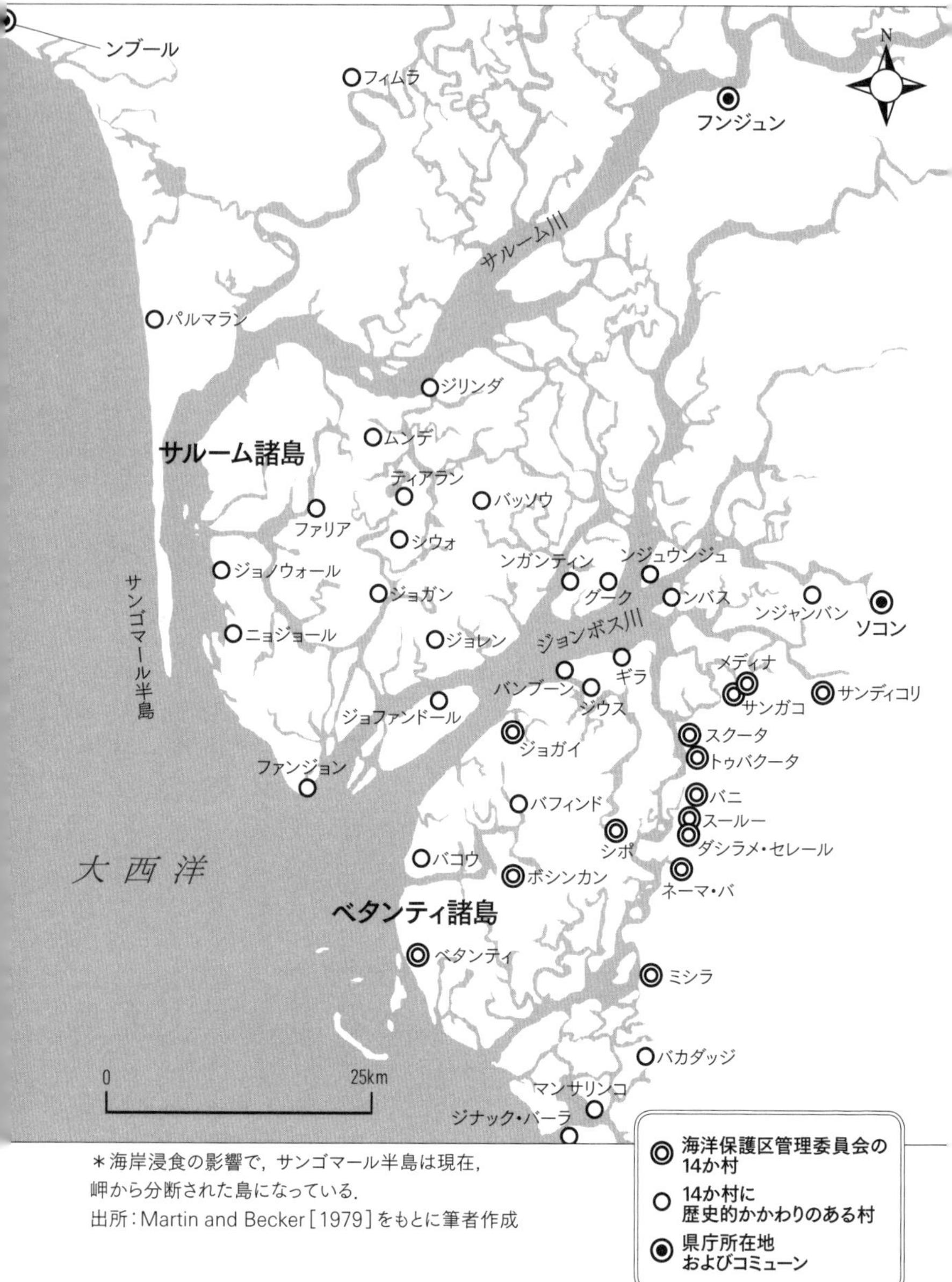

＊海岸浸食の影響で，サンゴマール半島は現在，岬から分断された島になっている．
出所：Martin and Becker［1979］をもとに筆者作成

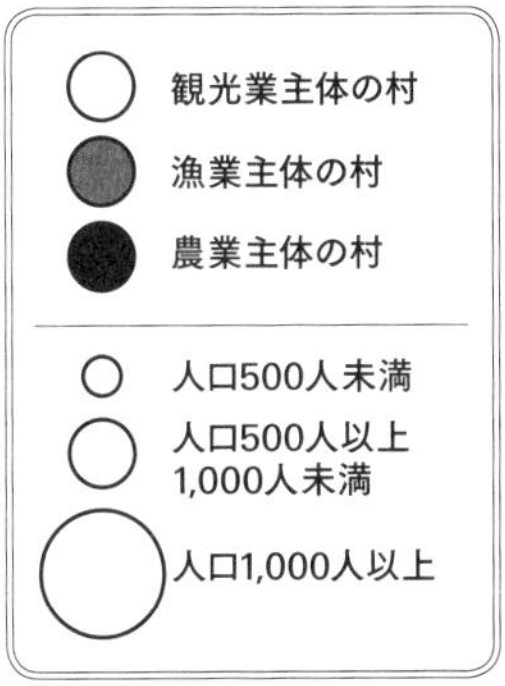

バンブーン海洋保護区の位置と村落

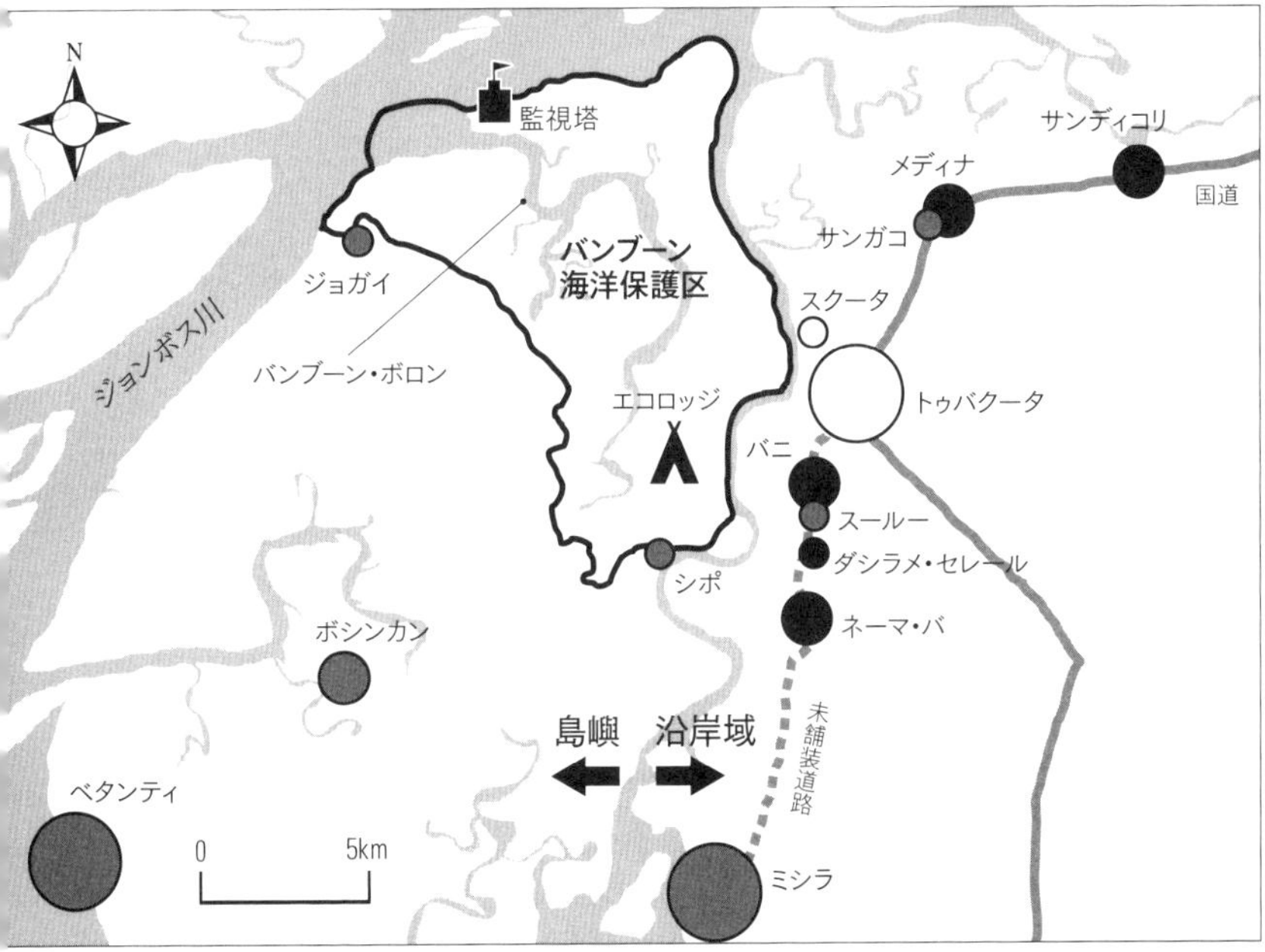

＊セネガルの主な漁港と地域の名称については，
61ページの図2-1を参照．

ブックデザイン　藤田美咲

序章

「理想の自然保護区」で

サルーム・デルタを代表する哺乳類ブチハイエナ
（2007年6月）

▽セネガルの小さな漁村での出来事

「何をしに来た。帰れっ!」

二〇〇八年六月、私は「バンブーン共同体海洋保護区(Aire marine protégée communautaire de Bamboung)」(以下、バンブーン海洋保護区)の調査のために、初めてスールー村を訪れた。村の漁師に海洋保護区の問題について尋ねたとき、彼はこう怒鳴ったのである。

スールー村は人口二〇〇人ほどの小さな村。村の中心部を未舗装道路が貫き、しばしばトラックやバイクタクシーの騒音が鳴り響くものの、いたって静かな村である。観光地であり、この地域の核となっているトゥバクータ村から徒歩で南へと向かう。一五分ほど歩くとバニ村がある。この村を抜けてさらに五分ほど歩くとスールー村が見えてくる(写真0-1)。バニ村で子どもたちに「シノワ、シノワ(フランス語で中国人を意味する言葉)」とからかわれて疲れていた私は、スールー村では子どもたちが大人しくじっと私を見ていることに気づき、ほっとした。この村なら落ち着いて話を聞くことができそうだ。

当時、私はフランス国立開発研究所(IRD)の研修員として、セネガルにある三つの自然保護区の調査を行っていた。地方自治体が設置したパルマラン共同体保護区で調査を行っていたものの、ツーリズム振興のためにもともと農地だった場所に

写真0-1　スールー村．セレール・ニョミンカ民族の伝統的住宅が建ち並ぶ（2009年10月）

保護区の境界線をひいたこともあって諍いが絶えず、地域住民による適正な管理にはほど遠い状態であった。何か良い例はないだろうかと考えていたところ、友人のアメリカ人ボランティアがバンブーン海洋保護区に行ってみないかと誘ってくれたのである。彼の話では、環境NGOの支援を受け、地域住民が自分たちでロッジを運営し、その収益で保護区を管理しているという。

彼らとともに訪れたエコロッジは想像以上に快適な宿であった。太陽光発電で電球に灯りがともされ、満天の星の下で浴びるバケツのシャワーに長旅の疲れも吹き飛んだ。夜になると周囲は静寂に包まれ、ブチハイエナの遠吠えしか聞こえない。気さくな従業員たちは、しきりに海洋保護区によって魚たちが戻ってきたと熱く語っていた。バンブーンは成功事例として国際的評価も高く、モーリタニアなど周辺の西アフリカ諸国からも視察団が訪れていた。

環境NGOが支援し、地域住民が主体的に保護区やツーリズムに関わるバンブーンのありようは、まさに理想的なコミュニティ主体型の環境保全に思えた。それゆえ、環境NGO、地方自治体、国という保護区設置のイニシアティブが異なる保護区の比較研究として、バンブーンを調査地に選んだのである。その仮説は、環境NGOが関与することで、環境保全がより適正に実施されるというものであった。バンブーン海洋保護区のイブライマ・ジャメ管理委員長は長年、国際協力機構(JICA)のプロジェクトに携わっており、日本人に対して好意的であった。私が調査のために宿泊できる場所を探していると相談すると、自分の家に泊まればいいと快く申し出てくれた。

こうして、彼の村であるスクータ村での生活が始まった。スクータ村は人口三〇〇人ほどの小さな漁村であり、藁葺きの伝統的な住居が建ち並ぶ。一方、ジャメさんの家はコンクリート造りであり、冷蔵庫や発電機もある裕福な家であった(写真0-2)。大家族の長である彼の家には近所の人だけでなく、政府関係者や外国人が頻繁に訪れていた。だれもが彼を尊敬し、海洋保護区を受け入れているように思えた。しかし、彼の家で数日を過ごしていくうちに、村の人たちは本当のところ

写真0-2　スクータ村の管理委員長自宅（2009年10月）

はどう思っているのか知りたいという欲求が湧いてきた。私はセネガルの主要言語であるウォロフ語も、地元の人たちの共通言語であるセレール語やソーセ語も十分に聞き取ることができない。そこで、フランス語を解する村の人に通訳をお願いすることにした。それなりの手当ては支払うと言うと、彼はふたつ返事で承諾してくれた。しかし、「バンブーンに対する住民の率直な思いを聞きたいのだけど……」と切り出すと、彼は即座に「そういうことなら俺には無理だ」と断ったのである。私は瞬時に理解した。バンブーンには何か重大な問題があるのではないか。

そこで、スクータ村での調査はあきらめ、バンブーンの運営管理に関わっているという他の一三の村での調査を始めることにした。こうしてたどり着いたのがスールー村であり、初めてのインタビューは冒頭の罵声に始まったのである。村長に挨拶を終え、「バンブーンについて村の人たち、特に漁民がどう思っているのか知りたいのです」と申し出ると、村長は彼の息子と五〇代と思しき男性を連れてきて「彼らはフランス語がわかるから」と説明した。私が趣旨を説明し始めた途端、年配の男性は怒りを私にぶつけてきたのだ。

「何度、白人たちがこの村に聞き取り調査に来たと思っている。そのたびに俺は答えたんだ。保護区が何かの役に立っているかって。何もあるわけがないだろ。(隣に座った村長の息子を指差し)こいつを見ろ。保護区のせいで漁ができないから、もう船を売っちまったのさ。何度も訴えたよ。政府の奴らだろうが、学生だろうが。俺が答えたことは伝わったのか。何も変わっちゃいないんだ」

彼は怒鳴り続けた。私は何も言うことができず、彼の話を聞くだけであった。隣でじっとやりとりを聴いていた村長の息子が口を開いた。

「魚が減っているから守らなきゃいけないことはわかっている。牡蠣《かき》も昔のようにはとれない。でも、漁しかない村でどうやって生きていけばいいのか」

切実な願いであった。後で知ることになるのだが、スールー村は海洋保護区の設置によって最も被害をこうむった村のひとつであった。海洋保護区が設置されたとき、憲兵隊と国立公園局が共同でその監視活動を引き受けることとなった。そして、憲兵隊によって、スールー村の漁民が武力で逮捕されるという事件が起きた。この事件で三人の漁師に加え、村のイスラム導師が逮捕されて一七日間拘禁された。三人の漁師はさらに半年間拘禁され、二五万七〇〇〇セーファー・フラン（フランス語圏西部・中部アフリカの共通通貨。二〇一三年一〇月レートで換算すると約五万一〇〇〇円）の罰金刑が科せられていたのである。これはセネガルの平均的な公務員給与の一か月分を大きく上まわる金額であった。

私が思い描いていた理想の海洋保護区像は脆くも崩れ去った。なぜこんな事態を招いてしまったのか。私が世話になっているジャメ管理委員長も決して悪い人ではない。私を怒鳴ったスールー村の男性も、いかに自分たちの生活が苦しいか、私のために時間を割いて話してくれた。その後もいろいろな人に会い、ひたすら話を聞いてまわったが、汚い「悪者」というのはこの地域には存在しないように思えた。だれもがよかれと思い動いているのに、対立だけが深まっていく。これが現場で感じたことであった。

▽セネガルとのかかわり

私が初めてセネガルを訪れたのは二〇〇〇年一二月のことである。当時、岐阜県職員だった私は、いつか海外の国立公園で働きたいという夢を抱いていた。大学で鳥類生態学を専攻したものの、動物のみを重視する研究アプローチに違和感をもった私は研究をあきらめ、まずは行政の視点から野生動物保護問題に携わろうと県職員の道を選んだ。しかし、野生動物保護は技術吏員の職務であり、私のような事務吏員には縁がなかった。そんな折、職場の回覧でまわってきた青年海外協力隊員募集の案内に目がとまった。セネガルで生態学の隊員を公募しているという。そもそもセネガルがアフリカのどこにあるかも知らない状態ではあったが、職場や家族の理解によって派遣が決まり、セネガルの環境・自然保護省の情報センターで働くこととなった。この施設はモーリタニアとの国境の町サンルイにあり、周辺には世界自然遺産で知られるジュージ鳥類国立公園など三つの自然保護区がある。私の職務はこれらの保護区の情報を観光客や市民に提供し、普及啓発活動を行うことであった。とはいえ、フランス語は三か月の訓練で学んだ程度であり、現地語のウォロフ語にいたってはまったく話せないこともあって、私に対する同僚たちの目は厳しかった。特に仕事もなく、一日中、ただセンターで時間をつぶす日が続いた。半年のあいだ、私がした仕事は文書作成とセンターの掃除である。街を歩けば東洋人はからかいの対象となることもあって、ストレスを溜める毎日であった。いったい、自分はこんなところまで何をしに来たのだろうかと悩む日々が続いた。

そんなある日、管内の保護区を所長とともに訪問した際に、バカリー・ソンコと

写真0-3　私に大切なことを教えてくれたソンコ職員(2002年5月)

いう野鳥にくわしい職員と出会った(**写真0-3**)。彼は保護区の鳥類リストを作成しており、私にワープロ打ちしてほしいという。翌日、リストを彼に届けると、保護区周辺で鳥類調査をしているから参加してみないかと声をかけてきた。快諾した私は彼の調査に同行し、そこで下級職員にすぎない彼のもつ知識・識別力に感嘆することとなった。そして、近くの村のだれもが彼を慕っていることに驚かされた。国立公園局職員には違法な伐採や狩猟などを取り締まる権限があり、村人にとっては目の上のたんこぶ的存在でもある。しかし、彼らは決してソンコを敵対者とみなすことなく、友人と会ったときのように挨拶を交わし、「今年は良いのが実ったから持っていけ」と嬉しそうに野菜を渡していた。ソンコは悩む私をこう諭してくれた。

「大事なものは現場に落ちているんだよ。アース（私のセネガルでの名前）、歩け。歩けば見えてくるものがある。事務所で座っていても村人は何も語ってくれない」

その日を境に私はひたすら現場に出ることに努めた。毎日、保護区まで片道一五キロメートルほどの距離を自転車で通った。現地語を介さない私に対して距離をとっていた近隣の村出身のガイドたちも、次第に私に話しかけるようになり、保護区の責任者である保護官からも相談を受ける機会が増えてきた。現地語でコミュニケーションがとれない自分には、二年間で住民との信頼関係を構築することはできないが、職員やガイドとのあいだであれば可能かもしれない。こうして、まずは国立公園のパンフレットを作成することにした。写真撮影は素人であったが、時間はあった。ソンコやガイドたちも撮影によい場所を教えてくれた。三つの国立公園のパンフレットが完成し、保護区で行われたシロオリックス移入式典会場で県知事によりお披露目された。写真の質は決してよいものではなかったが、国立公園での販売が開始された。これに気をよくした私は、残りの一年間で学校での環境教育とともに、野鳥図鑑の作成にとりかかった。隣国ガンビアはバードウォッチャーが多く、イラストの美しい図鑑が販売されていたものの、英語の説明しかなく、かつ高価であった。一方、フランス語で書かれた西アフリカの野鳥図鑑はよいものがなく、ガイドからも不満の声があがっていた。

夜明け前に写真撮影に出発し、日が沈んでから家に戻り、深夜まで執筆作業に追われる日々が続いた。ＪＩＣＡの支援もあり、二〇〇二年一一月、私の任期終了直前に図鑑は完成した。セネガルで観察記録のある約六〇〇種のうち一七六種について記載したセネガル初の野鳥写真図鑑である。支援してくれたセネガルの人たちに感謝の意をこめて、著者名は私のセネガル名であるアース・バを使用した。この功績が認められ、外国人としては初めて国立公園局長より表彰を受けることになった（写真0-4）。その四年後にバンブーン海洋保護区設立の立役者である環境ＮＧＯオセアニウム（Océanium）のアイダー（El Ali Haïdar）代表が国立公園局長表彰を受けたのは不思議な縁である。

写真0-4　国立公園局での表彰式（2002年12月）

▽恩師の教え

帰国後、岐阜県に復職し、環境局に配属され、地球温暖化対策を担当することとなった。私にとって希望どおりの職場であり、やりがいも感じていた。しかし、次第に、成功事例をもとにモデルをつくり政策目的を達成するという行政手法に大きな疑問を感じるようになっていた。いったい、だれの目から見た成功なのか、だれが判断するのか、マスコミに取り上げてもらうために「目に見える結果としての数値」の根拠づくりに追われ、だれのために働いているのかわからなくなってきた。アフリカの現場で地域住民の立場に立って仕事がしたいとの思いが強くなり、一〇年の勤務を区切りに退職し、フランスの大学院に留学した。私がセネガルで活動した二〇〇〇年代初頭は住民参加型の環境保全が万能薬のように崇められ、国際援助機関が競ってプロジェクトを実施していた。そうしたプロジェクトで、ほぼかならずと言っていいほど用いられたのがエコツーリズム振興であった。留学先の大学院にはツーリズムと環境専攻があり、また旧フランス植民地の多い西アフリカ諸国で活動するためにもフランスの環境行政を学ぶことは非常に有益に思えた。

そして恩師ジャック・キャンシエール教授と出会うことになる。教授はチャド湖やマリでの水産資源研究の第一人者である。大学院の専攻長の紹介で初めて面接を受けた際、「フランス語もぎこちない東洋人に何ができる」といった目で私を値踏みし、好意的に受け入れてくれたようには思えなかった。

調査地には地方自治体がエコツーリズム振興のために設置したパルマラン共同体

保護区を選び、二か月のフィールドワークを行った。ソンコの教えを守り、ひたすら保護区内を歩き続けた。初めての土地ではあったが、おかしな東洋人が何もない場所をただひたすら歩いていると村で噂になり、一か月を過ぎると村の人たちが声をかけてくれるようになった。

彼らのおかげで地域社会が抱えるさまざまな問題がわかってきた。地方自治体が管理する保護区といっても、現実にはヒトもカネも足りない状態であった。実質的な管理は国立公園局が行っており、強硬な取り締まりをめぐって住民との対立が起きていた。さらには、海岸浸食が進行しており、農地だけでなく村の存在までもが消滅の脅威にさらされているうえに、外部の投資家による土地の買い占めが起きていた。地主たちはホテルやロッジを経営する外国人に土地を高く売りつけたいために、農地をもちたい地元の農民に売ろうとしなかった。また、ロッジ経営者は宿泊客のプライバシーを重視するという理由からロッジ敷地内への村人たちの立ち入りを禁止し、ロッジ周辺を行き来する牧畜民や漁民と諍いを抱えていた。保護区はもともと農地である場所に設定されており、牧畜民は私の目を気にしながらバオバブの木を伐採していた（写真0-5）。エコツーリズムとは程遠い状況がそこにはあった。

一年目の口頭試問で、エコツーリズムはセネガルではうまくいかないのではないかと私は結論づけた。口頭試問が終わったあと、いつも「お前の書くフランス語は

写真0-5　パルマラン共同体保護区内で伐採する牧畜民（2007年6月）

わからない」と叱ってばかりだった教授が私の頭をポンっと叩いた。結果は二〇点満点中一六点の高評価だった。

教授は指導する学生には厳しく、不真面目な学生は容赦なく帰国させた。私も叱責されたが、温かみのある人物でもあった。研究所に研究者が訪問するたびに、「この子のやっていることはおもしろいから見てやってくれ」と紹介してくれた。スールー村での出来事の後、「保護区のエコツーリズムに対する批判的な研究になるかもしれません」と報告すると、「自分が見てきたものを素直に書けばいい」と応援してくれた。

しばしば成功事例の研究が脚光を浴び、学術誌にも掲載されやすい傾向がある。しかしながら、教授はそういった傾向を嫌い、問題の本質を見逃すことにつながる地域社会や地域住民の理想化を危惧していた。地域社会は他者の目で単純化してはならないとする彼は、しばしばバンブーンの問題で環境NGOオセアニウムと論争していたらしく、当時、オセアニウムのプロジェクト責任者だったジャンは、私が彼の教え子と知ると次のように言い放った。

「俺たちは、批判はあっても保護区をつくった。成果を残したプロなんだよ。君たち研究者は何をした。研究所はただの哲学者の集まりじゃないか」

私は即座に反論することができなかった。それは冒頭のスールー村の男性に言われたことでもあった。研究者が地域の人びとや資源を自分の研究のために利用するという側面は否定することができない。調査地では村人たちにしばしば金銭を要求された。利用するのであれば金を払えという、ある意味、真っ当な主張である。研究者は金銭を支払う代わりに、成果を報告することで地域への貢献を図ろうとする。そこでは、地域社会の良い側面を強調する反面、悪い側面は取り上げづらくなる。そのことを教授は最も忌み嫌っていた。「研究者として純粋に研究対象に向き合え」、私は彼にそう教えられたように思う。

帰国後、京都大学大学院アジア・アフリカ地域研究研究科に編入学し、山越言准教授の指導のもと、バンブーン海洋保護区の研究を続けることにした。それはスールー村の出来事が忘れられなかったからであり、「研究者は何ができるのか」という現場の人たちに対する自分なりの答えを見つけなければならなくなったからである。

▽本書の構成

本書は序章を含めて一〇章から構成される。

序章では、これまで見てきたように私のセネガルとの関わりを述べてきた。ボランティア、行政職員、研究者と、それぞれ異なる立場と経験から見えてきたもの、「研究者は何ができるのか」という私にとってのライフワークを見出したプロセスについて言及した。

第1章では、本論の対象である海洋保護区について概説する。近年、世界中で設置が試みられている海洋保護区が、西アフリカにおいてどのような広がりを見せているのか、現場で起こり始めた問題とあわせて述べる。

第2章では、セネガルの海洋保護区を取り巻く政治的・社会的背景を理解するために、より大きな枠組みでセネガルにおける漁業の発展と水産資源管理政策について、ヨーロッパ人による西アフリカの「発見」から海洋保護区が誕生するにいたるまでを六つの時代に区分し、概説する。

第3章以降では、セネガルのバンブーン海洋保護区の事例をもとに、海洋保護区とその地域社会への影響について分析を行う。第3章では、海洋保護区周辺の一四の村の社会・経済・歴史的背景について概観する。そのうえで、本書の研究アプローチを示す。第4章以降では、より具体的に海洋保護区の効果と影響を社会的・生態的・経済的側面から検討し、外部者の地域社会へのかかわり方について議論する。

第4章では、海洋保護区が導入されたことにより揺れる地域社会の姿を描く。近年、環境保全と地域開発の両立を目論んだ資源管理手法として導入が進められている「コミュニティ主体型自然資源管理」の理念・方法が、現場においてどのように機能しているのかを検討する。

第5章では、海洋保護区の目的のひとつである海洋資源保全について、保護区設置の生態的効果に関する諸言説の妥当性を検証する。

第6章では、アフリカの自然保護区で近年盛んに導入されているエコツーリズムに注目し、バンブーンで行われているエコロッジ経営を事例にアフリカにおけるエコツーリズムの理想と現実を述べる。

第7章では、海洋保護区の設置を事実上主導した環境NGOに焦点を当て、政府、ドナーや地域コミュニティとの関係の実態とその変遷について記す。

第8章では、自然資源の所有・利用・管理、それぞれの社会的背景に着目して、海洋保護区に関わる多様な利害関係者の言い分を詳細に検討する。

最終章では、「コミュニティ主体型」「科学的客観性」「エコツーリズムによる利益還元」「多層的なアクター間の共同管理」といった、今日、理想主義的に語られる理念を検討した結果をもとに、適切な資源管理ツールとして海洋保護区が機能する可能性について考察する。

▽本書の位置づけ

アフリカにおける自然保護区は欧米諸国の自然保護思想に大きく影響されてきた。その近代的自然保護制度は欧米諸国の概念であり、先進国の「消費者」のために存在している［山越 2006］。地域住民を資源管理上の障害とみなして自然資源から排除する、国家主体のトップダウン型アプローチがとられてきた。トップダウン型アプローチの反省から、地域コミュニティを主体としたボトムアップ型のアプローチが模索されてきたものの、依然、外部者が描く保全の枠組みにとどまっている。植民地時代から続くヨーロッパ、アフリカ、そしてコミュニティ内の歴史的権力支配構造から容易に抜け出せない状況にあるのである［安田 2013］。このため、潜在的な在来知を活かし、地域に根ざした資源管理アプローチが模索されてきた［山越 2006; 西崎 2009; 目黒 2010 など］。

これまでの先行研究においては、柵の設置など、なんらかの境界設定が可能である陸上の自然保護区について、地域に根ざした資源管理手法の議論がなされてきた。陸上においては、保護対象となる動植物の移動は制限を受け、それを利用する人間や地域コミュニティをある程度特定することは可能である。一方、海洋における保護区においては、魚も人も常に移動し、保護すべき対象、資源管理の主体となるべき地域コミュニティにだれを含めるべきかという問題が生じてくる。資源管理に関する合意形成を行うにも、利害関係者を特定する作業がきわめて困難なのである。本書は、海洋保護区というひとつの窓を利用して、地域に根ざした資源管理アプローチを目指すうえで、多様化する利害関係者とその言い分をどう扱うべきなのか、問題提起するものである。

本書の特色は以下の三点である。

ひとつめは、調査対象を特定の村落や性・年齢・社会階層に限定せず、七〇〇〇ヘクタールという広域に散らばる一四の村すべてを対象とし、長期にわたる徹底した聞き取り調査を行うことで、村落間の対立や、さまざまな利害関係者間の主張の違いを俯瞰的視点から錯綜するネットワークとして表現する点である。

ふたつめは、しばしば盲目的に用いられがちな「コミュニティ主体型自然資源管理」を批判的に検証し、理想主義的に地域住民を一枚岩とみなすことの弊害を具体的事例により明らかにする点である。コミュニティ同士が対立しているような地域においては、「真の受益者」を特定する作業自体がさらなる対立を生むことを指摘する。

三つめは、「エコツーリズムによる地域への利益還元」「中立的な科学的事実の活用」「アクター間のつなぎ役としての環境NGO」など、理想主義的に語られがちなキーワードを具体的な事例から分析し、バンブーン海洋保護区においては、それぞれが深刻な現実的問題を抱えていることを説得的に論じる点にある。これらのキーワードが密接に結びつき、海洋保護区全体の混乱状況をつくり上げているという大きな全体像を提示する。多様な利害関係者が相互理解を深めながら順応的管理を行うという近年の楽観的な自然資源管理論に対し、「同じテーブルを囲む」こと自体が困難な現場の姿を提示することは、今後の資源管理論にとって大きな提言となると考える。

S é n é g a l

I

水産資源をめぐるポリティックス

第1章

世界に広がる海洋保護区とその悲劇

水鳥のカウント調査を行う国立公園職員とエコガイド
（2012年1月）

近年、海洋保護区(Marine Protected Areas)についての議論が高まっている。海洋保護区は自然破壊の脅威にさらされた海洋や沿岸域を保全する必要性が高まったことで発展し、二〇〇六年末時点で世界に四四三五の海洋保護区が存在し、世界の海洋面積の〇・六五%を占めている[Wood et al. 2008:342]。海洋保護区は、海洋の生物多様性と生態系サービスを確保する有効な保全施策として重要視されており、沿岸諸国の生物多様性保全のための主戦略として取り上げられている。海洋保護区の設置によって魚種の多様性が高まり、結果的に漁業者やスポーツフィッシング愛好家の利益につながる[Roberts et al. 2001]と考えられており、生物多様性の保全と貧困削減を両立させる戦略として期待されている。

本章では、海洋保護区の概念がいかに発展したのか、国際社会の視点から解説し、セネガルの現場で起きている問題について言及する。

一 海洋保護区とはなにか

海洋保護区について、二〇一三年一〇月現在、合意された定義はない。しかしながら、国際自然保護連合(IUCN)の定義が援用されることが多い。この定義によれば、海洋保護区とは、ある区域を覆う水域と、それに付随する植物相・動物相および歴史・文化的特色を含んだ潮間帯（intertidal）あるいは潮下帯（subtidal）で、一部あるいはすべての環境を法あるいは他の有効な手段によって保護したもの［Kelleher 1999］

とされる。アフリカ大陸において最も多い二一の海洋保護区を指定している南アフリカ共和国では、一九八八年に海洋生物資源法（Marine Living Resources Act）が制定され、その第四章において海洋保護区の定義を行っている［Republic of South Africa 1998］。

(1) 動・植物相あるいはその特定種、ならびにそれらが依存する物理的特色を保護し、

(2) 卵資源の保護によって漁業管理を容易にし、資源の回復や隣接する海域の資源量を高め、本来の漁業コミュニティを供給するとともに、

(3) 区域内の競合する利用によって生じる紛争のリスクを減少させるもの

この海洋保護区の規定では、許可がないかぎり、魚介類の採取、生態系に影響を与える活動、保護区域内の建設物の設置が禁止される「禁漁区域（No-take Zone）」の設置が基本となっている。IUCNの保護区管理カテゴリー［Dudley 1998］における、人間の活動に対する規制が厳しいIの厳正自然保護区（Strict nature reserve）や原生自然保護区（Wilderness area）に相当する。一方、西アフリカの

海洋保護区においては、資源の持続的な利用の観点から、長期にわたる生態系の維持と地域コミュニティの需要を充足させるために、より柔軟なVIの持続的資源利用保護区（Protected Area with sustainable use of natural resources）を目指したものが多くなっている［Weigel et al. 2007:14］。

日本においては、二〇〇八年に成立した「生物多様性基本法」や二〇一〇年に閣議決定した「生物多様性国家戦略二〇一〇」を受け、二〇一一年三月に環境省が「海洋生物多様性保全戦略」を策定し、次のように定義している。

海洋生態系の健全な構造と機能を支える生物多様性の保全および生態系サービスの持続可能な利用を目的として、利用形態を考慮し、法律又はその他の効果的な手法により管理される明確に特定された区域［環境省 2011］

しかしながら、日本には「海洋保護区」と命名された区域の指定制度は存在していない。この定義に準ずるものとして、他の法律制度にもとづいた「自然公園」や「鳥獣保護区」、「保護水面」などが挙げられる。

海洋保護区はかならずしも「Marine Protected Area」という名称ではなく、他にも「Marine Park」「Marine Reserve」「Marine Sanctuary」「Marine Managed Area」などの用語が使用され、国によって定義や目的が異なっている。最新のＩＵＣＮの保護区委員会のリストによれば、海洋保護区の同義語として五〇以上もの言葉が使用されているという［MARE 2007:1］。したがって、「海洋（marine）」の冠を記さないものの、海洋保護区として一般的に認識されているものも多い。西アフリカ沿岸諸国では二〇〇九年の段階で六か国に二四の公式な海洋保護区が存在する［RAMPAO 2010:11］が、海洋部を含む陸上の保護区が新たに海洋保護区として認識されているものもある。また、河口部を蛇行する支流を海洋保護区とするような、一般的な「海洋」のイメージからは程遠いものも存在する。

海洋保護区の定義は不明瞭なものであり、海洋環境保全政策を進めていくうえで既存の保護区を海洋保護区として扱うこともある。本書では、生物多様性条約締約国会議などの国際会議において、ＩＵＣＮによる海洋保護区の定義が使用されていることから、その定義にならい論考を進めることとする。

(二) 海洋保護区の大型化とネットワーク化

海洋保護区については、一九八〇年代からＩＵＣＮが中心となって研究調査を行ってきた。国際的な注目が集まったのは、一九九二年の「環境と開発に関する国連会議」、いわゆる第一回地球サミットで持続可能な開発を実現するための行動計画である「アジェンダ21」が採択されてからである。海洋保護区と明確に定義することはなかったものの、この計画の第一七章において、沿岸・海洋域における統合型沿岸・海洋管理および持続可能な開発のための適切な措置として、沿岸・海洋域での保護区の設置が提言されている。

海洋保護区は漁民を中心とした沿岸域社会の持続可能な開発と海洋生態系の保全に寄与するものとしてとらえられているが、この背景には持続可能な開発に呼応した沿岸域統合管理(Integrated Coastal Zone Management)の概念に対する関心の高まりがある。統合(integration)とは、すべての利害関係者を含む民主的統合、すべての関係機関を含む行政的統合、沿岸域をひとつのつながりにとらえる物理的統合および学際的統合を意味する[Stead 2005:185–186]。この概念は、もともと、アメリカで一九七二年に生まれた沿岸域管理法(Coastal Zone Management Act)によって形成されたものであるが、当初は環境保全よりもむしろ沿岸開発の文脈で使用されていた[Billé 2004:45]。欧州委員会ではリスクをともなう活動のガバナンスについて、専門家が中心となり科学知にもとづいた正当性を拠りどころにする垂直的なガバナンスと、利害関係者の相互信頼による水平的なガバナンスを区別している。そのうえで、不確実な、あるいは複雑な状況においては関係者の相互信頼が必須[Dahou et al. 2004:3–4]とされたことから、民主的統合や行政的な統合の取り組みが進むこととなった。さらに、沿岸・海洋域をひとつのつながりとした海洋保護区のネットワークづくりが進んでいく。南アフリカのヨハネスブルグで二〇〇二年に開催された「持続可能な開発に関する世界首脳会議」(第二回地球サミット)においても、海洋保護区の議論がなされ、国際法にのっとり、科学的情報にもとづいた海洋保護区ネットワークを二〇一二年までに構築することが提唱された。海洋保護区ネットワークとは、ＩＵＣＮによれば、「単独の海洋保護区ではなしえない生態的目標をより効果的かつ広範囲に達成するためにさまざまな空間規模において、協力かつ共同して作用する個々の海洋保護区のグループ」[WCPA/IUCN 2007]である。

二〇〇三年に南アフリカのダーバンで開催された第五回世界国立公園会議においても、同様の提唱がなされ、科学的知見にもとづいた広大な海洋保護区を設置し、海洋生物の生息環境の少なくとも二〇〜三〇％を厳正保護区とすべきとの提言がなされた。さらに、二〇〇四年にマレーシア・クアラルンプールで行われた生物多様性条約第七回締約国会議（ＣＯＰ７）では、海洋保護区ネットワークを世界の海洋・沿岸の生態的区域の少なくとも一〇％に構築するという具体的な数値目標が設定された。しかし、目標の達成は困難であったため、二〇一〇年に名古屋で開催された生物多様性条約第一〇回締約国会議（ＣＯＰ10）では、二〇二〇年までに世界の海洋面積の一〇％に海洋保護区を設置するものと修正されている。

海洋保護区ネットワークが進む理由として、主たる保全対象である魚類が国境や政治的な境界を越えて回遊するうえ、陸地の保護区のように明確な境界設定措置をとることは現実的に不可能な点が挙げられる。魚類も、捕獲する人間も境界を越えて移動し、ある空間に固定されたモデルでは制御することができないのである[Dahou et al. 2004:9]。さらに、海洋の生態系は気候変動の影響を受けやすいことも挙げられる。リスクを分散させるために、さまざまな地域で海洋保護区を設定し、ネットワークとして保護区を接続させることで互いに生物群を補いあう効果が期待されている[McLeod et al. 2009](表1-1)。それゆえ、海洋生態学的観点から、幼生の分散や成魚の移動を考慮し、小さな保護区ではなく、大きな保護区が求められている。たとえば、二〇一二年一一月六日にモザンビークが総面積約一万平方キロメートルというアフリカ最大の海洋保護区を設置し、同月一六日にはオーストラリア政府が二三〇万平方キロメートル以上に達する世界最大の海洋保護区ネットワークを設置している。海洋保護区の大型化とネットワーク化は今や世界的な潮流となっている。

三 西アフリカに広がる海洋保護区ネットワーク

国際社会からの海洋保護区およびそのネットワークづくりの要請にもとづき、西アフリカで海洋保護区の設置が進められている。西アフリカではPRCM(Programme régional de conservation de la zone côtière et marine en Afrique de l'Ouest)が中心となって海洋保護区ネットワークづくりを実施している。PRCMはIUCN、WWF、Wetlands InternationalおよびバンダルガンGO財団(FIBA)の四つの国際環境NGOの共同イニシアティブで設置されたもので、地域の漁業委員会と連携し、西アフリカ七か国(カーボベルデ、ガンビア、ギニア、ギニアビサウ、モーリタニア、セネガル、シエラレオネ)の沿岸域保全のために組織間の調整を行っている。PRCMはRAMPAO（Réseau régional d'Aires Marines Protégées en Afrique de l'Ouest）と呼ばれる西アフリカ海洋保護区ネットワークづくりを進めており、住民参加型による保護区管理を重視している（図1-1・表1-2）。

西アフリカ沿岸諸国において、海洋保護区が最も多く設置されているのはセネガルである（表1-2参照）。セネガル政府は前述の第五回世界国立公園会議において、漁業の維持と生物多様性の保全を図るために、既存の国立公園・保護区に加え、新たに四つの海洋保護区を設置すると宣言した［IUCN 2003:17］。この宣言にもとづき、二〇〇四年一一月の大統領令［République du Sénégal 2004］によって、最終的に五つの海洋保護区が設置されることとなった。この大統領令以前に設置されていた海洋域を含む自然保護区は管理主体が政府であったが、大統領令で設置された海洋保護区はすべて政府と地方自治体あるいは住民組織との共同管理とされた。こうした傾向は近年、海洋保護区の設置が進んでいるギニアビサウやギニアにも共通して見られる。また、漁業が主幹産業であるセネガルに設置された海洋保護区は数百平方キロメートル程度の小規模なものが主流となっている。漁民の理解なしに保護区の設置は困難であり、目的も生態系および生物多様性保全だけでなく、保護区の設置によって漁場が回復し漁獲高や社会経済的影響が改善されることを大きな柱としている。たとえば、二〇一一年七月六日、関係省庁や市民、漁業団体、地域組織、NGOの代表者ら六〇名による会議のもと策定された「セネガル国家海洋保護区戦略（Stratégie nationale pour les Aires Marines Protégées du Sénégal）」においては、以下の三つの柱を掲げ、地域コミュニティ

表1-1　海洋保護区ネットワークの理想型

カテゴリー	勧告事項
サイズ	・「大きいほどよい」――海洋環境のタイプのすべての領域と生態的プロセスを保護するためには，海洋保護区は最低直径10–20kmであるべき
形	・保護区内部の効果を最大化し，周縁効果を最小限にするためには，細長い形や渦巻き状ではなく，四角形や長方形のような形であるべき
リスク分散	・代表性――少なくとも各生息環境形態の20–30%を保護すべき ・再生――各生息環境形態の少なくとも3事例を保護すべき ・拡散――同じ生物攪拌の影響を受ける機会を減らすために複製が拡散されることを確保すべき ・気候変動にともない引き起こされる熱のストレスによって，ある区域の珊瑚礁が死滅するリスクを改善するために，歴史的な海面温度や気候の予測を用いて，さまざまな気温レジームにおいて海洋保護区を選定すべき
最重要区域	・生育場所や産卵箇所，種の高い多様性が確認されている場所など，生物学的に，あるいは生態学的に重要な地域 ・サンゴの白化現象が自然にみられる地域など，気候変動の脅威を最もこうむりやすい区域 ・局地的な湧昇によって冷却される区域，急激な斜面を有する島嶼あるいは水柱中の懸濁堆積物および有機物質，ストレスに適応した礁原，大型草食動物群が藻を食べることでサンゴの幼虫が定着するのに適切な基盤礁のある区域
接続性	・生物攪拌後に回復を促進するため，海洋保護区ネットワークが相互に補充することを考慮に入れ，接続性の生物学的パターンをとるべき ・幼生の分散による補充を考慮に入れ，海洋保護区は最大15–20kmの一定距離を置いて配置すべき ・全体的な生態系ユニット，コアゾーンの周囲に位置するバッファーゾーンを包括することで移動性のある種の成体の移動を促進すべきであり，それが可能でない場合には，より小さな区域に対し，より大きな保護を行うべき ・珊瑚礁や海藻着生床，マングローブの周縁地域の保護を考慮にいれて，生息環境間の接続性をとるべき ・潜在的な珊瑚礁基盤を保護する措置をとり，高緯度での珊瑚の拡散を可能にするため，新しい珊瑚礁基盤を特定する将来の接続パターンをモデル化すべき
生態系機能の維持	・鍵となる健康的な個体群，とりわけ藻類を捕食し，珊瑚の加入を容易にする機能をもち，生物攪拌につながる珊瑚―藻のシフトを防ぐ草食性魚類群を維持すべき
生態系主体管理	・管理境界に対する外部の脅威に対処する幅広い管理フレームワークに海洋保護区を埋め込むべき ・具体的には，統合型沿岸域管理や漁業に対する生態学的アプローチをとるべき ・藻類の成長を促進し，珊瑚の幼生の定着を阻むことになる条件をつくり出す汚染源，とりわけ富栄養化に対処すべき ・珊瑚礁や海藻着生床の死滅を招く気候変動に起因する変化をモニタリングすべき

出所：McLeod et al. [2009]

図1-1　西アフリカの海洋保護区ネットワーク

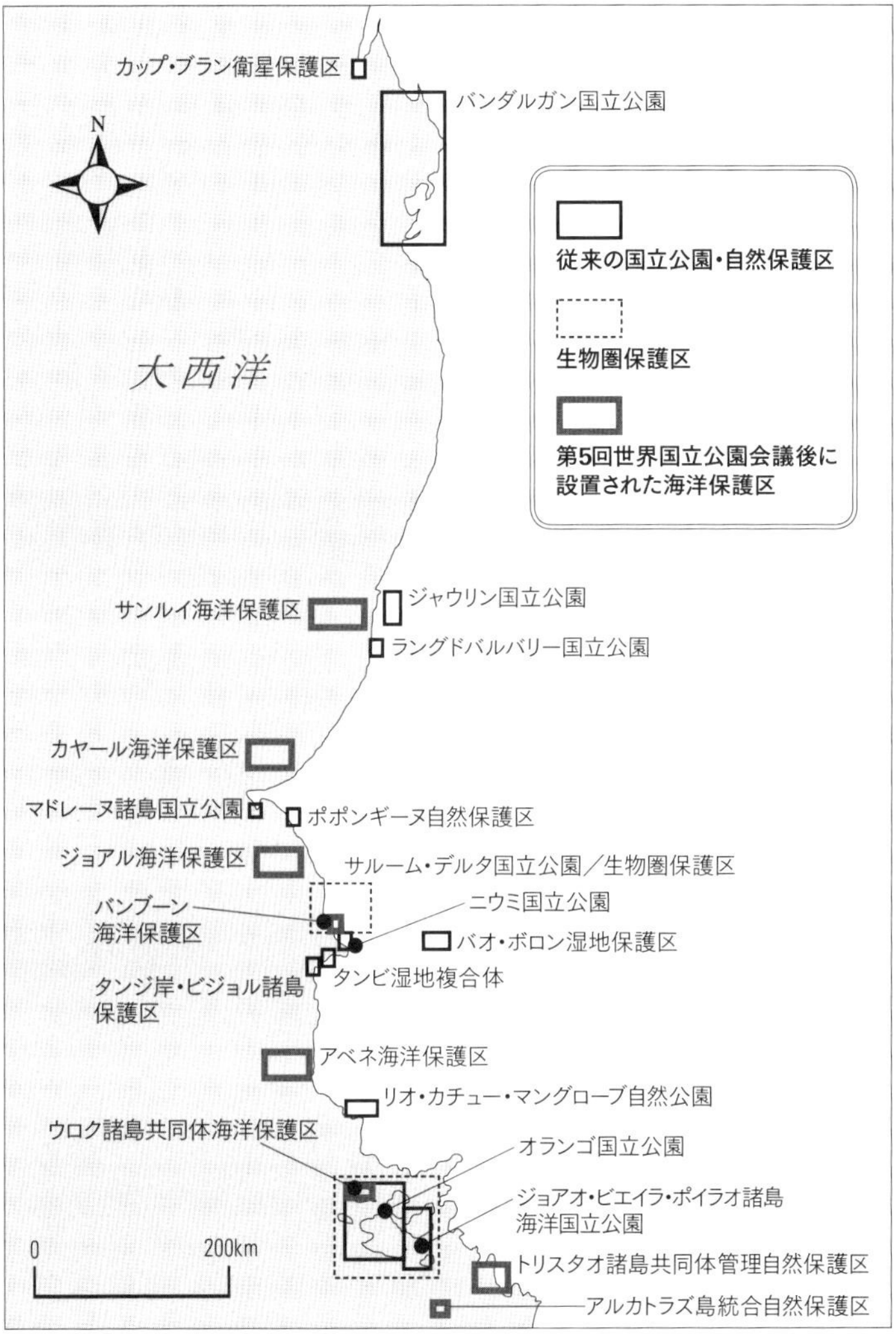
カップ・ブラン衛星保護区
バンダルガン国立公園
N
大西洋
従来の国立公園・自然保護区
生物圏保護区
第5回世界国立公園会議後に設置された海洋保護区
ジャウリン国立公園
サンルイ海洋保護区
ラングドバルバリー国立公園
カヤール海洋保護区
マドレーヌ諸島国立公園
ポポンギーヌ自然保護区
ジョアル海洋保護区
サルーム・デルタ国立公園／生物圏保護区
バンブーン海洋保護区
ニウミ国立公園
バオ・ボロン湿地保護区
タンビ湿地複合体
タンジ岸・ビジョル諸島保護区
アベネ海洋保護区
リオ・カチュー・マングローブ自然公園
ウロク諸島共同体海洋保護区
オランゴ国立公園
ジョアオ・ビエイラ・ポイラオ諸島海洋国立公園
0
200km
トリスタオ諸島共同体管理自然保護区
アルカトラズ島統合自然保護区

設置日	総面積 *1	管轄機関	主目的
1986.4.2	210 (168)	政府	モンクアザラシの保護 環境教育
1976.6.24	1,170,000	政府	国家レベルでの持続可能な開発 科学的・考古学的・美的観点からの保護
1991.1.14	16,000	政府	生態系の回復
1976.1.9	2,000	政府	生物多様性の保全およびウミガメの保護 科学的調査とツーリズムの推進
1976.1.16	15	政府	自然環境と生物多様性の保全
1986.5.21	1,009	政府	人間活動および乾燥化によって害された自然環境の復元
1976.3.28 (1981)*2	73,000 (450,000)*3	政府	生態系および生物多様性の保全 生態系の回復，文化遺産の保全 科学調査，環境教育，ツーリズムの推進
2004.11.4	49,600	共同管理	生態系の多様性の保全 漁獲高・社会経済的影響の改善
2004.11.4	17,100	共同管理	生態系の多様性の保全 漁獲高・社会経済的影響の改善
2004.11.4	17,400	共同管理	生態系の多様性の保全 漁獲高・社会経済的影響の改善
2004.11.4	11,900	共同管理	生態系の多様性の保全 漁獲高・社会経済的影響の改善
2004.11.4	7,000	共同管理	生態系の多様性の保全 漁獲高・社会経済的影響の改善 ツーリズム振興と新たな生計手段の提供
1986	4,940	政府	生物多様性の保全 地域コミュニティの参画と生計手段の改善
1993	612	政府	生物多様性の保全 地域コミュニティの参画と生計手段の改善
2001.12	6,000	政府	生物多様性の保全 ツーリズム振興と新たな生計手段の提供
1996	22,000	政府	生物多様性の保全 地域コミュニティの参画と生計手段の改善
2000.12	80,000	政府	マングローブ・水産資源の保護 住民の生活条件の改善
1996.4.16	1,046,950	研究機関 IUCN	伝統的管理に基づいた生物多様性の保全 持続可能な開発を通じた生活条件の向上 科学的知識の発展
2000.12	158,235 (132,200)	政府	生態系の保護と評価 住民の社会・経済発展のための持続的利用
2000.8	49,500 (47,943)	政府	生物多様性・島嶼生態系の保護 ウミガメ・海鳥コロニーの保全 文化遺産の保護・評価，エコツーリズム開発
2005.11.15	54,500 (39,800)	共同管理	生物多様性の保全 地域文化の尊重 地域コミュニティの発展
2009.12	1	共同管理	生物多様性・水鳥コロニーの保全 地域コミュニティの関与，環境教育
2009.12	85,000	共同管理	生物多様性・水鳥コロニーの保全 地域コミュニティの関与，環境教育

表1-2　西アフリカ沿岸諸国における海洋保護区

国名	保護区名称
モーリタニア	カップ・ブラン衛星保護区 Réserve satellite du Cap Blanc バンダルガン国立公園 Parc National du Banc d'Arguin ジャウリン国立公園 Parc National du Diawling
セネガル	ラングドバルバリー国立公園 Parc National de la Langue de Barbarie マドレーヌ諸島国立公園 Parc National des îles de la Madeleine ポポンギーヌ自然保護区 Réserve Naturelle de Popenguine サルーム・デルタ国立公園/生物圏保護区 Parc National / Réserve de biosphère du Delta du Saloum サンルイ海洋保護区 Aire Marine Protégée de Saint-Louis カヤール海洋保護区 Aire Marine Protégée de Kayar ジョアル海洋保護区 Aire Marine Protégée de Joal アベネ海洋保護区 Aire Marine Protégée d'Abéné バンブーン海洋保護区 Aire Marine Protégée Communautaire de Bamboung
ガンビア	ニウミ国立公園 Niumi National Park タンジ岸・ビジョル諸島保護区 Tanji River Banks and Bijol Island Reserve タンビ湿地複合体 Tanbi Wetland Complex バオ・ボロン湿地保護区 Bao Bolon Wetland Reserve
ギニアビサウ	リオ・カチュー・マングローブ自然公園 Parc Naturel des mangroves du Rio Cacheu ボラマ・ビジャゴ諸島生物圏保護区 Réserve de Biosphère de l'archipel Bolama Bijagós オランゴ国立公園 Parc National d'Orango ジョアオ・ビエイラ・ポイラオ諸島海洋国立公園 Parc National Marin des îles de João Vieira et Poilão ウロク諸島共同体海洋保護区 Aire Marine Protégée Communautaire des Iles Urok
ギニア	アルカトラズ島統合自然保護区 Réserve Naturelle Intégrale de l'Île Alcatraz トリスタオ諸島共同体管理自然保護区 Réserve Naturelle Communautaire Gérée des Îles Tristao

*1　総面積はha.（　）内は海洋部分のみの面積
*2　（　）内は生物圏保護区に指定された年
*3　（　）内は生物圏保護区の面積
出所：PRCM［2003］およびRAMPAO［2010］をもとに筆者作成

の生計手段に対する配慮を重視している[RAMPAO 2011]。

(1) 海洋保護区の設置・管理における制度の強化

(2) 海洋・沿岸資源管理、地域コミュニティの存続条件や手段の改善に海洋保護区が貢献すること

(3) 海洋保護区のサービスに関する科学的調査の推進

これらは、前述の第二回地球サミットで確認された事項、すなわち、重要かつ脆弱な海洋ならびに沿岸地域の生産性および生物多様性の維持(第三二条a)、開発途上国における財政的資金および技術的支援の緊急動員ならびに人的および制度的能力の開発(第三二条b)、国際法に整合し科学的な調査にもとづいた海洋保護区の設置(第三二条c)とも合致する。

さらに、セネガル政府はこの戦略において、一五の海洋保護区からなる総面積約二〇〇〇平方キロメートルの海洋保護区ネットワークづくりを明記した。生物多様性条約の合意事項、少なくとも一〇%の海洋保護区域を二〇二〇年までに設置することを意識したものである。この戦略の実施には五年間で五五億セーファー・フラン(約一一億円)の費用が必要と見積もられている。

四 海洋保護区という利権

海洋保護区ネットワークづくりは費用がかかり、開発途上国において政府単独で資金を捻出することは困難である。結果的に外部の支援機関の資金に依存することになる。むしろ、資金を獲得するために、国際的基準や国際社会の要求事項に従い、環境政策がつくられているとも考えられるような状況にある。しかし、多額の資金の流入は、利権をめぐる省庁間の縄張り争いという新たな紛争を巻き起こすことにもなる。

海洋保護区は、陸上の保護区と同じく、「環境・自然保護・滞水池・人造湖省（Ministère de l'Environnement, de la Protection de la nature, des Bassins de rétention et des Lacs artificiels）」（以下、環境省）に属する「国立公園局（Direction des Parcs Nationaux）」が管轄しており、五つの海洋保護区すべてに国立公園局職員が配置されている。これに対し、水産業を管轄する「海洋経済・漁業・運輸省（Ministère de l'Economie Maritime, de la pêche et des transports）」（以下、漁業省）は、二〇〇九年に海洋保護区の新規設置を目的とする「共同体保護区局（Direction des Aires Communautaires）」を発足し、さらに二〇一〇年一〇月に行われた海洋経済・漁業・運輸省部局長会議において、大臣は「海洋保護区は漁業省の管轄案件である」と明言した。

省庁間だけでなく、省内部でも争いは起きている。環境省内部では水・森林局（Direction des Eaux

et Forêts)も水産資源管理部門に権限を拡大しようとしている。前サンルイ海洋保護区のボーカル・チャム保護官は、「海洋保護区の管轄がどうなるかは私たちにとって大きな問題だ。漁業省ももちろんだが、水・森林局ですら、水産資源に手をのばそうとしている。だれもが水産資源に関する権限をもとうとしている」と語っている。

セネガル南部の沿岸域に広がるマングローブ林に加え、内水面漁業に関しては、水・森林局が管轄権を握っている。また、国立公園局長は水・森林局出身者が就任することが慣例となっている。こうした水・森林局の権限の拡大と高圧的な人事に対し、「水・森林局職員は金儲けのことしか考えていない」との不満の声もある。

Ribot [2003:55] が指摘するように、自然資源は他の重要な公的サービスとは対照的に、組織の正統性を構築するための経済基盤を約束する収入を生み出すものであり、今日のサブサハラ・アフリカ諸国では、環境が権力闘争のアリーナとなっている。実際、セネガルにおいても海洋保護区をめぐって、省庁間の縄張り争いが激化したのは、「海洋沿岸域資源統合プログラム(GIRMaC: Gestion intégrée des ressources marines et côtières)」が実施されてからのことである。地球規模の観点からも重要であり、沿岸コミュニティの生計の糧として欠かせないセネガルの海洋沿岸生態系の保全と管理を目標とするこのプログラムには、世界銀行と地球環境ファシリティが出資した。総費用約一一億五〇〇〇万米ドルの巨額プロジェクトである。プロジェクト開始当初は、海洋保護区は国立公園局の管轄案件だったこともあり、国立公園局内部に担当部局が置かれていた。しかしながら、二〇〇五年六月に漁業省内にプログラム実施機関とその諮問機関が設置されることとなり、巨額な資金の流入とともに、漁業省の権限が強まることとなった。問題はその資金の行方である。バンブーン海洋保護区設置に尽力した環境NGOオセアニウムの代表であるアイダーは、「二〇〇七年九月三〇日までに五〇〇〇万米ドルもの金額を消費したにもかかわらず、何の成果もない」と非難した。これに対し、世界銀行も非を認め、「五年間で過去四〇年以上も続いてきた漁業の危機を解決しようとするプロジェクトの目的は野心的すぎた。専門家に対する高額な給与の支出がプロジェクトの機能を妨げている」と答え、世界銀行は二〇一二年五月に発行した報告書においても、プロジェクトの管理能力の不足を認めている。一方、国立公園局はアイダーの発言に対し、「彼の発言は混乱をもたらそうという試みにすぎない」と反論している。

事の真偽はともあれ、水産資源管理プロジェクトは、水産資源の枯渇という課題を解決するためのツールというより、ひとつの大きな権益となりつつあるのである。

水産資源管理プロジェクトによる資金の流入をめぐって、村が二分されるような状況も生まれている。たとえば、バンブーン海洋保護区の南に位置するベタンティ村では、政治問題に発展した。この村では、世界銀行が出資したGIRMaCと、国連食糧農業機関（FAO）が出資したPISA（Programme Italien pour la Sécurité Alimentaire）というふたつの水産資源管理プロジェクトが競合するように実施された。村長は、「GIRMaCは多大な利益をもたらし、その効果は直接、住民に行きわたった」とGIRMaCを褒め称える一方、「PISAは仲介役のNGOが政治をもちこみ、『PIS

A、PISA』と掛け声をあげ住民たちを扇動した。民主社会党（PDS）の党員であるPISAの調整員が二〇〇九年に訪れ、村長選挙の候補者を擁立するために援助プログラムを導入した」と述べ、PISAは政治運動であったとしている。

一方、他の住民はまったく異なることを述べている。地域零細漁業者委員会の調整員は、「PISAは多くの利益をもたらした。しかし、GIRMaC は現在までに何も実施されていない。ミシラ村で行われた会議に招集されたものの、資源管理を行うのに必要な機材は何ももっていない。小舟もなしにどうやって監視するのだ。PISAは原動機、小舟、漁網と多くのものをもたらした。GIRMaC は何もしていない」とし、「GIRMaC は六億セーファー・フラン（約一・二億円）の資金をもたらしたが、村の女性たちは何も得ていない。女性たちはみな働いた。しかし、何もなかったのだ。すべて会議の飲食に消えた。単なる浪費だった。人びとは飲み、食べ、会議のたびに一日一万五〇〇〇～三万セーファー・フラン（三〇〇〇～六〇〇〇円）の手当てが支払われたのだ」とGIRMaC を激しく非難した。

実際には、GIRMaC もPISAも内容的には大きな差はなく、少なからずの金額を村に投資していた。にもかかわらず、GIRMaC のグループとPISAのグループが村を二分していた。事態は地方自治体を巻き込んだ複雑で深刻なものであったのである。

前村長は民主社会党のB派閥に所属し、村人をB派閥に参加するよう呼びかけ、PISAプロジェクトを村に持ち込んだ人物である。彼が亡くなり、後継者を選ぶことになった。前村長の弟であるX氏はPISAプロジェクトの村の指導員であった。同じB派閥の地方自治体の評議長はこのX氏を援助し、X氏もまた評議長を支援した。しかし、自分の出身地に評議会本部を移転しようとした評議長に、ベタンティ村の住民は反対した。半数の住民はB派閥に所属することをよしとせず、A派閥から対立候補を立てることとなった。選出されたのが、X氏と同じクラン(氏族)でより年長の現村長である。これに激怒したX氏はPISAプロジェクトを政治利用し、「PISA、PISA」と村人に呼びかけ扇動し、対立候補の人間にはプロジェクトに関する情報をいっさい与えなかったという。結果、GIRMaCを主体とするA派閥とPISAを主体とするB派閥の対立構造が生まれた。

最悪の事態を懸念した州知事は、二〇一一年一二月に実施された村長選挙に憲兵隊を派遣した。選挙の結果、現村長が勝利し、敗北したX氏は選挙後に急死した。イスラム聖者による懲罰(maraboutage)あるいは護符(gris-gris)といった呪いの効果だと今も村人は信じている。

五 海洋保護区の悲劇

水産資源管理の権益をめぐって争いが激化するなか、海洋保護区の存在意義を揺さぶる事件が発生する。二〇一〇年七月五日、ダカール沖合のマドレーヌ諸島国立公園において、違法操業

（禁漁区域での漁獲）を行っていた青年漁師を国立公園局職員が射殺したのである。

一九七六年に指定されたこの国立公園は、島嶼《とうしょ》とその周辺の海（島嶼部から五〇メートル以内）が保護区域に指定されており、国立公園局が管轄し、パトロール活動を行っている。ハタ類、カマス類、マグロ類が豊富な漁場と知られ、対岸にはセネガル有数の水揚げ港として知られる漁民地区シュンベジウヌがある（写真1-1）。以下、日刊紙「Sud Quotidien」、セネガルの共同通信社である「Agence de Presse Sénégalaise」の記事の要約である。

国立公園局によれば、五日午前に違法操業漁船を確認し、副保護官がカラシニコフ銃を三発発砲した。同行者はパトロール権限のない退職した公園局職員と公園の調査に訪れた一人の大学院生であったという。三人の漁師のうち、二五歳の青年漁師の胸に銃弾が貫通し、即死状態であった。銃弾を受けなかった他の二人の漁師は一五時頃に帰港し、国立公園局事務所を訪れ、抗議した。しかしながら、公園局職員は「保護区内で操業していた」との主張を繰り返した。

仲間を失った憤怒は収まらず、漁師たちは通りに出て廃タイヤに火を放った。さらに公園局職員たちは住民から投石を受け、公園局所有の四輪駆動車は破壊された。暴動を起こした若者グループの代表は、「みな憤慨しており、この騒動を止められるかわからない。だれもが国と森林局職員（註：公園局職員の誤り。公園局職員の業務を以前は森林局職員が担当していたこともあり、住民にはしばしば混同され、それがまた両局の諍いの種ともなっている）を非常に憎んでいる」と語った。

夕刻には、シュンベジウヌ地区を縦断する道路は住民たちにより完全に封鎖された。デモ隊は

写真1-1　首都ダカールの漁民地区シュンベジウヌ（2012年1月）

「彼は公園内で貝を採取している森林局職員の銃弾に殺された。半年前にも仲間の一人が銃弾を受け重傷を負った」と抗議し、公園事務所に火を放ち、コンピュータを破壊した。事態を重く見た環境大臣は憲兵隊の出動を依頼し、治安部隊が編成され、空砲と催涙弾の使用による群衆の鎮圧にあたることとなった。この騒動で住民のうち四人が重傷を負って病院に搬送され、一四名が逮捕された。日刊紙「Le Populaure」は、この様子を「火と血にまみれたシュンベジウヌ（Soumbédioune à feu et à sang）」と表現した。漁師の一人は「（この騒動は）壺から溢れ出した一滴の水の滴にすぎない。毎回、俺たちは漁具を破壊され

写真1-2　焼き討ちされたマドレーヌ諸島国立公園事務所（2012年1月）

逮捕もされるのに、白人の連中はのんきに保護区内で釣りを楽しんでやがる」と怒りを露わにするように、この事件の背景には公園局職員の厳しい取り締まりに対する反発と、外国人は優遇されるという不公平な扱いに起因した国に対する強烈な不信感がある。

治安部隊の投入により事態は落ち着き、国立公園局はすべての保護区の保護官の総入れ替え人事を行ったものの、国立公園事務所は現在も閉鎖された状態にある（写真1-2）。二〇一二年に実施された大統領選挙においては、シュンベジウヌ地区を通る道路は夜間、憲兵隊によって閉鎖されるほどであった。国立公園局幹部によれば、シュンベジウヌ地区に重点的に保全プロジェクトを実施してはいるものの、「公園再開の見込みはまったくない。交渉を重ねているが妥協点が見出せない」という。実際、漁をしながらマドレーヌ諸島国立公園のガイド業を営む男性は、「二年も前のことだ。今は何も問題はない」と語るも、漁民たちは「そんな施設などない」と国立公園事務所の存在をなかったかのように答えており、事件の根深さがうかがえる。

本章では、近年、世界各地で設置が進められている海洋保護区について、海洋保護区ネットワークづくりや大規模化という世界的な潮流に加え、西アフリカでは政府と地方自治体あるいは住民組織による共同管理が主流となっていることについて言及した。

共同管理のような住民参加を重視したアプローチは国際機関からの援助を受けやすいが、政府レベルでは援助資金をめぐる省庁間の縄張り争いが生じ、海洋保護区が大きな利権と化しつつある。海洋保全政策が進むなか、セネガルでは国立公園局職員による漁民の射殺事件が生じ、政府と住民の関係が修復できないものとなってしまった地域もある。

次章では、このような悲劇が起きてしまった背景を理解するために、セネガルではどのように漁業が発展し、政府はいかなる政策を講じてきたのか、歴史的に振り返ってみることにしよう。

第2章

だれが魚を獲るのか

西アフリカにおいて、漁業はきわめて重要な動物性タンパク質の獲得手段である。魚は鶏肉、羊肉あるいは牛肉よりも安価に動物性タンパク質を供給する。セネガル人の場合、タンパク質の七〇％以上を魚に依存している[DuBois and Zografos 2012:1213]。西アフリカの漁業において、とりわけ大きな勢力となっているのはセネガルとガーナの漁民たちである。「西アフリカ持続可能な魚介類開発連合(West Africa Sustainable Seafood Development Alliance)」によれば、二〇〇五年の時点で西アフリカの水揚げ量約二四億八〇〇〇万トンのうち、セネガルとガーナはそれぞれ一六％を占めており、輸出額にいたってはセネガル(三五％)とガーナ(一二％)で約半数を占めている[WASSDA 2008]。

セネガルからモーリタニアの海域は湧昇(upwelling)と呼ばれる、栄養のある塩に富んだ温水の湧出が多く、漁獲量の多い漁場として知られている。この現象は、一九世紀の海洋学においてすでに紹介されていたという[Chauveau 1986:179]。湧昇の分布の違いから、セネガル領海にはふたつの漁場区分が存在する。季節によって、魚群が移動するため、首都ダカールのあるカップ・ベール半島の南部と北部では異なる漁場が形成されている(図2-1)。一九六〇年代に調査を行ったNguyen-Van-Chi-Bonnardel[1969:27]は、次のように南北の漁場を説明している。南部では湧昇が年中発生し、栄養分に富むことから魚種が豊富である。キハダマグロ(*Thunnus albacares*)を沿岸部からわずか数マイルで漁獲することが可能であり、他にも *Sardinella maderensis* や *Sardinella aurita* あるいは *Ethmalosa fimbriata* といったニシン科の魚が豊富である。これらの魚は零細加工業の基盤となっている。一方、北部では河口部が少なく河川からの栄養分の流入が少ないことから、漁場

図2-2
フランスの主な漁港

図2-1
西アフリカの主な漁港と漁場

は相対的に貧弱である。しかしながら、一二月から六月にかけては、湧昇が起き、モーリタニア北部のヌアディブから魚群が押し寄せる。一二月から四月にかけて魚群は南下し、二〜三月に最も海岸部に近づく。次いで四月から七月にかけて魚群は北上する。このため、南部では一二月から四月が最も漁が盛んとなる一方、ダカール近郊のカヤールでは一月から六月、モーリタニアとの国境に近いサンルイでは四月から七月にかけて最盛期を迎える。この状況は現在もほぼ変わらず、北部の漁民が魚群を追って移動する大きな要因となっている。

この海域では、トロール漁船など大型船舶を使用して主に沖合で操業する商業漁業と、丸木舟のような小型船舶で主に沿岸域で操業する零細漁業が見られるが、近年、顕著に勢力を拡大しているのは零細漁業者たちである。セネガル政府によれば、セネガルの全人口の一七%にあたる六〇万人以上が直接あるいは間接的に漁業に従事し、一九九一年に七〇〇〇隻だった丸木舟の数は、現在は一万二七〇〇隻と激増している［Camara 2008:15］。一方、一九六〇年代の調査では丸木舟の数は六〇〇〇隻、二万五〇〇〇人の漁民［Nguyen-Van-Chi-Bonnardel 1969:28］とされていることから、ここ二〇年ほどで急激に拡大したといえよう。

急速に発展を続ける零細漁業部門を適正に管理するために、共同管理の実施や漁業委員会の創設、さらには海洋保護区の設置といった近代的な水産資源管理政策が実施されている［Dahou et al. 2004; Camara 2008; Antnus 2009; 關野 2010 など］。しかしながら、外部からもちこまれた概念にもとづいた水産資源管理政策は、漁民たちの十分な理解を得ているとは言いがたい。そこには、植民地時代から常に権力機構によって惑わされてきた漁民たちの反発心ともいうべきものが存在する。

本章では、植民地政府や独立後の新政府が漁業にいかにかかわってきたのか、西アフリカ沿岸域における漁業の歴史を振り返りながら水産資源管理政策について俯瞰する。

一 ヨーロッパ航海士の到来(一五〜一六世紀)

セネガルの植民地化の歴史は、一五世紀半ば、イタリア・ヴェネツィアの航海士カダモスト(Alvise Cadamosto)がポルトガル親王の命を受け、この地を探索したことに始まる。ポルトガルの古文書を分析したChauveau[1986]によると、ヨーロッパの航海士や西アフリカの沿岸域の住民は非常に少ない、あるいは存在しないと記述されている。七世紀後半から八世紀初めにかけて活発な交易が始まったサハラ砂漠とは対照的に、大西洋は一六世紀初頭にいたるまで障壁であった。セネガルからアンゴラにかけて、沿岸域の大部分をマングローブ林が覆っており、アフリカ大陸沿岸部は「白人の墓地」[Chauveau 1986:177]と語られていた。アクセスの難しさや開発に適さない自然は、西アフリカに対する魅力を弱まらせたのである。一方、一五世紀の文書は、ポルトガルの航海士が各沿岸域に到着した際、すでに海上では沿岸交易や漁業が行われていたことを記している。一四三四〜三六年のあいだに、西サハラのリオ・デ・オロ地方で網が使われているのを航海士が報告し、ポルトガル親王から称賛を受けている[Chauveau 1986:192]。セネガルのカップ・ベール半島や現在のサンルイにあたるセネガル川河口部で小型の丸木舟と、例外的な存在ではあるが大型の丸木舟(二八人乗り)も記録されている。小型の丸木舟は二~三人乗りであったという。当時の航海士たちは、漁業技術について詳細な記述をしていない。わずかに、船の漕ぎ方は地域によって異なり、立つあるいは座った状態で、櫂で漕ぐものであったという記載があるにすぎない[Chauveau 1986:193]。漁業は沿岸域社会に食糧を供給するとともに内陸部の人びととの物々交換に充てられていた。一七世紀以前、ヨーロッパ諸国と西アフリカ沿岸部の交易は革製品、象牙、琥珀や奴隷が中心であったが、沿岸部の漁民はサルーム地方の干し貝、ガンビア川河口のニオミやセネガル南部カザマンス地方の塩、ルフィスクやプティット・コット地方の干し魚を内陸部の農産物などと交換していたという[Chauveau 1984:41]。

一方、ヨーロッパ人による商業目的の漁業は、かなり早い時期に西アフリカ海域に拡大している。Chauveau[1989:241]によれば、一六世紀には、現在の西サハラからセネガルにかけての海域はタイセイヨウダラ、ニベ科およびハタ科の漁場として知られ、サメ油を求めてフランスのサンマロおよびラ・ロッシェル、サントーニュ地方の漁師が現れたという。アルガルヴェ地方のポルトガル人漁師や、ビスケー湾のスペイン人漁師およびカナリア諸島の住民が定期的な漁場をモーリタニアに設置し、干し魚やサメの肝、照明用のサメ油といったかたちで本国に海産物を運搬していた(図2-2)。しかしながら、ヨーロッパやアゾレス諸島、カナリア諸島に近いモーリタニア沿岸部と異なり、セネガル沿岸部はヨーロッパ漁業者の関心をひくものではなかった。ダカールやプティット・コット地方が補給基地として機能するにすぎなかったという。

現在もヨーロッパに輸出される高級魚であるニベ科やハタ科の魚をめぐり、この時代にすでに争いが記録されている。モーリタニア北部のアルガン地域はフランスとオランダの漁場争いの的であり、この海域には常に漁船が操業し、食糧補給や交易のためにカナリア諸島や「ギニア湾」にニベ科やハタ科の魚が運ばれたという[Chauveau 1989:241–242]。

二 フランスによる植民地化と漁民への影響（一七～一九世紀）

一七世紀後半にフランスによるセネガルの植民地化が始まる。一六七九年一〇月一八日、ルイ一四世の要望により奴隷貿易のために創られたセネガル会社（Compagnie du Sénégal）が、バオル、カヨール、シンの各王国の海岸線の土地すべてを所有地とした[Pierret 1897:5]。

フランス植民地化以後も漁業の社会的位置づけは低いままであった。フランス植民地時代の西アフリカにおいて、ニジェール・デルタやセネガル川、チャド湖といった河川・湖沼では流域住民による漁獲活動が行われていたが、あくまで農業が主活動であり、漁業は季節的な副次的経済活動であったという[Moal 2003:143–144]。

Moal［2003:143］によれば、魚を食べる習慣には軽蔑的な意味合いさえあった。裕福な民族やクランが動物性タンパク質を獣肉から得ていたのに対し、貧困層は獣肉の獲得手段をもたないため水産物に依存していた。牧畜民は高い地位に位置づけられ、水産物の価値は低く見積もられた。こうした認識には獣肉の過剰消費を防ぐ意味合いがあったと指摘されている。

Chauveau［1986］は、海洋漁業は一七世紀後半以後に盛んになり始めたと指摘している（写真2–1）。とりわけ、一八世紀にはセネガル・ガンビア沿岸域と黄金海岸で地域市場に供給するために漁獲量が増えたとしている。セネガル・ガンビア沿岸域では一七世紀から海での漁が開始され、イナゴの発生や干ばつといった農業災害時の食糧確保手段として加工魚の需要が高まった。加工は干し、塩漬け、あるいは燻製といったかたちで行われ、地域によって異なったという（写真2–2）。

ヨーロッパの技術者との接触により漁民の航海技術は進歩したものの、多くの漁民は新たな漁具の導入を好まず、二〇世紀に入るまで漁撈技術はあくまでアフリカ在来の技術に大きく依存していた

写真2–1　18世紀の西アフリカ海域探検記の挿絵．魚と海亀の漁が描かれている（フランス国立図書館所蔵）

写真2-2　魚介類は主として天日干しあるいは燻製にして地方市場や内陸国に運搬される（2007年5月）

［Chauveau 1986:200］。一六世紀末から一七世紀末にかけて、アフリカ系ポルトガル人とその子孫、商人や航海士らによって帆の導入が図られたが［Chauveau 1984:41］、あくまで櫂の補助的なものであり、代用品とはならなかった［Chauveau 1986:204］（**写真2-3**）。

この時代には、漁船建造が盛んに行われるようになった。セネガルでは、丸木舟の材は軽く耐用性が高いことで知られるカポック（*Ceiba pentandra*）が主として用いられている。中南米やアンティル諸島が原産のこの樹木は、およそ四〇〇〇年前にポルトガル人によってアフリカ大陸に導入されたとされ、現在はセネガルからカメルーンにかけて広く分布する［Arbonnier 2000:199］。軽くて沈みにくい木材の普及

写真2-3　19世紀末の沿岸漁業用の帆掛け船
出所：Gruvel［1908：Fig.43］

によって、この時代に建造技術が発展したものと考えられる。Chauveau［1986］によれば、沿岸部に広がるマングローブ林には幹の太い樹木がほとんど存在しなかったため、船の建造は内陸部の森林に依存し、船を建造する特定の地域が存在していた。一八世紀から、船の建造地は次第に南下し、一九世紀には落花生農業のための森林破壊が進行した。プティット・コット地方の森林が破壊された後、漁船の木材供給地はガンビア、カザマンス、ギニアビサウへと南下した。

また、一七世紀から一八世紀にかけて大きな気候の変化があり、堆積作用と乾燥化によって、セネガル南部の河川では小舟の運行ができなくなったとされ、海岸沿いの湖沼での漁業の重要性が高まった［Chauveau 1986:208］。さらに乾燥化により、サンルイでは貝の収集や加工業が消滅し、一八世紀初めにサンルイの人びとは海・河川での交易や遠洋漁業、干し魚の販売へと特化していった［Chauveau 1984:42］（**写真2-4**）。さらに一八世紀に入ると、沿岸部のアフリカ諸王国に対するフランスの政治・商業的野望が高まり、漁業との関係が変化していった。フランス人たちはカヨール王国の王(*Damel*)に圧力をかけるため、ダカール近郊のルフィスクから出航する漁船を妨害した。一方、一七八八年にはハタ類の漁獲に専念するロイヤル・アトランティック(Royal Atlantique)社が設立され、一九世紀末にいたるまでヨーロッパ漁船によるハタ類の捕獲が続くことになる。

写真2-4　19世紀末のサンルイの漁民地区ゲット・ンダール．女性たちが頭の上に干し魚の入ったかごを載せている
出所：Gruvel［1908：Fig.22］

加えて、奴隷貿易は漁業活動に少なからずの影響をもたらした。たとえば、カザマンス地方の人びとは奴隷貿易から身の安全を守るため、海に背を向け、河口部での漁獲に特化した結果、カザマンス沿岸部の漁場はサンルイのゲンダリアン(*Guet-Ndarien*)やダカール近郊のレブ(*Lébou*)と呼ばれる漁民に奪われている［Chaboud and Charles-Dominique 1991：118］。さらに、一八八五年に開設されたダカール—サンルイ間の鉄道によって、魚の内陸部への運搬が容易となり、ゲンダリアンやレブたちの経済活動は漁業へと特化していった。こうして一九世紀末には、漁業

に特化した北部の漁師たちが、乾季のあいだ、カザマンス地方まで移動するようになったのである[Chauveau 1984: 42]。

セネガル沿岸域への関心は高まったものの、ヨーロッパの主要漁場は依然、モーリタニア沿岸部であった。フランス人はとりわけカナリア諸島でのサメの漁獲に専念し、セネガル沿岸部でのヨーロッパ人による漁業は砦や定期船の食糧補給にかぎられた[Chauveau 1989: 242]。

この時代に宗主国フランスでは、フランスの漁民を西アフリカ沿岸に目を向けさせる政策もとられたが、フランス漁民たちを熱中させることはなかった。たとえば、一八六五年にフランスで漁船への船外機の導入が図られたが、保守的なフランスの小規模船主・漁師たちの抵抗にあった。さらに、一九世紀後半にヨーロッパにおいて甲殻類漁業が隆盛し、ヨーロッパ周辺での漁業が経済的に安定したこともあって、フランスの漁民たちが西アフリカでの冒険的な漁に駆り立てられることはなかったのである[Chauveau 1989: 244]。

(三) 宗主国フランスによる水産資源開発と漁業紛争の勃発(二〇世紀前半)

二〇世紀に入ると、フランス植民地政府の関心は、本土の世論の影響もあり、植民地からの利益をあげることに変わり始める。フランス領西アフリカ総督府は水産資源開発の視察団の派遣を本国に要求し、動物学者であったグルーベル(Jean Abel Gruvel)が一九〇五年から〇七年にかけてセネガルに派遣されることとなった[Chauveau 1989:244]。グルーベルはセネガル沿岸部の豊富な水産資源について記載し、水産資源開発のためにはヨーロッパの産業漁業の導入が不可欠であり、水産資源の合理的な開発が地元民ならびにヨーロッパ人、すなわち植民地と本国の新たな経済領域を切り開き、利益をもたらすと報告した[Camara 2008:73–74]。このグルーベルらの視察にもとづき、ルーム(Ernest Nestor Roume)総督は、一九〇六年にフランス領西アフリカ漁業調査・組織化局を設立している[Chaboud and Charles-Dominique 1991:100]。地元の漁民は技術や経済面での革新に開放的ではなく、「将来がない」[Chauveau 1989:246]人びとと判断され、零細漁業は利用価値のない存在として認識されていたのである。Pavé and Charles-Dominique[1999:11]によれば、グルーベルはルーム総督や植民地大臣と緊密な関係をもっており、植民地における漁業分野のすべての問題に意見を述べた。彼の提言により、フランス領西アフリカ総督府のプロジェクトの方針は、①地元民の生産および貯蔵技術の改善、②フランス本国の生産を高め、本国の漁民数を増やすこと、③輸出市場の拡大のため、それまで廃棄していた魚を有効利用し、加工品を増大させることに固まった。

フランス国内においても大きな転機が訪れた。一九〇九年から西アフリカ沿岸部での漁業活動に対し、報奨金や助成金が交付されるようになったのである。Chauveau[1989:245–246]によれば、この背景にはブルターニュ地方の漁師を襲った社会経済的危機がある。蒸気トロール漁船の船主間の激しい競争に加え、ヨーロッパ漁場における魚群、とりわけブルターニュ地方のニシイワシが激減し、フランスにおける伝統的な帆掛け船漁師の将来は非常に暗澹たるものとなってしまった。同時期にブルターニュ地方のイセエビ漁師たちはスペイン領海を追い払われ、ポルトガルやモロッコに南下していた。この状況を受けて、フランス領西アフリカ総督府は「漁業に関する法律(loi générale sur les pêches)」を施行した。ハタ類を含む五種のアフリカ産魚種について、アフリカの漁港および再輸出用の本国での干物加工に対し、報奨金が支払われることとなったのである。

さらに、フランス人漁師の南下は、スペイン人の漁師たちとの争いを巻き起こすことになった。カナリア諸島の住民にとって、漁業は島で生き残るために必要な生計手段である一方、フランス人漁師にとってもイセエビ漁は大きな利益を生む漁であった。フランスとスペインの領海という国境地帯、船籍の異なる漁船、大規模事業者と零細漁業者の存在、同一種の漁獲、共通の規則の欠如といったすべての漁業紛争の要素がモーリタニア沿岸に集まっており、フランス人漁師とスペイン人漁師のあいだで乱闘や破壊行為が生じた[Pavé and Charles-Dominique 1999:7]。

また、グルーベルは、「将来のない」現地漁民のための水産加工場の設立にも触れている。Chauveau[1989:246–247]によれば、グルーベルによる乾燥技術の向上や二次生産品製造の試みの考えに共感した技師シュワルツ(Schwartz)は、地元漁師から魚を購入し、塩漬け干し魚を熱帯アフリカ地域の植民地へ輸出し始めた。この事業は、干物・缶詰工場の設立に拡大し、落花生の輸出を拡大するため、魚粉による肥料づくりも始まった。宗主国の視点は「現地民の労働力を使い、フランス本国流の漁場を設置して、現地民を最も進んだ貯蔵方法になじませる」[Chauveau 1989:247]

ことであった。しかしながら、ヨーロッパ風の干し魚や塩漬けはセネガル人の食生活に適さなかったのである。セネガル人はマグロを食することを好まなかったうえ、缶詰は鮮魚や干し魚に比べて高額であり、大多数の人は缶詰を購入できるほどの現金収入はなかった[Nguyen-Van-Chi-Bonnardel 1969:54]。さらに、カップ・ベール半島で季節的に行われていた地引き網の漁獲物を低価格で購入していたセネガルの缶詰加工業者は、良質な缶詰を生産するモロッコやスペインとの貯蔵技術競争に対抗することはできなかった。

フランス領西アフリカ総督府によるセネガル漁業の近代化の取り組みは、漁民たちの抵抗を生み、ときには社会的不安をもたらすこととなる。輸出のためのヨーロッパ式の魚加工は地元消費者の要求と激しく競合し、一九四一年には、サンルイのフランス会社が塩漬けや塩漬け乾燥魚をフランス本国に大量に発送したために、魚の値段が急騰し、地方市場から魚が姿を消した[Chauveau 1989:249]。

第二次大戦後、零細漁業者の利益が見直され、漁業技術の近代化が図られていく。一九四八年にダカールで開かれた海洋漁業会議(Conférence de la pêche maritime)、一九五〇年にマルセイユで開かれた海外県フランス連合における漁業と漁場に関する会議(Congrès des pêches et des pêcheries dans l'Union Française d'Outre-Mer)、さらには一九五五年のサンルイでの海洋漁業経済会議(Conférence Economique de la Pêche Maritime)において、零細漁業者にとっての利益が強調され、丸木舟による漁は、近代漁業へ発展する遷移段階の一過程とみなされた[Chaboud and Charles-Dominique 1991:101]。とりわけ、一九四八年に開催された海洋漁業会議は、行政官、産業界、科学者が一堂に会した最初の会議であり、大戦後を支配した漁業行政を色づけるものであった。海洋漁業のほとんどはアフリカ漁民に占有されていたが、彼らの遅れた漁獲技術は、性急な技術発展により輸出の利益を得ようとする産業界とは結びつかなかった。会議において、経済界、産業界の代表は、「政府が補助金の拠出なしに船外機の導入をアフリカの漁民に奨励するのであれば、持続性のあるものとはならない」と発言し、零細漁業者の漁具の近代化に対する公的補助を提案した。同時に、産業界や植民地の技術者は、船舶の登録制度や機材調達の障害となる関税や租税政策に反対した[Chauveau 1989: 250–252]。

フランス領西アフリカ総督府は水産資源調査にも乗り出している。一九五〇年、フランス領西アフリカの一部門として海洋漁業部門がダカールに設置された。その目的は、①海洋環境の物理・化学・生物学的条件の調査、②海洋生物の合理的管理、③制限要因を考慮した漁獲技術の実践、④新技術の推進、⑤水揚げ漁港の調査、⑥地元市場および輸出用海産物の品質・衛生調査、⑦冷凍・乾物海産物の品質・衛生調査であり[Moal 2003: 147–148]、資源をいかに効率よく利用し流通させるかに主眼が置かれている。

Pavé and Charles-Dominique [1999]は、この時代に植民地政府による資源への過度な圧力に対する配慮が始まったとしている。ふたつの大戦中にまき網や引き網は稚魚や水産資源の土台を「破壊」するものとして認識され、フランス領海における規制の必要性、さらにはスペイン人による漁の禁止が検討された。フランス領西アフリカ総督府は一九三一年に、産卵場の破壊や魚のえさ場・避難場を攪乱する浮き刺し網を、モーリタニア北部レブリエ湾で使用することを禁止した。こうした規制は大戦前までは植民地行政府の支配力と本国から来た漁民の保護を支援するものにとどまっていた。しかしながら、一九二〇年代から植民地動物保護の常任委員会に参加していたグルーベルは、一九四八年に「ここ五〇年、フランス本国の海域での負荷の強い資源利用は漁民を植民地へと流出させた」とし、「負荷の大きな乱雑な資源利用に対し、海洋生物を保護」することが重要と記載した。また、グルーベルに次いで植民地の水産資源調査を担当したモノ(Théodore Monod)も、同年に前述の海洋漁業会議で発表し、「水産資源の潜在力を危機に瀕させることのない最適量はいくらか」と漁業による海洋生物資源の枯渇を危惧している。この会議では行政官、科学者、産業界の人間が招かれたが、常に行政官が自身の意志や制限にもとづき介入し、政策決定において科学者の研究成果は何ら直接的影響を及ぼさなかったという。

二〇世紀に入り、植民地政府は零細漁業の近代化に大きく舵をとることになるが、それは植民地よりも本国フランスの社会的・経済的事情によるものであった。植民地政府の目的は、漁業の近代化をつうじて、植民地での収益を最大化し、本国へ供給することにあったのである。西アフリカの零細漁業者は、ヨーロッパ人から見れば依然として「遅れた」人たちであり、彼らの将来のためという名目で地元の消費者嗜好にそぐわない輸出目的の加工魚が優先され、漁獲物も適正な価格で取引されることが少なかった。西アフリカの零細漁業の成長は、あくまで「外部からの」あるいは「上からの」技術や組織の導入をつうじてのみ図られた。行政であれ産業界であれ、西アフリカの零細漁業の振興はあくまで植民地の生産向上による利益獲得であったといえよう。一方、フランス国内の経済的危機によるヨーロッパ漁民のアフリカ進出は、近隣諸国との漁業紛争をもたらした。植民地政府による漁業規制は、当初は本国の漁師の利益を守るためにとられたものであり、科学的調査が政策に与える影響はほとんどなかったものの、水産資源への漁獲圧を憂慮した今日の水産資源保護の萌芽と思われる思想がこの時代に生まれている。

四 政府による漁業振興と卸売業の台頭(一九六〇～七〇年代)

独立後の一九六五年、セネガルの年間漁獲量は一〇万トン(うち八万トンが海水魚、二万トンが淡水魚)にのぼり、サハラ以南のアフリカで第一位の座に就いた。一九五五年に三・八九万トンであった年間漁獲量は六五年には八・六五万トンと約三倍に増加しており、その主たる要因は零細漁業の発展とされた[Nguyen-Van-Chi-Bonnardel 1969:25–26]。

この零細漁業の発展には、船外機の導入によるところが大きい。一九五三年に船外機の導入が開始され、数年間、漁師たちは躊躇したものの、一九六〇年には半数の漁船が導入にいたった[Chauveau 1984:45]。漁ができる期間だけの週ごとの分割払いで購入でき、二、三年かければ返済できたこともあって、サンルイのゲット・ンダール地区の漁民に急速に広まった[Nguyen-Van-Chi-Bonnardel 1969:38]。さらに、船外機の導入により、全長十数メートルを超える大型の丸木舟が登場するなど、漁船の大型化に拍車がかかった。大型化により、これまでの丸木舟(全長六～八メートル)の三倍以上の二トンの積載が可能となった。一方、漁業技術に関しては大きな変化はなく、乾季に釣り漁法や延縄漁、雨季の網(投網、底刺し網および地引き網)による漁という形態が続いた[Nguyen-Van-Chi-Bonnardel 1969:40]。

Chauveau[1985:44]によれば、船外機の導入はセネガル北部グランド・コット地方の移動漁民たちを定着させる目的だったという。しかしながら、結果は正反対のものとなった。零細漁業者たちの移動能力は飛躍的に向上し、漁民の移動はさらに長距離化した。たとえば、サンルイの零細漁民地区ゲット・ンダールの漁師たちは、北はモーリタニアのヌアディブや西サハラのリオ・デ・オロ地方、南はギニアまで移動し、一九八九年にセネガル・モーリタニア紛争が勃発するまではモーリタニアの漁民の半数がセネガル出身だったという[Chaboud and Charles-Dominique 1991:116]。漁民の移動にあわせ、内陸部から大量の季節労働者(漁業手伝い、魚の加工や販売)が漁業拠点に集まってきた。たとえば、ハタ類など高級魚の水揚げ港として知られるカヤールは当時、人口が二〇〇〇人を超えることはなかったが、少なくとも三、四か月間はセネガルのすべての民族で構成される八〇〇〇人もの季節労働者が存在したという[Nguyen-Van-Chi-Bonnardel 1969:34]。

一九七二年には国連食糧農業機関(FAO)の支援により、まき網が導入され、遠洋性の魚種の漁獲高が増加した。さらに、ダカール・チャーロイ海洋研究所(CRODT)とセネガル農業研究所(ISRA)が底延縄技術の導入を試みたが、漁具を単純化したい零細漁民は、機械化された漁具であるまきあげ機の導入を拒否した[Chaboud and Charles-Dominique 1991]。

船舶の不足から、漁師の中にはコートジボワールなどでフランスの旧式の船舶を購入するものも現れた[Nguyen-Van-Chi-Bonnardel 1969:46]。非常に安い金額で売買されたが、はるかに高額なトロール漁船を導入したいセネガル漁業局や世界銀行はこのような旧式船の購入に反対した。

こうした漁業部門への積極的な投資により、公務員や魚卸売業者などといった非漁師たちの漁業への参入が容易になった[Chauveau 1984:45]。とりわけ、漁師と消費者の仲介者である魚卸売業者は急速に力をつけることとなった。魚卸売業者は都市の市場への運搬に不可欠な冷凍トラックを所持する財政的に豊かな商人である。政府は落花生のように販売ルートの商業組織化を試みたが、卸売業が「インフォーマルな」かたちで「自然発生的に」発展し、拡散した[Chauveau 1985:45]。Nguyen-Van-Chi-Bonnardel[1969:44]によれば、一九六〇年代、漁獲物に対して組織立った販売ルートがなかったために、はえ縄漁船の船主はしばしば漁獲物を貯蔵せざるをえなかった。さらに税関は港で水揚げされた魚すべてに課税し、桟橋の清掃をするのに使用するという名目で海水に対する支払いまでも強要した。このため、漁師は漁から戻るたびに二五%の収益を奪われていた。販売ルートをもたない漁師たちは有力な鮮魚卸売商に依存せざるをえず、大半の漁師は、金持ちの商人との口約束を行っていた。この誓約では出漁後の価格変動にかかわらず、漁獲物の

図2-3　プティット・コット地方の海産物販売ルート

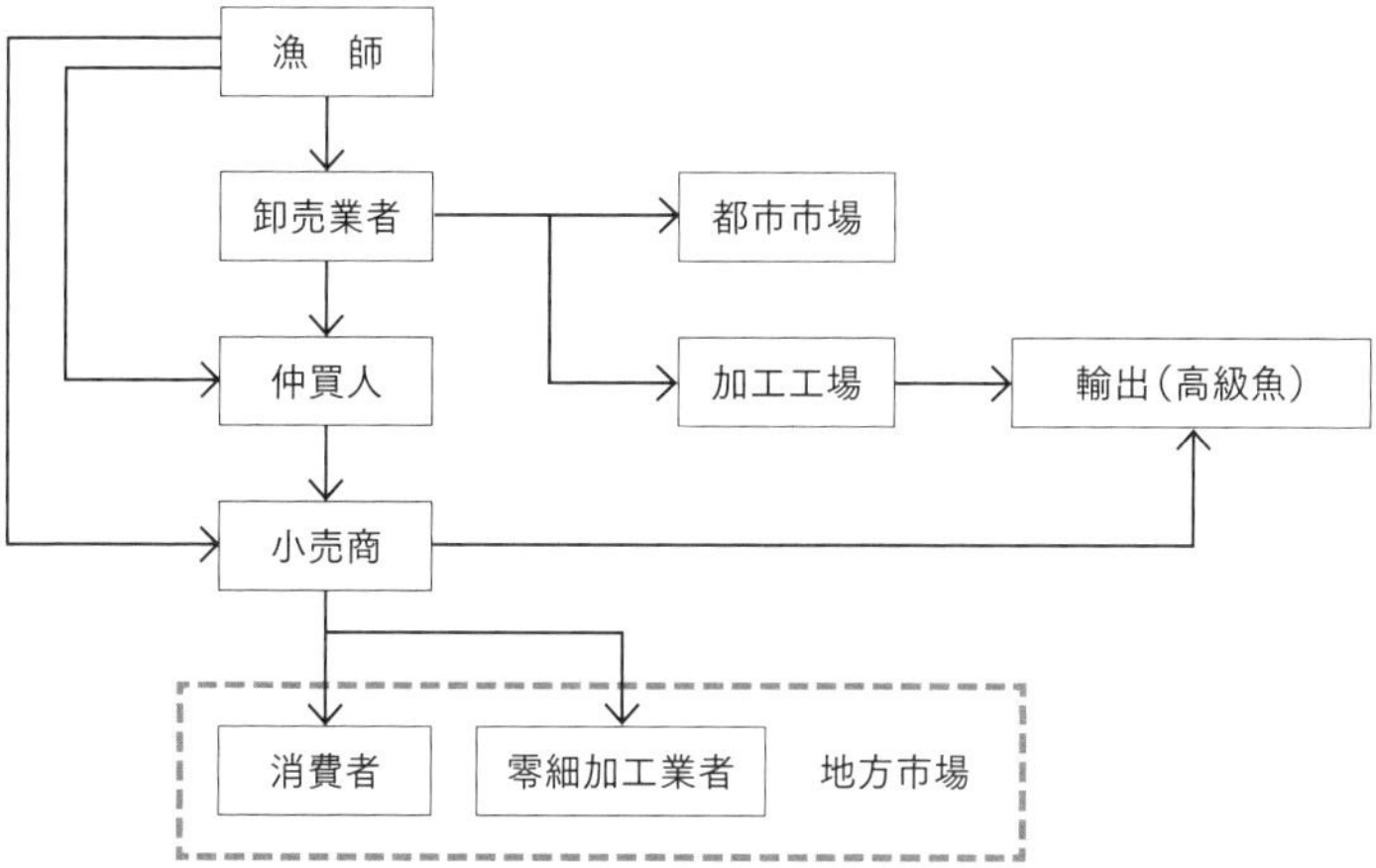

出所：Camara［2008：196］をもとに筆者作成

代金はあらかじめ出漁前に決めた金額であった。はえ縄漁船の船主は、卸売業者に対し相当の負債を背負っていたため、卸売業者は現実にはリスクを背負うことはなかった。現在もこの状況に大きな変動はない。とりわけ、収益の高い高級魚の取引は、搬送手段をもつ卸売業者の力が大きい。地方市場においては、漁村の女性たちからなる小売商が直接漁民から買い付ける場合もあるが、依然、卸売業者が収益性の高い都市や海外向けの輸出市場を支配している（図2-3・写真2-5・2-6）。

一方、セネガル領海における外国漁船による漁獲が顕著になったのが、一九六〇年代半ばである。Nguyen-Van-Chi-Bonnardel［1969：29-30］によれば、都市の消費者の嗜好にあった魚として、ハタ科やタイ科を対象としたトロール船が操業していたという。また、スペインのバスク地方

写真2-5　首都ダカールの市場に魚介類を運搬する冷凍トラック（2009年10月）

写真2-6　小売商の中核を担う女性たち（2009年10月）

やフランスのブルターニュ地方の漁師たちが毎年一一月から五月にかけて訪れ、熱帯大西洋でキハダマグロを漁獲し、ダカール港に入港して新鮮なマグロをカップ・ベール半島の缶詰工場に提供していた。大西洋北部、ブラジルから西アフリカにいたるまで、最新技術を備えた日本、旧ソ連、イスラエル、ポーランド、イタリア、モロッコ、ノルウェーなどの船籍のマグロ漁船とトロール漁船が操業していた。

さらに、Nguyen-Van-Chi-Bonnardel［1969:52］によれば、一九六一年以来、Amerger や Crustavif および Sopeca といった海外の水産業者によって、ジョアルからンブールの沿岸域で捕獲されたイセエビ、カザマンス地方の大型エビ類が、ヨーロッパ、とりわけフランスの強い需要により高値で取引された。これらの企業は、丸木舟や船外機、網といった漁具の所有者であり、非常に低い賃金でアフリカの労働者を雇っていたという。激しい漁獲圧のために、カザマンス地方ではエビの個体数減少への懸念が起こっていた。

この時代、陸地の自然資源については、一九六五年に国立公園および特別保護区の制度を確立した「第六五―二三号森林法規に関する法律（Loi n° 65–23 portant Code forestier）」が公布されるなど、資源管理の取り組みが始まっていた。六八年には自然保護・天然資源保全に関する諮問委員会（Commission consultative de la protection de la nature et de la conservation des ressources naturelles）が政府内に設置され、自然保護政策の組織体制が整えられたが、海洋資源の保護について政府の関心が向くことはなかった。内水面の漁業権に関しては、一九六三年の「第六三―四〇号内水面漁業の規則に関する法律（Loi n° 63-40 règlementant la pêche dans les eaux continentales）」が漁業権を国家に帰属するものと明記し、無償もしくは有償で国民に譲渡することを規定した。さらに一九六九年から七〇年にかけて、使用可能な漁具を制限し、資源保護に配慮した漁業保護区がセネガル川流域に一二区設置されたが、いずれの措置も内水面漁業にかぎったものであった。わずかに「第六七―三八九号海中採取の規則に関する政令（Décret n° 67-389 portant réglementation de la chasse sous-marine）」が素潜りによる海洋生物の捕獲を事前届出制にし、捕獲物の販売を禁止したにすぎない。前述のように、カザマンス地方ではすでに甲殻類の資源の減少が危惧されていたにもかかわらず、政府は外貨獲得手段としての海産物の輸出を重視し、漁業振興策を推し進めていた。セネガルではサンルイやカザマンス地方からの干し塩魚や乾燥燻製魚が、ガーナやギニアなど熱帯アフリカ地方へと輸出されていた。しかし、ギニア湾周辺諸国のコートジボワール、ガーナ、シエラレオネ、コンゴ共和国などが独自に漁業を発展させたため、この輸出は年々減少していく一方であった［Nguyen-Van-Chi-Bonnardel 1969: 52］。こうした状況も資源保護よりも外貨獲得を重視せざるをえなかった要因のひとつであったと考えられる。

独立後、際立った資源をもたず、外貨獲得手段に欠けていたセネガル政府にとって、漁業は食糧の供給源のみならず、工業化や輸出の観点からも重要であった。しかしながら、「上からの」漁業の再編成は伝統を重視する漁民の感情と衝突し、漁民たちは政府の思惑を乗り越え、漁業振興策をうまく利用した。その一方、投資が進んだ漁業部門に卸売業者という新たな参入者が現れ、市場を支配するようになった。セネガル沿岸域での外国漁船の操業も目立つようになり、マグロ、ハタ、甲殻類といった地元では消費されない商業的価値の高い魚種が漁獲されていった。資源の枯渇も危惧されたが、政府は海洋漁業について規制措置を講じることはなく、貴重な外貨獲得手段として水産物のヨーロッパへの輸出が進められていった。FAOなどの国際機関も漁業振興を後押ししたのである。

五　水産資源保護の高まりと海洋漁業への法的規制（一九八〇〜九〇年代）

一九八〇年代に入ると、セネガルでは漁業が落花生やリン酸塩に比べてより多く外貨をもたらすようになっていた。落花生生産の落ち込みにより、一九八〇年から八一年にかけて水産物の輸出額は落花生の輸出額を追い抜き、さらに、一九八六年から八八年にかけて、セネガルの水産物輸出額は落花生とリン酸塩の輸出額を足したものを上まわった［Pavé and Charles-Dominique 1999:16］。

この頃から、水産資源を含めた沿岸域・海洋環境の保護が国際的に高まるようになる。一九六七年の第二次国連海洋法会議で、「海洋法に関する国連条約（United Nations Convention on the Law of the Sea）」が提唱され、一九八二年の国連会議で採択された。「海は全人類のものであり国家は海洋に関して人類に対する義務を有する」という思想のもと、領海、排他的経済水域、公海を規定し、資源の利用とともに生物資源の保護の重要性も明記された。この動きを受け、セネガル政府は一九八五年に「第八五—一四号領海、接続水域および大陸棚の境界に関する法律（Loi n° 85-14 portant délimitation de la mer territoriale de la zone contiguë et du plateau continental）」を制定し、大陸縁辺もしくは基線から一二海里までを領海、さらに領海の境界線から二一海里までを接続水域として国が警察や関税の権限を行使するとした。天然資源の利用・開発に関する主権を国が行使し、水産資源管理に国が干渉することを正当化する手続きを踏んだのである。

さらに、アフリカ地域内での海洋・沿岸域保護に関する条約の策定も進んだ。一九八四年、セネガル政府は、アフリカ西部の海洋・沿岸域の保護および開発協力に関するアビジャン条約を批准し、船舶による汚染、過剰な資源開発を適正に管理することに同意した。

一九八〇年代は農業部門の激動の時代でもあった。財政難に苦しんだセネガル政府は、世界銀行や国際通貨基金（IMF）が提案する構造調整プログラムを受け入れた。これにより、一九八四年、農業生産の効率化、農業部門の自由化などを柱とする新農業政策が打ち出され、農業公社や助成金は削減されることとなった[Ministère du développement rural 1984]。加えて、一九九四年には、通貨セーファー・フランがフランス・フランに対し五〇％切り下げられ、対フランス・フラン・ベースの農作物の輸出金額は暴落し、輸入品の金額が急上昇した[Tandian 1998: 563]。農業はもはや生活の安定した基盤ではなくなり、漁業参入者が激増することとなった。零細漁民の増加は、漁場や漁具に関する争いを誘発することとなる。

象徴的な事件が、一九八五年にセネガル有数の水揚げ港として知られる漁村カヤールで起きた。地元漁師と北部都市サンルイからの移動漁民との争いである。Plateau and Strzalecki［2004：421］によれば、サンルイからの移動漁民たちは「受動的な」漁具である底刺し網を使用するのに対し、カヤールの地元漁民たちは引き網などの「能動的な」漁具を使用していた。カヤールは豊富な漁場として知られ、とりわけ乾季には漁師が密集していた。このため、地元漁民たちは、移動漁民たちによって漁獲量が減少する危険性だけでなく、海底に定着した刺し網によって自分たちの漁具が破壊されることに怒りを覚えていた。一方、移動漁民たちも網を仕掛けた場所の目印としていたブイが地元漁民たちによって壊されていることを知っていた。加えて、このふたつの漁民集団のあいだには、海の所有に関する認識の違いがあった。カヤールの漁民たちは、もとは内陸部の農民集団であり、自分たちの土地に近い海は農地と同じように自分たちに属すると認識していた。一方、サンルイの漁師たちの漁場は大西洋の強風によって年間をつうじて漁業に従事することはできず、伝統的に漁場を求めての移動を余儀なくされていた。現在も、移動漁民のあいだでは、海はだれのものでもないオープンアクセスという認識が根強い。ふたつの漁民集団の対立は、死者が出るほどの争いへと激化した。

事態の悪化を受けてセネガル政府もようやく重い腰を上げ、翌一九八六年、底刺し網を禁止する排他的漁業区の特別委員会を設置した［Platteau and Strzalecki 2004：421–422］。さらに一九八七年には「海洋漁業に関する法律（Loi n° 87–27 portant Code de la pêche maritime）」（以下、海洋漁業法）を公布し、海洋漁業の規制に乗り出した。この法律は、海洋漁業における漁具や漁船の制限、漁業権の免許制などを規定したもので、保護すべき魚介類をリスト化し、魚種ごとに漁獲可能な最低体長を定めた。零細漁業および商業漁業について、それぞれ使用可能な網の網目の大きさも決められた。セネガル政府は一九七七年に「絶滅のおそれのある野生動植物の種の国際取引に関する条約（CITES、ワシントン条約）」を批准しており、絶滅のおそれのある種で取引により影響を受ける種として附属書Iにウミガメおよび鯨類の一部が記載されたことを受け、この法律でウミガメおよび鯨類のすべての種の捕獲を禁止している。さらに、一九九〇年には沿岸漁業および遠洋漁業について、船体重量や漁獲対象種にもとづき、それぞれ漁場を指定した。沿岸から六マイルまでは零細漁業者の排他的漁業区となっている。また、一九九八年に新たに制定された海洋漁業法（Loi n° 98–32 portant Code de la pêche maritime）では、漁業権は国家に帰属することを再確認し、水産資源の管理と開発の側面を強調した。零細漁業の社会経済的重要性や伝統を支えてきた実績を認めながらも、急増する漁船数を鑑み、商業目的の零細漁業者に事前申請と船舶の登記を義務づけた。

一方、海外漁船の操業については、海洋漁業法第二四条で、政府と該当国とのあいだで協定を締結することにより操業ができると定めた。一九九五年には当時の欧州経済共同体（EEC）とセネガル政府の協定が締結され、大西洋の水産資源の合理的管理、資源保護および最適利用が図られた。しかしながら、セネガル国旗を掲げセネガル領海内で操業する商業漁船の多くは、実際にはヨーロッパやアジアの漁船であった［DuBois and Zografos 2012: 1213］。さらに、政府による漁業許可証の販売も行われた。サッカーのアフリカのナショナルチームのチャンピオンを決める大会であるアフリカンネイションズカップを自国で開催したことで、財源が枯渇する差し迫った状況にあったセネガル政府は、漁業許可証を諸外国に販売せざるをえなかった。二〇〇〇年、当時の与党であった社会党のタノール（Ousmane Tanor Dieng）書記長がロシア漁船に漁業許可証を交付すると発言し、漁民から激しい非難が起こった。この許可証販売によって得られた富はすべて与党によって横領されたとセネガルのインターネット新聞「NETTALI」は報じている［http://www.nettali.net 二〇一三年一〇月三一日閲覧］。

六 海洋保護区の誕生と激化する漁業紛争（二〇〇〇年代〜現在）

一九九五年、第二八回FAO総会において、「責任ある漁業のための行動規範（Code of Conduct for Responsible Fisheries）」（以下、「責任ある漁業」）が採択された。持続可能な開発という思想の高まりを受け、漁業部門においても環境や将来世代に配慮した水産資源の持続的開発が叫ばれるようになった。この規範の理念を示す第六条では、予防的アプローチの適用（第五項）や生息地の保護（第八項）が掲げられた。生息地保護のための予防的アプローチとして、海洋保護区に対する関心が高まったのである。

第1章で述べたように、二〇〇二年に開催された第二回地球サミットにおいても、海洋保護区の議論がなされ、国際法にのっとり、科学的情報にもとづいた海洋保護区ネットワークを二〇一二年までに構築することが提唱された。こうした海洋政策の国際的動向を受け、二〇〇三年に南アフリカのダーバンで開かれた第五回世界国立公園会議において、当時のセネガル大統領アブライ・ワッド(Abdoulaye Wade)は、漁業の維持と生物多様性の保全を図るために新たに四つの海洋保護区を設置すると宣言した[IUCN 2003:17]。翌二〇〇四年には、すでに地方自治体によって設置されていたバンブーン海洋保護区を含めた五つの海洋保護区が大統領令により設立された。

さらに、二〇〇五年には世界銀行の支援により、漁業の持続的管理を目的とした海洋・沿岸域資源統合管理プログラムGIRMaCが実施された。「責任ある漁業」の理念を受け、危機に瀕した海洋生物種の保全、沿岸・海洋域における人的圧力の軽減、制度や法の整備、参加型管理にもとづく利害関係者の能力強化を目的とし、生物多様性保全の戦略の柱として海洋保護区の導入が図られたのである。西アフリカ沿岸域は気候変動にともなう漁獲量の変化に対して最も脆弱な地域であるという認識[United Nations 2002]のもと、複数の国際援助機関が争うように水産資源保護プロジェクトを実施した。

持続可能な漁業と生物多様性保全の両立を目指す方策として海洋保護区の導入が進められる一方、第1章で述べたように公園局職員による漁師の射殺事件をきっかけに、漁民の大規模な暴動が発生するなど、漁業をめぐる紛争は激化する傾向にある。諸外国からの商業漁船と零細漁船の衝突、漁具の破壊、暴力事件も絶えない。商業漁船による延縄の破壊はとりわけ深刻であり、不法に漁場に侵入する外国漁船も多いことから、外国漁船に対する零細漁民の敵意も高まっている。DuBois and Zografos[2012:1213]によれば、二〇〇一年から二〇〇六年までの六年間に零細漁業者が報告した海上での事故は三六〇五件にのぼり、約四分の三が零細漁船と商業漁船の衝突、約四分の一が商業漁船による漁具の破壊であった。こうした争いはしばしば暴力的なものとなる。商業漁船に向かって瓶や石あるいは火のついたものを投げ、無断で商業漁船に乗り込み、ナイフや鎖、石で威嚇する。セネガル漁業船主・経営者グループ(Gaipes : Groupement des armateurs et industriels de la pêche au Sénégal)のセック(Saer Seck)委員長は、外国漁船がセネガルの水産資源を枯渇させており、セネガル人の国民食であるチェブ・ジェン(*ceebu jën*)が食べられなくなると新聞紙上で警告した(**写真2-7**)。Gaipesは、セネガル政府は海洋漁業法を遵守せず、外国に水産資源を売り

写真2-7　セネガルの国民食チェブ・ジェン．西アフリカに広く普及し，ガボンの首都リーブルビルのレストランでも普通に食べられる(2013年11月)

渡していると厳しく非難している。このように、セネガル政府は国際的な水産資源保護の高まりにともなって海洋保護区の設置を進め、国際的な援助を得る一方、国内の漁民たちの不満の声や非難への対応に苦慮している。

本章では、セネガルの漁業の歴史的背景について、諸外国との関係を含めて振り返った。フランス領西アフリカ総督府において、大西洋での漁業は、あくまでフランス本国の漁民たちの新たな漁場開拓のため、あるいは植民地の生産性を高めることで宗主国に利益をもたらすための手段とみなされてきた。零細漁民の存在はほとんど無視されてきたのである。科学者たちは「将来のない」漁民たちの漁業を近代化するための提言を行い、新しい漁獲・貯蔵技術の導入を試みたが、伝統を重んじる漁民たちは不服従の姿勢を見せた。その一方、ハタや甲殻類といった高級魚は、フランス本国の経済的事情から植民地に流入した漁民や水産事業者によって乱獲されていった。

独立後のセネガル政府は財政難に苦しみ、外貨獲得手段の一環として漁業振興を行った。外国漁船による乱獲も危惧されたが、一九八〇年代にいたるまで、政府はほとんど対策を講じることはなかった。農業部門の凋落にともない、新たに漁業に参入する農民が急増し、漁業紛争が激化したことで、セネガル政府はようやく法制度を整え始める。しかしながら、依然として財政状況は厳しく、政府は海外諸国に漁業許可証を販売したため、水産資源の枯渇に拍車をかけることとなり、零細漁民からの信頼をも失うこととなった。持続可能な漁業と環境保全の両立という世界的な「責任ある漁業」の潮流にのって、政府は海洋保護区を設置しているが、漁業紛争はさらに激化している状況にある。

先進国から見れば「遅れた」漁民たちは、植民地政府であれ独立後のセネガル政府であれ、常に権力機構の思惑に惑わされながら、「上からの」政策に対して不服従の姿勢を示し、ときにはうまく利用しながら、漁業という経済活動を育んできた。漁業は今や国の約二割の人間がかかわり、零細漁業が供給する魚介類は大多数の国民の貴重なタンパク源となっている。水産資源の枯渇が危惧される一方、政府は貧困削減という大きな課題も抱えている。はたして、海洋保護区という取り組みはこの国に新たな希望を生み出すのだろうか。

次章からは、現在五つ存在する海洋保護区の中から、国際的評価が高い一方でさまざまな利害関係者の思惑がひしめきあい、対立が続いているバンブーン海洋保護区に焦点をあて、その社会的・経済的・生態的効果について分析する。まずは保護区とその周辺村落の様子について見ていくことにしよう。

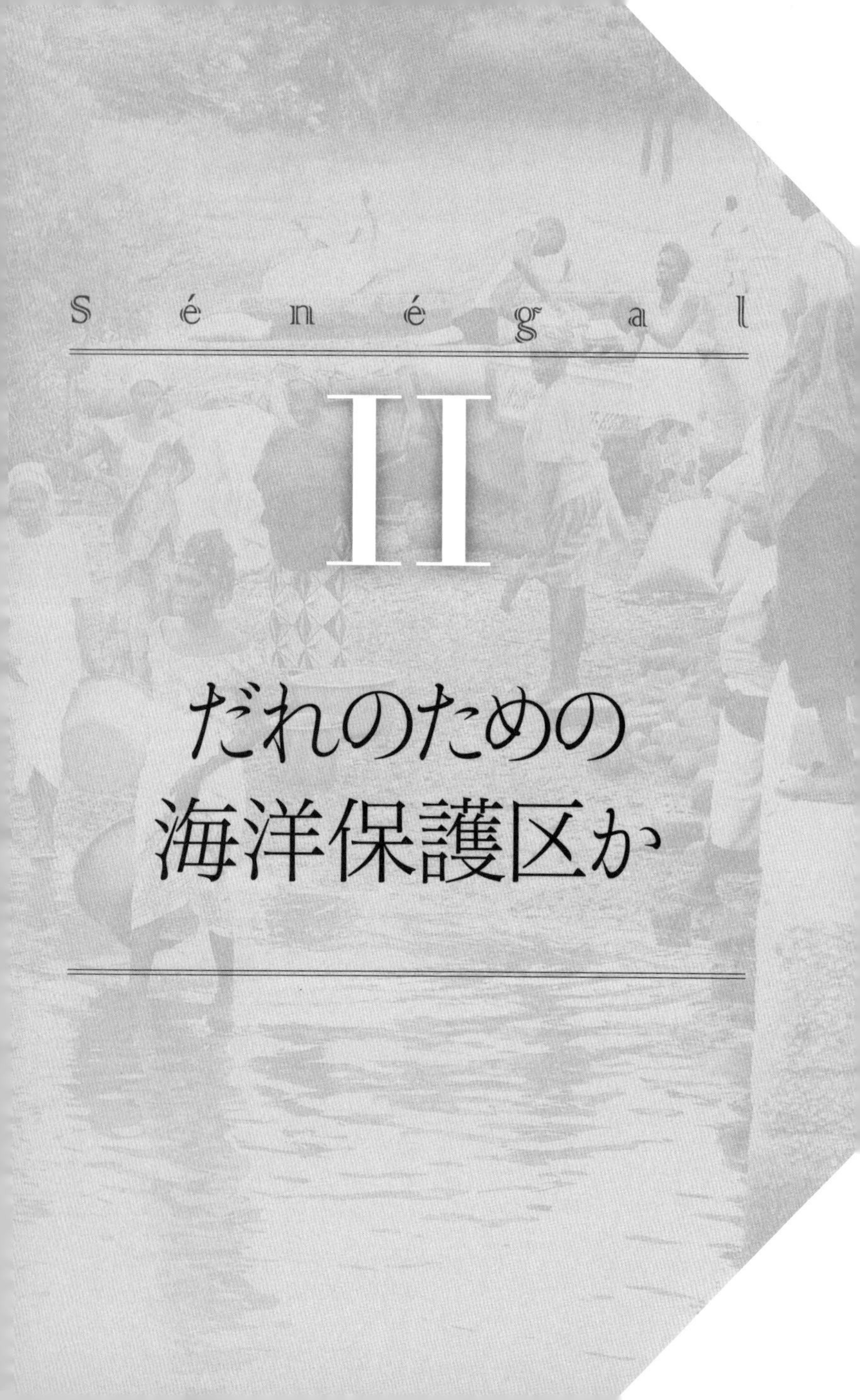

Sénégal

II

だれのための海洋保護区か

PETITE
RETONNE

第3章

海洋保護区はいかにつくられたか

薪木の採集に向かうダシラメ・セレール村の女性たち
（2010年10月）

バンブーン海洋保護区は、セネガルの首都ダカールの南東一五〇キロメートルに位置し、サルーム・デルタと呼ばれる広大な三角州地帯内にある。サルーム・デルタはマングローブのほぼ北限地帯であり、マングローブ林とその中を流れる無数のボロン(*bolon*)と呼ばれる網目状の河川の支流によって構成されている。ガンビアとの国境に近いベタンティ島には、バンブーン・ボロンという名の小川が流れ、魚類の産卵地とされている。このボロンと周辺のマングローブ林が海洋保護区として指定されている。

ファティック州フンジュン県トゥバクータ村落共同体(村落共同体は州、郡、県に続く最も小さな行政単位で複数の村で構成される。詳細は第4章に記す)に所属する五二の村のうち、一四か村が海洋保護区の運営管理に直接携わっている。まずはそれぞれの村について見てみよう。

一　歴史の異なる一四の村

この地域の住民は主にふたつの民族によって構成されている。ひとつは、サルーム・デルタ北部に居住するニョミンカ(*Niominka*)であり、もうひとつは隣国ガンビアに近いサルーム・デルタ南部に居住するソーセ(*Socé*)である。かつて、このふたつの民族集団は対立的であったが、イスラムの普及と落花生栽培という経済活動の特化により、島嶼全体が同じ民族意識をもつようになった［Pelissier 1966］。

ニョミンカはセレール語の方言を話すセレール族の人びとである。「海の人びと」と呼ばれ、天日を利用した塩の精製、魚や牡蠣などの燻製に古くから着手し、大西洋航海ルートによって仲買人がコーラ・ナッツや胡椒、日用品と交換していた［Brooks 2003：49］。第二次大戦後、マングローブの伐採による薪材や隣国での漁業活動で得た水産物の交易が発展し、農業は副次的生業となっていく［Dahou 2008：326］。現在の生業は漁業と農業のほか、貝塚の採掘（建築資材用）、小売業、観光業（スポーツフィッシングやスポーツハンティング、自然観察）と多様化している。

ソーセはマンディンカ語を話す人びとであり、セネガルにおけるマンディンカの人びとに対する一般的な呼び名である。ソーセの多い島嶼部の村では、かつては稲作と落花生栽培を中心とする農業が主たる生業であったが、現在は商業漁業および塩採集業に依存している。

住民の七割以上が農業に従事しているが、漁業と兼業する人びとが多い。というのも、タン（*tanne*）と呼ばれる強酸性の塩分濃度が極度に高い土壌が広がっているためである。このため、飲料水の調達が大きな問題となっており、トゥバクータ村落共同体の五二の村に全部で三八六の井戸があるものの、約三割は機能していない［CRT 2009］。また、灌漑が整っておらず、農業用水の確保も難しいことから、稲作や野菜・果樹の栽培はかぎられた地域で行われており、トウジンビエと落花生栽培が主となっている。農閑期である乾季には仕事が不足するため、多くの住民、とりわけ若者は大都市に出稼ぎに出る。

一四の村はすべてサルーム王国に従属した小国ニョンバトーを起源としている（巻末資料1参照）。Becker and Martin［1981］によれば、セレールはふたつのグループに分けられる。第一グループは数的に最も多く、セネガル川流域のフータ・トロ（Fuuta Toro）から南下してきたと主張する集団で、セレールの入植はゲルワール（*Gelwaar*）の到来より以前であるとされている。ゲルワールとは一三世紀にマリ帝国が勢力を拡大した際に現在のギニアビサウにあたるガブー（*Gabou* または *Kaabu*）に移り住み、統治者となったマンディンカの一族である。この一族はサルーム・デルタに移住後、シン（Siin）王国やサルーム（Saalum）王国を建設した。第二グループはマンディンカ族と混合した集団で、征服者ゲルワールの側近たちの子孫とされ、島嶼部に多く入植しており、島嶼部におけるニョミンカの大部分はゲルワールたちの移住にともなうものである。

Ba［1976］はゲルワールの到来の前、サルーム・デルタ一帯にはそれほど多くの人は住んでいなかったとしている。人びとはいくつかのセレール集団とガンビア付近やニョンバトーに定住したソーセの入植者によって構成されていたが、村々は互いに離れており、人はまばらであったという。サルーム・デルタの大部分は水脈が地下深くにあるため、最初の定住者たちは川の近くに住むことを好んだ。ニョンバトーは魚と水が供給しやすかったため、人口が集中したと推測している。

一方、フランス植民地時代に各地で伝説を収集したCros［1934］は、セネガル南部カザマンス地方に多いジョラの人びとがセレールより前にサルーム・デルタを支配していたと考えている。その後、セレールやゲルワールたちに撃退され、ジョラは南下したという。

このように、調査地を含むサルーム・デルタにだれが最初に定住したかは諸説あり、口頭伝承による記録しかないこともあって定かではない。Becker and Martin［1981］は、サルーム・デルタ各地で見られる牡蠣やサルボウで構成される貝塚（*kjökkenmödding*）には、新石器時代から現在この地を占めるニョミンカの入植にいたるまでの時代のものが含まれているとしており、相当早い段階で人の入植があったことには違いないようである。

サルームに入植したゲルワールたちは、一六世紀に完全な支配をなしとげた後、サルーム王国の長として君臨した。サルーム王国はマンディンカおよびウォロフの政治社会制度に着想を得て、王を頂点としたカースト制を築き上げている。Ba［1976］によれば、サルーム社会は三つの階級に分かれていた。第一身分は王朝を築いたゲルワールの子孫やドーミ・ブール（*doomi-buur*）と呼ばれる王の息子たち、王に匹敵する力をもつボロム・ドンボ・タンク（*borom ndombo-tank*）で構成される貴族である。第二身分は自由民である農民ジャンブール（*jambur*）、さらに第三身分として捕虜、口頭伝承の語り部であるグリオや鍛冶屋などの職人で構成されるニェーニョ（*ñyeñyo*）が存在した。ボロム・ドンボ・タンクはジャーラーフ（*jaaraaf*）の長であり、ジャーラーフは人民を代表する人びとである。ボロム・ドンボ・タンクはその地位に就く者が死亡したときにサルーム王によって任命され、逆に王位が空位の際には、彼らが新しいサルーム王を指名する選挙を司り、採決権を有した。さらに、彼らは王の地位の剝奪や退位を迫ることが可能であった。新たに選出された王は彼らを罷免することはできなかったという。

Klein[1968]は、サルーム王国は王が強大な権力をもたず、その中央部には五〇〇〇〜一万人を指導する五人の首長がおり、サルーム王は部分的にしか支配することができなかったとしている。王は人民への租税のほか、奴隷交易、サルーム川での塩製造およびマンディンカからの貢物によって収入を得ており、この収入によって大規模な軍事力を維持することができた。租税の徴収は奴隷戦士であるチェド(*tyeddo*)によって行われた。彼らは王や地方長官の側近でもあった戦士たちで、王の奴隷とも呼ばれた。チェドは奴隷商人たちに賄賂を要求し、すでに租税を納めた村を襲撃することもまれではなかった。

一九世紀に入ると、宗主国フランスによるセネガルでの農業の可能性とプランテーション開発の調査が実施された。フランス本土での石鹼製造のためにヤシ油工場も建設された。イギリスではヤシ油の市場が拡大していたものの、フランスの消費者はヤシ油でできた黄色い石鹼を好まなかった。しかし、ある植物性油をオリーブ油と混ぜることで、マルセイユでよく知られた青白い石鹼を製造することが可能であることが明らかになった。それが、落花生油であった。落花生栽培は交易の拠点となったサンルイとゴレ島周辺から広がったが、セネガル南部にも急速に拡大していた。しかし、南部ではイギリスとの商業的競合や王の奴隷戦士チェドによる略奪が問題となっていた。このため、フランス人商人たちはフランス本国に対し、武力を行使し威嚇するよう再三願い出ていた。植民地政府は商人たちの要望に応え、一八四七年に砲艦をサルームに派遣し、定期的な巡回が行われることとなった。現在の村への移住は、このフランス軍襲来によるものである。落花生生産が始まったことで、自給自足の農民たちは換金作物を得ることとなり、季節を問わず商人と直接交渉を行うようになったうえ、銃を購入しチェドに抵抗するようになった。租税収入を失ったサルーム王国の地位は凋落し、フランス総督ピネ・ラプラド（Pinet-Laprade）がたびたび侵攻した。

さらには、宗教戦争が勃発することになる。Klein［1968］によれば、一八六二年、ガンビアとの国境近くガンビア川沿いのリップ（Rip）王国でマ・バ（Ma Bâ）がウォロフのイスラム教徒を率いて王に対し反乱を起こした。王はイスラム導師であるマラブー主導の権力の独立をおそれ、指導者を殺害することを決めたが、マラブーたちの力は強く、イスラムを受け入れようとしない村を焼いた。王は殺され、チェドたちは追放され、その一部がサルームへと逃げた。当時、サルームを治めていたのは一九歳の若き王サンバ・ロベ（Samba Lobé Fall）であった。サンバ・ロベ王のチェドたちは各地でイスラム軍を撃退したが、一八六一年のフランス軍の攻撃で賠償金を要求されたうえ、大きな損失をこうむったサルーム王国には銃や馬がほとんど残っていなかった。王とチェドたちは食糧を求めて村々を襲い、さらには、イナゴの大発生が続いた。ニョンバトーのマンディンカの村々はマ・バに忠誠を誓い、チェド討伐戦に参加した。サルーム王国は長きにわたり君臨したが、チェドに対する敵意が村人のイスラムへの改宗を促した。セレールのいくつかの村々は改宗に抵抗したものの、一八六三年にはサルーム・デルタ一帯は一部の王国を除き、すべてマラブーの支配下に入った。しかし、ニョンバトーでは戦争により多くの人が亡くなり、多くの土地が権利者なしの状態であった。

度重なるフランス軍の侵攻により島嶼部の村々は移住を余儀なくされ、さらにはイスラムへの改宗をめぐって争うことになった。その結果生まれた空白の土地を目指し、ニョミンカたちは大陸部に向かって入植を進めた。一四の村についてはMartin and Becker [1979]が一九七〇年代に村の古老への詳細な聞き取り調査を実施していることから、その記述をもとに各村の歴史を見てみよう。

▽ソーセの村

ベタンティ村（Bétanti）

サルーム・デルタで最も大きな島のひとつであるベタンティ島にあり、サルーム・デルタ内で最大規模の村である。人口は公式には約五七〇〇人（二〇〇九年）であるが、実際には一万人を超えると推測される。村西部には遠浅の海が広がり、村への上陸や出漁は潮の満ち引きに大きく影響される。

住民の大半がソーセであることから、ソーセの人びとが多いガンビアとのつながりが深い。商店にはセネガルに流通していないガンビアからの商品が並び、密貿易の拠点としても知られる。男性は漁業に従事し、副次的に農業を営む。漁場は、村の北東部に流れるボロンから大西洋にいたる。村がこれらの漁場をほぼ独占しているが、四月頃から季節的な移動漁民が増加する。遠くサンルイ、カヤール、ジフェール、ジョアル、フンジュンからも漁師が河口部にボラ類や大型魚類を求めて遠距離船でやってくるという。男性は、主にエビ類とボラ類を漁獲対象としている。いずれも一年中漁獲可能であるが、雨季は稲作に従事する村人が多い。水揚げしたボラ類は乾燥させ、地方都市の定期市で販売される。干し魚は一キログラム六〇〇セーファー・フラン(約一二〇円)で販売される。漁獲高は下降気味であり、村の若者の多くはダカール、カザマンス、ガンビアに出稼ぎ漁師として働きに行く。ガンビアではガーナからの出稼ぎ漁師グループが存在し、セネガルの出稼ぎ漁師グループとの諍いが絶えないという。

村の女性の多くは、貝類の採取および水産物加工(主に燻製)に従事している。牡蠣は現在、牡蠣組合による保護の取り組みがなされており、一か月間漁をした後、六か月間は禁漁にしている。二枚貝についても、雨季は採取をやめ、稲作に従事する。パゲと呼ばれる小型の手漕ぎ船で二枚貝の採取に向かう。船は一〜二人乗りから二〇人乗りまでと多様である(写真3-1)。一家ないし一族のみで出立することもあるが、特に決まりはない。一日あたり、およそ五〇〇人もの女性が貝採取に従事する。女性たちにとって、最も大きな問題は水産加工品の値段である。冷凍設備がないため、燻製状態で市場に供給せざるをえず、生鮮価格の五分の一以下という安価で取引されることになる。

村はワデュ(*Wadu*)と呼ばれる母系集団に属するサンディ(Sandi)という人物が創設したとされる。

写真3-1　手漕ぎの丸木舟で貝採取に出かけるベタンティ村の女性たち（2012年2月）

サンディたちはワデュと呼ばれる国から来たセレールであり、彼らが東から移住したときには、すでにソーセの人びとが住んでいたとされる。しかしながら、そのソーセもさまざまなセレールの国々を通過してたどり着いていた。ソーセの人びとがこの地に移住してきたとき、無数のバオバブがあったことから、ベカル（*Becale*）（「良いところだ」の意）と呼んだという。

当時、この地を支配したニョーミ王国の王は、略奪を好み、村のすべての美女を連れ去った。これに怒ったサンディの息子ワリは、村を守るため反乱を起こした。戦いは五年続き、争いの中でベタンティの住民は火薬の入手に成功したものの、村人たちは王へ賦課租を納めることに承諾した。唯一、ワリの一族だけが王国戦士と戦い、ベタンティの娘たちの誘拐を食い止めたという。

ワリの孫にあたるフォデ・カラモ（Fodé Karamo）が村にイスラムをもたらしたとされる。彼はニャーニ（Ñaani）の国で教育を受け、カラモ（*Karamo*）（イスラム指導者）の称号を授けられた。帰還後、彼はベタンティの住民を多数、イスラムに改宗させた。結果、ベタンティ村には伝統宗教崇拝者とイスラム教徒という二人の首長が存在することとなった。伝統宗教崇拝者をイスラムに改宗させるため、フォデ・カラモは弟子の一人を派遣し、反抗者を脅迫し、すぐに改宗しない場合には襲撃さえした。イスラム勢力による宗教戦争において、宗主国フランスは住民のイスラムへの共鳴に危機感をもち、ベタンティ村にいくつもの砲弾を発射したという。

ボシンカン村（Boshinkang）

ベタンティ村と同じく、ベタンティ島に位置する村である。定期船がミシラ村とのあいだに週二回、ベタンティ村とのあいだに不定期に運行しているだけの最も交通事情の悪い村である。

人口は約一三〇〇人（二〇〇九年）と比較的大きな村であるが、二〇〇六〜〇七年に起こった燃料価格の高騰および漁獲高の減少により、深刻な影響を受けている。当時、スペインが不法移民に滞在を認める特別政策を導入したために、数多くの若者がスペイン領のカナリア諸島への密航を企てた。この村でも、住民の約一割に相当する一五〇〇人もの若者が密航船に乗ったが、生存が確認できたのはわずか二名であったという。結果、残された住民の大半は老人と女性、子どもである。村に学校と診療所はあるものの、教師も看護師も配置されていない状態であり、この地域で最も悲惨な「見捨てられた村」として周辺住民に認識されている。

村は母系集団プーマ（*Puma*）の一族であり、サルーム王国の統治者となったゲルワールの一族であったカサマ（Kasama Tening Sañang）によって創られた。創設者カサマはマンディン王国（Manding）の出身であり、彼が島嶼部を訪れた際には、すでに人びとが住んでいたという。彼は妻をともなっていた。彼らが島に上陸し宿営したときに、夫婦は一緒に寝た。この事実から村の名前が付けられている。妻は彼女の上に足をのせた夫に向かって言った。「足をどけてよ」、すなわちソーセの言葉で「ボシンカ（*bo si nka*）」である。イスラム教徒はボシンカン村においてはかなり古い時代に入植しており、一九世紀半ばの宗教戦争の時代には、すべての村人がイスラムに改宗していたとされる。

シポ村（Sipo）

バンブーン・ボロンに隣接する村である。セネガルで唯一、女王が君臨する村として知られるが、女王の息子が実質的に村長の役割を果たしている。人口はわずか七六人（二〇〇九年）と非常に小さな村である（写真3-2）。女王の一族はマリから来たバンバラの人びとであったという。ソーセの人びとが多いが、ウォロフやジョラなど民族は多様であり、人の往来が多い村である。住民の大半はイスラムであるが、カトリック教徒もわずかながらいる。

写真3-2　シポ村の伝統的住居（2010年10月）

半農半漁の生活が主である。一部の女性たちは土産物屋での販売、ロッジでの調理・清掃業務といった観光業に従事しているが、常勤雇用者はいない。

人口が少ないことから定期船はなく、観光船や自前の丸木舟で物資の運搬を行っている。一五隻の船外機付き船舶を有する。

村は一九世紀末、ミシラ村から移住したソーセの一人、ランカディ・コール（Lankadi Coor）によって創設された。数世帯の住民はミシラ村出身者であるが、大半はバニ村出身者である。村の名前はセレールの言葉で、「私が（家の）区切りをした（sip）のはここだ」を意味する。シポ村は長いあいだ、交通の要所として機能し、水揚げされた魚は干し魚として加工され、シン王国で売られていたとされる。

▽ニョミンカの村

これらの村は、島嶼部の人びとが切り開いた村である。村々の多くは、一九世紀半ばから後半にかけて創設されている。フランスによる征服あるいはニョミンカやソーセの人びとを急速にイスラムに改宗させようとした宗教戦争から逃れた人びとによって、これらの村々が誕生した。大陸側の土地への定着はニョミンカとソーセの交流をもたらし、さらにイスラムへの改宗によって民族間の婚姻が容易となった。

ミシラ村（Missira）

トゥバクータ村から一二キロメートルほど未舗装道路を南下したところにある漁村である。人口は約二七〇〇人（二〇〇九年）でソーセが多く、次いでニョミンカ、少数の牧畜民プルを中心とした集落である。

島嶼部の漁民が捕獲した魚介類はミシラ港で水揚げされることが多く、この村から仲買人の冷蔵トラックで首都ダカールへと出荷される。ＪＩＣＡによる水産資源プロジェクトが八〇年代から入るなど、数多くの国際援助プロジェクトが実施されている。

住民の多くは半農半漁であるが、牧畜に携わる人びとも多い。他の村と同様、トウジンビエと落花生栽培が主である。女性は水産加工業に従事する。国立公園へのアクセスポイントとなっているが、宿泊施設が少なく、観光客の大半は日帰りで訪れる。

村はフォデ・センフィオール・バ（Fodé Senfior Ba）によって創設されたとされる。フォデとその弟は、南方から一族の移住先を探し続けていた。適当な土地が見つからなかったため、スクータ村に住居を構え、ミシラの地を開くまで三年間とどまった。彼は三年後、イスラムの聖なる地の名称であるミシラを村に名付けた。彼が命名した後、村は急速に発展し、サルーム・デルタ各地から人びとが訪れたという。一九世紀中頃に起こったフランス軍による砲撃の際、島嶼部の多くの住民がミシラへと移住した。

スクータ村（Soukouta）

行政・商業の拠点であるトゥバクータ村に隣接する漁村である。人口は三三四人（二〇〇九年）と小規模な村ではあるが、インフラ設備は整っている。村には送電線があり、飲料には適さないが水道設備も整備されている。

男性の多くが漁業に、女性は牡蠣の養殖に携わっているが、魚介類の保冷設備がなく漁業が下火になりつつあることから、近隣のトゥバクータ村のホテルで働く人も多い（写真3-3）。

現在のバンブーン海洋保護区管理委員長の居住村であり、彼の交渉能力の高さにより、国際援助機関がプロジェクトを競って展開している。

一九世紀中頃のフランス軍の砲撃後、セニ・ジャメ（Seni Jame）が初めてスクータの地に入植した

写真3-3　スクータ村の船着き場での水揚げの様子（2010年10月）

とされる。彼は聖なる祭壇であるパンゴール（*pangol*）のあるンジュウンジュ（Ndioundiou）という地から来たとされている。スクータに入植したとき、彼はフランスの砲艦が新しい村まで到達しないように、スクータ村につながる水路を石で防いだ。グーク島（Gouk）出身のサラバ・サール（Saraba Saar）という名のイスラム聖者が、多くの人びとを引き連れてセニ・ジャメのもとを訪れた。サラバ・サールは土地を分け与えられ、村のイスラム指導者であるイマーム（*imam*）に任命された。グーク島の村人たちは、当初、サラバ・サールに付き従ったが、十分な土地がなかったため散り散りとなった。したがって、数多くの村が、スクータ村を経由した人たちによって創られている。スクータはソーセの言葉で「夜である」ことを意味する。

写真3-4　トゥバクータ村の沿岸部に建設された高級ホテル（2009年10月）

トゥバクータ村（Toubakouta）

各省庁の出先機関や自治体庁舎がある行政の中心地である。国道沿いにあり、交通の便もよく、この地域唯一の車両用の給油所がある。人口は二三二二人（二〇〇九年）で、ソーセとニョミンカが多い。もともとは農業を営む人たちであったが、現在は観光業と商業が主たる産業となっている（写真3-4）。ホテルが菜園を村の女性グループに提供しており、野菜栽培も行われている。一四か村で唯一の市場があり、周辺の村々で収穫された野菜や果物、魚介類が並ぶ。観光地でもあることから、インフラの整備は最も進んでいる。船外機付き船舶は五隻ほどあるが、その多くはスポーツフィッシングやマングローブ観察ツアーの観光船として利用されている。水道設備はあるが、飲料水としては適さないため、住民は状態のよい井戸水をポリタンクに入れて運搬している村人から購入する。この地域で唯一の中学校があり、生徒たちは周辺の村から徒歩やバスで通学している。

一九世紀半ばのフランス軍砲艦襲来の時代に、島嶼部の住民たちがトゥバクータの地に移住を始めた。彼らはバンブーン（Mbanboung）、グーク（Gouk）およびギラ（Guira）と名付けられた島からやってきたという。最初の占有者はクヌクヌ（*Kunu-Kunu*）と呼ばれる母系集団であり、バンブーンの小島から来たマーナン・ソンケイナ・ジャメ（Maanan Sonkeyna Jame）と呼ばれていた。彼はイスラム教徒であり、多くのトゥバクータの住民が島嶼部の伝統宗教崇拝者たちとの戦いに積極的に参加した。

トゥバクータには数々の伝説が残っており、村の有力な一族間の争いのもとになっている。代表的なものによれば、トゥバクータの創設者一族はセネガル南部カザマンス地方から北上してきた人びとであり、現在のシポ村に移住した後、ジョンボス川を渡って、現在のバニ村にたどり着いたという。しかし、バニ村にはすでに人がいたため、さらに北上し、現在のトゥバクータ村にたどり着いた。

トゥバクータ村の名は、フランス人が正式な村の名称であるトゥーバ・コト（*Touba côtô*）（ソーセの言葉で「海のそばにとどまれ」を意味する）を誤って発音したことによると考えられている。この地域の有力な一族ジャメ家のインサ・ジャメ（Insa Diamé）が村の創設者であったが、村落内での争いが絶えず、ついには村が火の海に包まれることとなった。多くの村人が島嶼部に避難したが、サンゴール家（Sanghor）の一族だけが土地を守るために居続けた。現在、村にいる他の一族はその後に移り住んできた者たちであるという。このため、サンゴール家が正当な村の後継者として主張される一方、創設者はやはりジャメ家であるとの声も強く、現在もなお争いは続いている。

▽宗教戦争後に創設された村

これらの村々はイスラム改宗戦争の起こった一八六〇年代以後に創られており、そのすべてがサルーム・デルタ島嶼部からの避難民が創設者となっている。二〇世紀以後、急速に人口が拡大した村々である。ソーセの影響が強く残っているが、ニョミンカとも同化している。

サンガコ村（Sangako）

国道沿いに位置する人口二九七人（二〇〇九年）の小さなニョミンカの村である。周囲をマングローブと国有林に囲まれていることから、農地が不足しており、漁業に依存せざるをえない状況にある。国有林の一部で開墾を行う、あるいは一〇キロメートル近く離れた場所に農地をもつ村人もいる。Pélissier［1966］によれば、村の周辺に広がる森林は、一九三五〜三六年にフランス植民地政府により国有林に指定されたが、約束されていた補償金は支払われることはなかった。周辺のマングローブ林の利用は女性が中心に行っており、主に牡蠣の採取と加工が行われている（写真3-5）。一九七〇年代までは牡蠣は豊富にあったものの、村人が口にすることはなかっ

写真3-5　牡蠣養殖の準備に励むサンガコ村の人びと（2010年10月）

た。一九八〇年代にＪＩＣＡの牡蠣養殖プロジェクトが開始され、首都ダカールで生牡蠣が高値で取引されるようになってから、村人が競って牡蠣の採取を行うようになった。船外機付き船舶は一隻のみである。農業はトウジンビエや落花生が中心であり、村の周辺の土壌は塩分濃度がきわめて高いことから、乾季の終わりにあたる二～五月に塩採集が行われている。塩は現金獲得手段の少ない女性たちにとって貴重な収入源であり、昔はガンビアとの交易品でもあったという。

村はジウス（Dious）と呼ばれる島から来た、ゲルワールの由来の地であるガブーの母系集団コーファン（*Coofan*）のフォデ・マネ（Fodé Mane）によって創られており、すべての住民がジウスの島の出身である。サンガコ村はもっぱら農業が生計手段であり、漁業は行われていなかったが、近接のメディナ村との婚姻の増加により、漁業に従事する者が増えたという。サンガコとはソーセの言葉で「家族の分け前に責任をもつ」との意味であり、ダシラメ・セレール村を訪れた人びとが村では家族を養うことができず、さらにサンガコの地に移住したという伝説にもとづいている。

メディナ村(Médina)

サンガコ村に隣接する人口一二五九人(二〇〇九年)の村である。ニョミンカの人びとで占められ、サンガコの兄弟村として知られる。メディナ村からサンディコリ村にいたる国道沿いが彼らの農地であり、トウジンビエや落花生栽培のほか、女性たちが野菜栽培を行っている。また、サンガコ村と共同で運営する牡蠣の養殖組合があり、水産加工業に携わる女性も多い。漁船の数は他の村に比して多く、三〇強ある。主たる漁場は村の北部に流れるソコン・ボロンである。

サンガコ村の創始者と同じくガブーの母系集団コーファンの出自で、ジリンダ(Djirinda)出身者であるジャメ・バ・センフィオール(Jame Ba Senfior)によって創設されており、村人の大半がジリンダの出身である。彼はイスラム教徒であり、宗教戦争で死亡している。このため、村はイスラムとの関係が深く、メディナはメッカの地区の名前から来ている。ジャメ家、サンゴール家、ふたつのサール(Sarr)家、ファール(Fall)家、チョール家(Thior)の六つの有力な一族が居住しており、歴代の村長は一人を除きこれらの一族の出身者である。とりわけ、この一族の中でもジャメ家は創設者ジャメ・バ・センフィオールの末裔であることから力が強く、議題は常に彼らが提案する。

バニ村(Bani)

トゥバクータの南二キロメートルほどにあり、人口が一〇〇〇人強(二〇〇九年)と、この地域では中規模の村である。半農半漁の人びとが多く、女性たちは干潮時に二枚貝や牡蠣の採取を行うほか、野菜栽培を行っている。漁業は衰退傾向にあり、ガンビアのタンジ(Tanji)やブルフット(Brufut)、南部カザマンス地方のカップ・スキリング(Cap-skiring)といった漁業の町へ出稼ぎ漁に出かける漁師も多い。現在は船外機付き船舶二隻と丸木舟四隻のみを所有しており、漁場は村に隣接するソコン・ボロンである。

プーマと同系の母系集団クヌクヌ(*Kunu Kunu*)の出自でバフィンド島(Bafindo)から移住したフォデ・セーン(Fodé Seen)によって創られたといわれている。彼はイスラム教徒であったため、村の名前にイスラムの呼称を用いた。

ダシラメ・セレール村(Dassilamé Sérère)

トゥバクータ村から未舗装道路沿いに南に五キロメートルほど下ったニョミンカの村である。人口四五九人(二〇〇九年)とこの地域では比較的小さな村であるが、自治体評議会の副議長を輩出しており、政治的には有力な村のひとつである。島嶼部と大陸部の境界に位置し、西側にはマン

写真3-6　ダシラメ・セレール村の水田（2010年10月）

グローブ林が広がる。東側には森林が広がり、水脈に恵まれていることから稲作や野菜栽培といった農業が盛んである（写真3-6）。専業の漁師は一家族だけであるが、サンガコ村同様、女性の重要な収入源は貝類の採取・加工である。また、最近は果樹栽培も盛んで、各家族の敷地内でパパイヤやマンゴーを育て、トゥバクータ村の市場で販売している。

セネガル人が経営するロッジが二軒あり、アメリカ人ボランティアが毎年この村で活動するなど外国人との関係が深く、国際援助機関による開発プロジェクトが集中している。

村はガティン島（Ngatin）から来たディバリ・ジャシー（Dibali Jaasi）によって一八六七年に創設されたという。フランス軍の発砲を逃れてきたガティン島の人びとはイスラム教徒であったことから、ディバリ・ジャシーがコーランを学んだとされるガンビアの村ダシラメから名をとった。他にもダシラメと名付けられた村があったため、区別するために現在はダシラメ・セレールと呼ばれている。村人によれば、正確にはダシラメではなく、「平和の地」を意味するダルエスサラーム（Dar es Salaam）が訛ったものではないかという。

ダシラメは宗教戦争の避難民を数多く受け入れたが、彼らは一時滞在しただけであり、自分たちの村を創るためにすぐに旅立った。仲たがいが起き、バニやスールーといった村へと分岐したと考えられている。

スールー村（Sourou）

ダシラメ・セレール村に隣接する人口二〇〇人（二〇〇九年）の小さな村である。ダシラメ・セレール村と出自を同じくする村とされるが、喧嘩別れした村であり、現在もダシラメ・セレール村とは感情的な対立がある。

伝統的な半農半漁のニョミンカの村であり、三隻の船外機付き船舶と七隻の丸木舟を有する。魚介類はトゥバクータの市場で売買されるが、ティラピア類が一キログラムあたり一〇〇〇セーファー・フラン（約二〇〇円）、スズキ類が一キログラムあたり一五〇〇セーファー・フラン（約三〇〇円）と安い（二〇一〇年九月時点）。高値で取引されるクエ類は乾季にこの地域を回遊するが、乾季は最も生活が貧しくなる時期であり、村人の多くが都市部へ出稼ぎに出かける。女性たちの農作業環境は悪く、耕作地は村から数キロメートル離れているうえ、湿地のためぬかるみがひどい。

ともにこの地にたどり着いた数多くの移住民によって創られ、その年長者はシール・ソコン・セレ(Sire Sonko Sele)という名であった。彼は、現在は放棄されているイスール島(Isourou)から来たとされる。彼らはイスラムに改宗しなかったため、宗教戦争の指導者マ・バは村への攻撃を計画したが、この新しい村の住民の数の多さに圧倒され、思いとどまったとされる。

ネーマ・バ村(Néma Bâ)

トゥバクータ村から南に六キロメートルほど未舗装道路を下ったところにある人口一〇〇〇人強(二〇〇九年)の中規模の村である。村はニョミンカで構成される地区と牧畜民であるプルで構成される地区に分かれている。漁業に従事する村人は多くなく、丸木舟が六隻あるにすぎない。漁師の多くは、プティット・コット地方の漁業拠点であるジョアルやジフェールから南部カザマンス地方までの漁村に点在し、出稼ぎ漁を行っている。

二〇世紀初頭、ダシラメ・セレール村から来たママ・コリ・ベガン(Mama Koli Mbegan)によって創設されたとされる。村の人びとの大半はサルーム・デルタの島嶼部出身である。

サンディコリ村(Sandicoly)

トゥバクータ村から国道沿いに北東に一〇キロメートルほど行ったところにある人口六三八人

写真3−7 網（ナイロン製）の手入れをするサンディコリ村の漁師（2010年10月）

（二〇〇九年）の小さな村である。ニョミンカのほか、ソーセ、プルで構成される。半農半漁であるが、漁業を専業としている村人も少なくなく、船外機付き船舶が八隻あるほか、丸木舟も多い（写真3−7）。漁場はソコン・ボロンやバハル・ボロンである。干し魚にするための漁獲と牡蠣やアクキガイ科の巻貝の採取が中心である。現在のバンブーン海洋保護区の管理委員長の第二夫人の出身村であることから、国際援助プロジェクトの情報が早く伝わり、養蜂や植林活動を積極的に行っている。

村人によれば、コリー（Coly）という人物が村の創設者であり、村の名は「コリーのゴミ捨て場」という意味である。現在は国道沿いに村は発展しているが、もともとはサンディコリ・ボロンのそばにあったという。ガブーから来たマンディンカがこの地一帯のイスラ

写真3-8　ジョガイ村の船着き場（2010年10月）

ムへの改宗を企てたが応じなかったため、有力者の子息であったアルフォン・ディウフ(Alphone Diouf)を誘拐し、ガンビアでコーランを学ばせた。数年後、アルフォンはサンガコ村に戻り、両親を改宗させた。さらにメディナ村にコーラン学校を建設し、結婚し定住した。サンディコリの村の人びとはその後にメディナ村から移り住んだ人たちであるという。

ジョガイ村(Diogaye)

バンブーン・ボロン河口部に位置し、もともとはサルーム・デルタ北部の島嶼部にあるバッソウ村(Bassoul)のニョミンカ漁師たちがバンブーン・ボロンで漁を行う時期だけ利用する村であった。しかしながら、現在は一〇〇人近い住民が定住している。男性は漁業に特化しており、女性は漁業と水産物加工を行っている(写真3−8)。対象は牡蠣や二枚貝である。女性グループも二隻の丸木舟を所有している。

いつの時代からこの地に定着するようになったかは定かではないが、サンガコ村に住むグーク島出身者が創ったとされる。

(二) 海洋保護区はいかにつくられたか

バンブーン海洋保護区は魚類の産卵地として知られるバンブーン・ボロンとその周辺のマングローブ林で構成される。河口部にはバッファー・ゾーン(緩衝地帯)が設けられ、境界を表示するブイが設置されている。バンブーン・ボロンはジョンボス川の三つの支流のうちのひとつであり、長さはおよそ一二キロメートル、川幅は五〇〜五〇〇メートル、水深は〇〜一五メートルと変化に富んだ川である(写真3−9)。サルーム・デルタは塩分濃度が上流ほど高いという塩分濃度の逆転勾配(三六〜一四〇パーミル)が起きており、魚群にとって大きな抑圧のかかる環境であるが、淡水魚や汽水魚に加え、完全な海洋性の魚種が数多く生息することで、西アフリカにおいて最も魚種数の多い地域となっている[Panfili et al. 2006]。Colléter et al. [2012]によれば、バンブーン・ボロンの塩分濃度は三九・三パーミルと低く、汽水種と海洋種が同時に生息する環境となっている。ボラや

写真3-9 バンブーン・ボロン（2010年10月）

ニシン、イワシ、クロサギの仲間といった小型・中型の被食魚、ハタやコバンアジ、フエダイ、カマス、ニベといった大型の捕食魚が多い。

バンブーンとはバンブンコ（*Bambunko*）、「背負いの荷運び」を意味するマンディンカ語である［Delafosse 1955:29］。重い荷物を頭の上ではなく背中にのせる習慣のあるバンブコ（Bambuko）地方に付けられた名であり、マンディンカが話されるセネガル東部では多く使われている。村人によれば、このボロンは干潮の差が激しく流れも強いことから、赤ん坊を連れた女性に対する「背中にしっかり赤ん坊をくくりつけておきなさい」という意味が込められているという。魚種が豊富であることに加え、ボロンに近接するシポ村が一九世紀後半に生じた民族移動における交差点であったこともあって、海洋保護区の運営にかかわる一四か村すべてが漁場として利用してきた小川とされている。

▽どのようにつくられたか

イブライマ・ジャメ管理委員長によれば、セネガルの環境NGOオセアニウムのアイダー代表が初めてスクータ村を訪れたのは二〇〇〇年のことであった。第7章で後述するが、環境NGOオセアニウムはもともとマリンスポーツの愛好団体として一九八四年に設立され、その後、スキューバダイビング学校として知られるようになった。アイダーが代表となってからは、彼の海に対する強い思い入れのもと、その活動は海洋環境の保護へと傾倒していく。一九九〇年代のセネガルは海外漁船の進出や国内の零細漁業者の増加により水産資源の枯渇が危惧されていた。さらには、違法なダイナマイト漁や海への廃油や不要になった網の投棄により、海洋環境の汚染も大きな問題となりつつあった。

ちょうどこの頃、アイダーは彼の右腕となる人材を手に入れることに成功した。フランス開発機構（AFD）のジャン・ゴエップ職員がオセアニウムに移籍したのである。Gilbertas［2010:91–92］によれば、彼は組織の官僚主義に嫌気がさしていたという。フランスのアルザス地方出身でありながら、セネガルで育ち、ウォロフ語も堪能であった彼は、ニオコロコバ国立公園再生プロジェクトに携わっていた。彼の上司がアイダー代表と旧知の仲であったことから、二人は出会った。海への強い情熱と現場を重んじる姿勢に二人は意気投合し、ジャンはオセアニウムの一員として働くことを決めたのである。

当時、フランス開発機構は第三世界の持続可能な開発プロジェクトの一環として、フランス世界環境基金に環境保全基金の設立を申請していた。元職員として事情に精通していたジャンは、この基金を獲得する企画を練った。こうして、地域住民に水産資源の持続的な管理を啓蒙し、コミュニティレベルの海洋保護区の設置を目的とする「ナロー・ウルーク（*Narou Heuleuk*）」（ウォロフ語で「明日への貢献」の意）プロジェクト案を作成することができた。オセアニウムはプロジェクトを実施できる人材が不足しており、行政的手続きに精通したジャンはまさに適任者であった。

申請は受理されたが、問題は海洋保護区の候補地であった。フランス世界環境基金の委託を受けた国際コンサルタントは、セネガルの状況をよく理解しないまま、首都ダカールとその近郊であるルフィスク—バーグニー間（Rufisque-Bargny）、プティット・コット地方のンブール（Mbour）およびパルマラン（Palmarin）、さらにサルーム・デルタの五地域を保護区に選定した［Gilbertas 2010: 95］。ンブールのような大きな漁港をもった都市に海洋保護区を設置することができれば大きな影響を与えることができるが、完全な禁漁を前提とする海洋保護区の設置は当然のごとく漁民の反発が大きかった。このため、ンブールとパルマランは候補地から除外された。最終的に候補地はサルーム・デルタ、プティット・コット地方のニャニ・ガゾービル（Niani-Ngazobil）、首都ダカールのカップ・マニュエル（Cap Manuel）、ジガンショール（Ziguinchor）州のポワントゥ・ジョルジュ（Pointe

Georges）の四地域に絞られた。サルーム・デルタ内のいくつかの候補地で拒否された後にたどり着いたのがスクータ村であり、そこでアイダーとジャンはイブライマ・ジャメと出会うこととなったのである。イブライマ・ジャメは村を二分する名家のひとつジャメ家の人間で漁師であった。一九八〇年代にＪＩＣＡが水産資源開発プロジェクトを開始した際に、フランス語が堪能であることから現地のカウンターパートとして選出された。以後、二〇年近くにわたり彼は日本の牡蠣養殖や水産資源保護啓発プロジェクトに携わり、外部者との交渉役として力をつけてきた。彼は、保護区設置について、「当初、この地域の人びとは漁業ができなくなるということで大反対した。しかし、何度も交渉を重ね、海洋保護区設置の合意をとりつけた」と語っている。

「ナロー・ウルーク」プロジェクトは二〇〇一年から六年間、フランス世界環境基金より総額七八〇〇万セーファー・フラン（約一六〇〇万円）の支援を受けることとなった。二〇〇一年一一月二一日、トゥバクータ村落共同体は評議会を開催し、フンジュン県知事、トゥバクータ郡長およびオセアニウムのプロジェクトチームの立ち会いのもと、全会一致でセネガル初となる海洋保護区の設置議案を可決した。

海洋保護区に対する住民、とりわけ漁業関係者の理解を深めるために普及啓発費として毎月五〇万セーファー・フラン（約一〇万円）が充てられ、ポスターやステッカー、Ｔシャツの配布、映画上映会が行われた。とりわけ、力が注がれたのが映画上映会であった。オセアニウムは海洋保護区運営にかかわる一四の村すべてを巡回し、零細漁業者の危険な漁業技術を紹介する、あるい

写真3-10　バッファー・ゾーンの境界を示すブイ（2010年10月）

は漁師が遵守すべき海のルールが危機に瀕していることを啓発する映画を上映した。映画はフランス語であるが、ウォロフ語に加え、セレール語やソーセ語による説明が加えられた。二〇〇二年五月からは民放ラジオを活用した普及啓発も行われている。

同時に、伝統的な手法も採用された。村の集会場で水産資源をめぐるトラブルや漁師たちの懸案事項について話し合いがもたれた。また、貝殻を使って、水産資源の過剰な利用によって何が起こるのかを住民に理解させるゲームも行われた。

こうした二年にわたる普及啓発活動後、二〇〇三年四月からバンブーン・ボロンは禁漁区となり、地域住民による監視活動が開始された。保護区内ではバンブーン・ボロンとジョンボス川の合流点に設定されたバッファー・ゾーンを含め、保護区内での水産資源や森林資源の利用が完全に禁止されたのである（写真3―10）。さらに、二〇〇四年一一月四日政令第二〇〇四―一四〇八号によって、ボロンとその流域が国により海洋保護区（公式面積七〇平方キロメートル）として認められることとなった［République du Sénégal 2004］。

▽だれが運営しているか

バンブーン海洋保護区は国と地方自治体の共同管理をうたい、運営管理は地域住民からなる管理委員会（comité de gestion）と監視委員会（comité de surveillance）のふたつの組織によって行われている（図3―1）。

管理委員会は、海洋保護区設置案が評議会で可決された後、二〇〇三年三月二八日にトゥバクータ郡長とトゥバクータ村落共同体評議長の署名のもと設置された。保護区周辺の一四か村すべてが代表者一名を選出し、計一四名の委員で構成されている。三か月に一度、会議が召集され、活動状況や会計報告がなされる。海洋保護区に併設されたエコロッジの実質的な意思決定機関である。委員長および副委員長、書記長、副書記長、会計、副会計が各一名選出される。

保護区の監視活動は監視委員会が担当する。監視員は村の若者から募り、バンブーン・ボロンとジョンボス川の合流点に建設された監視塔での監視活動を行っている（写真3―11）。監視活動は四八時間交代で行われ、ボロンに進入する漁船に注意喚起する。漁船が指示に従わない場合には国立公園局に通報する。監視委員会設置時にはジョガイ村を除いた一三の村から二一名が選出さ

図3-1
バンブーン海洋保護区の管理体制

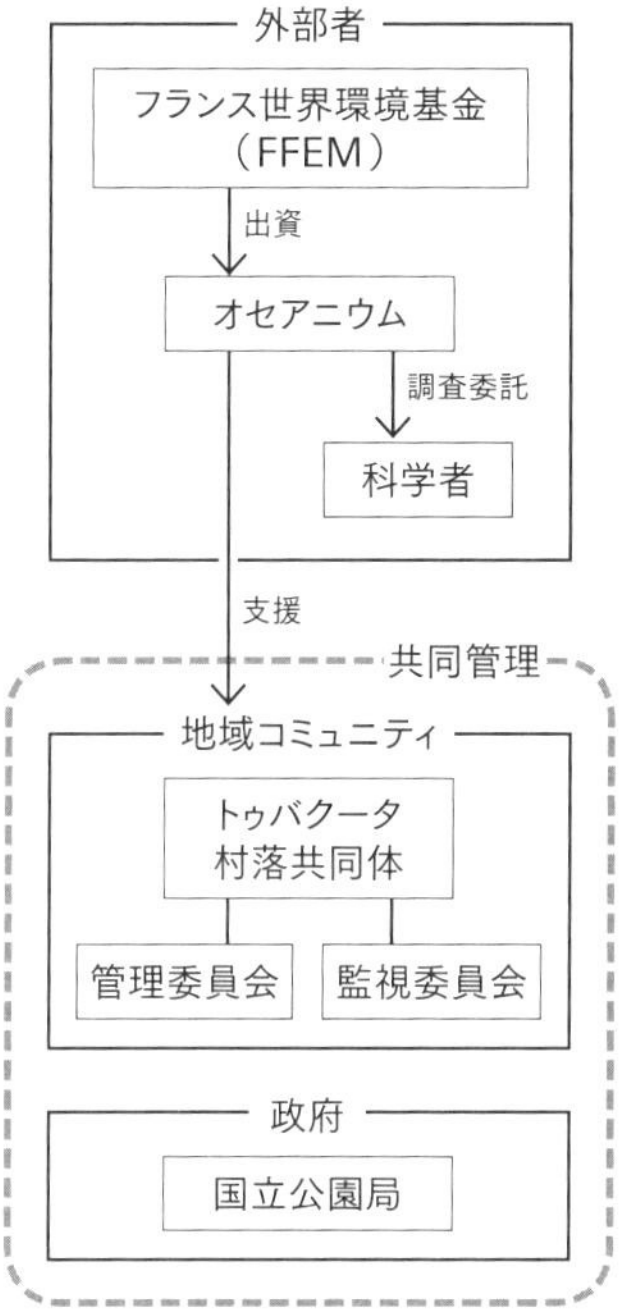

出所：筆者作成

写真3-11　河口部に設置された監視塔（2010年10月）

れた。うち六名はスクータ村出身者である。

一方、国は大局的な観点から技術面の支援を行うことになっている。国立公園局がトゥバクータ村に出先機関を構えており、自治体との協定により、技術支援や管理委員会への助言を行う。また、監視委員からの通報にもとづき、違反者に罰則を科す権限ももっている。

また、水産資源量の変化については、海洋保護区設置前から、フランス国立開発研究所（ＩＲＤ）

の水産資源研究チームが定期的にサンプル調査を実施している。

▽どのように運営されているか

海洋保護区の運営には相応の費用がかかることになる。また、地域経済の基盤である漁業活動が制限されることにより経済的損失も生まれる。このため、オセアニウムはエコツーリズムに着目し、地元住民の雇用と保護区の維持管理費用を捻出するために、二〇〇四年に地域コミュニティが管理運営するエコロッジ「クール・バンブーン（Keur Bamboung）」を建設した。クール・バンブーンとは「バンブーンの家」の意味である。この施設は持続可能なツーリズムを目指しており、太陽光発電の利用および地産地消、地域コミュニティや村人による管理、廃棄物の適正な管理とリサイクルを柱としている。ロッジ建設には地元の労働者を雇い、地元で手に入る萱などの天然の材料を利用した。

ロッジの収益は、①監視船のガソリン代などの保護区の維持管理費用、②自治体による地域開発プロジェクト費用として無料診療所や学校の教室の建設といった公共事業、③ロッジの修繕などの維持管理と保護区の整備費用に充当するための基金に三等分されることとなった。エコロッジの開業から二年後の二〇〇六年には一五〇〇万セーファー・フラン（約三〇〇万円）が、自治体へ寄付された。

しばしば起こりうる保護区管理者と利害関係者との軋轢を避けるために、海洋保護区では経済的利益の創出、とりわけ代替的経済手段としてエコツーリズムが促進されている。たとえば、第二回地球サミットの実施計画では、生物多様性の保全において地域コミュニティの重要性の認識とその参加(四四項)を促進し、地域コミュニティの能力を強化する具体策としてエコツーリズム(四三項)が挙げられており、地域住民によるエコロッジの運営は国際社会の要望に応えたものといえよう。

三 理想の海洋保護区か、対立を生む装置か

これまで見てきたとおり、バンブーン海洋保護区は住民の合意のもと、地方自治体議会のコンセンサスにより設置され、エコツーリズムが生み出す利益によって地域コミュニティの経済的損失を補いつつ、水産資源保全活動のために地域住民の自発的な監視活動が実施されるという、一見、理想の海洋保護区であるかのように思われる。行政と地域住民が共同管理というかたちで協力し、普遍的な視点をもったNGOや国際援助機関が支援し、科学者が適正な科学データを提供しつつ、その結果をもとに合意形成を図る理想的なメカニズムである。「コミュニティ主体型」「エコツーリズム」「科学的調査」「環境NGO」といった保全キーワードを巻き込みながら、海洋保護区は成長を続けている。

しかしながら、序章で述べたように、現実には海洋保護区によって漁業をあきらめる人たち、あるいは逮捕され、さらなる苦役をこうむる人たちもまた存在する。エコツーリズムが地域コミュニティに還元する利益よりも、漁民の損失は大きいように思われる。はたして、海洋保護区はセネガルにおいて、海洋生態系の保全と地域コミュニティの発展に寄与する政策となりうるのだろうか。地域住民が外部者の提示する環境保全に理解を示し、望ましい水産資源管理体制がつくられているのだろうか。

本書では以下、「コミュニティ主体型管理」「エコツーリズム」「科学的調査」「環境NGO」という海洋保護区のレジティマシー（正統性／正当性）を構築している言説を西アフリカの小さな海洋保護区の事例をもとにひとつひとつ検証していく。魚介類が重要なタンパク源となっている西アフリカの開発途上国において、どのようなかたちであれば、水産資源の持続的な管理を行っていくことができるのかを提言することが本書の目的である。

四　調査方法

本書の記述は長期間のフィールドワークにもとづいている。筆者は、管理委員会委員長の所属村であるスクータ村および政府機関や援助機関の拠点となっているフンジュン県ソコン市に滞在し、二〇〇八年四月から二〇一二年二月までのあいだに断続的に四回、約一年間にわたって調査を行ってきた。現地調査は、半構造的インタビューを主とする聞き取り調査および参与観察である。インフォーマント（データ提供者）との会話はフランス語で行い、現地語については通訳を介している。通訳には教師やガイドといったフランス語能力が高く、かつ村落内で顔のきく人物を選んだ。通訳を雇い、調査者自らが現地語を積極的に使わなかった理由のひとつは、この地域では五つの言語が使われており、ソーセの村ではソーセ語以外は好意的に受けとめられず、逆にニョミンカの村ではウォロフやソーセの人びとは差別をする人たちと認識され、彼らの言葉の使用が嫌われるといった問題があったからである。

保護区管理委員長の自宅を主たる拠点とし、一四か村すべてで聞き取り調査を実施することとした。村同士が歴史的に対立してきた経緯から、ひとつの村に長期間とどまることは偏った視座に陥る危険性があったためである。本研究は海洋保護区とそれに関連する諸アクターの相互作用を観察することで、海洋保護区やそれを取り巻く言説がいかなる影響を地域社会に与え、諸アクターの関係がどのように変化していくのかを明らかにするものであり、手法としては妥当なものと考える。

参与観察や聞き取り調査によって得られた人びとの語りや言説を分析対象とするアプローチには、調査者が意図的に言説を選択しているのではないか、あるいは、はたしてアクターを代表しているものなのか、といった批判がある。しかしながら、福永［2010］が資源管理におけるレジティマシーの再構築の試みで採用しているように、あるアクターが他の主体に自らのレジティマシーの根拠として示す言説あるいは語りは、まぎれもなくその発言を行ったアクターにとって、その時点で事実として認識していることであり、言説分析によって各アクターの社会的・政治的背景を抽出することは可能である。

本書の目的は、海洋保護区という大きな利権を窓として、これに付随する言説に惑わされる地域社会を描き、地域住民にとってよりよい資源管理の途を提示することであり、各アクターの社会的・政治的背景の分析が重要となる。プロジェクトではひとつの「コミュニティ」として認識されている一四の村は、言葉も出自も異なり、歴史的経緯によっていがみ合っている。ひとつのアクター内部での対立が生じ、さらに他のアクターのレジティマシーが複雑に絡み合うことで問題が複雑化している過程を明らかにするには言説分析が有効な手法と考えた。各村での聞き取り調査の結果については、まとめたものをフランス語で文書にし、村長に対し、あるいは村で行われた会議で開示し、言説の妥当性について確認を行い、聞き取り結果の確実性を高めた。

なお、人名について、きわめて重要な人物である環境NGOの代表者、管理委員長および調査協力者以外はすべて匿名とし、氏名については敬称を略して使用する。聞き取り調査の対象者については、居住村・性別・年代・調査年月日をそのつど記す。調査にあたっては、個人の尊厳を重んじ、調査対象者の了解を得て実施している。

第4章

つくられたコミュニティ

監視塔に泊まり込む監視員の男性
（2010年10月）

これまで見てきたように、バンブーン海洋保護区は住民参加型アプローチを標榜する海洋保護区である。環境NGOオセアニウムは、導入こそ彼らが主導したものの、その後の手続きは、地方自治体の議会が全会一致で設置を議決し、保護区の監視は地域住民が担い、エコロッジも住民たちにより適正に運営されていると主張している。このように、地域住民がプロジェクトの運営主体となり、意思決定に参加するような形態の環境保全は「コミュニティ主体型自然資源管理(CBNRM:Community-based Natural Resource Management)」と呼ばれている。その定義は困難であるが、CBNRMの利害関係者を結ぶネットワーク組織であるCBNRM Netによれば、以下のとおりである。

詳細な計画のもと、すべての利害関係者が同意して実施される自然資源管理である。資源の持続的な利用に対する責任を果たすために、資源を管理するコミュニティが法的権利や地域組織、経済的インセンティブをもつ。自然資源管理計画において、コミュニティは最も重要な実施主体となる[http://www.cbnrm.net/resources/terminology/terms_cbnrm.html 二〇一三年一〇月三一日閲覧]。

CBNRMは地域コミュニティを主体におき、社会正義の実現や健全な環境の維持、持続可能性といった目標の達成を支援するツールとして重要視されてきた。CBNRMの支持者たちは、「伝統的なコミュニティ」が、環境との調和を図りながら資源を持続的かつ公平に利用することを維持してきた［Li 1996］とみなしており、このようなコミュニティであれば、環境保全と開発が同時に達成されるｗｉｎ—ｗｉｎの戦略になるものと考えていた。さらに、コモンズ研究者たちは、灌漑システム、森林や漁場、野生動物の管理などの実証研究および理論研究から、コミュニティは国家に代わって資源を管理しその価値を高めることができることを主張してきた［Berkes 1989; Bromley 1992; McKay and Acheson 1987; Ostrom 1990 など］。かくして、地域住民の自然資源の利用を規制し、住民を保護区から排除するトップダウン型の「要塞型保全（fortress conservation）」のナラティブは、コミュニティ保全や持続可能な利用をつうじ、コミュニティの強調という逆のボトムアップ型のナラティブに取って代わられることとなった［Murphree 2002:2］。また、生態学の分野においても、還元主義から世界をひとつのシステムとしてとらえる見方へのシフト、生態系に人間を包括するシフト、専門家によるアプローチから参加型アプローチへのシフトという三つの概念的シフトが起こり、ＣＢＮＲＭの推進を後押しした［Berkes 2004］。社会システムと生態系システムのつながりを理解し、ギャップを埋めるには、自然科学と社会科学の結合が必要であったのである。かくして、一九八〇年代から九〇年代中頃にかけて、持続可能な開発の枠組みの中で、自然資源評価における市場の力の役割、地方分権や地域の参加が議論されるようになり、ＣＢＮＲＭが環境保全の潮流となった［Roe 2008; Kumar 2005］。環境保全や開発の実施機関は、ＣＢＮＲＭを公正かつ効果的な方法で環境問題の解決を図りうる鍵となる戦略とみなしたのである［Kull 2002:58］。

一 CBNRM（コミュニティ主体型自然資源管理）は環境保全の万能薬か

CBNRMは村落開発と環境保全を融合させるメカニズムとして、一九九〇年代からサハラ以南全域に浸透していった［Fabricius 2004; Hulme and Murphree 2001］。CBNRMがアフリカにおいて普及した背景には、アフリカの中央集権的管理体制は予算や人員の不足から実際には適正な運営管理が行われていない事実上のオープンアクセスになっていることが多く、そのために地域の自然資源が破壊の憂き目にあっていたことがある［Nelson and Agrawal 2008: 557］。さらに、一九八八年のマダガスカルを皮切りに、アフリカ諸国が「国家環境行動計画（NEAP: National Environmental Action Plan）」を策定したことは、CBNRM普及の大きな原動力となった。NEAPでは住民参加を重視し、持続可能性のための具体的な目標を設定するとともに、環境だけでなく、社会や経済への影響を考慮するものとされた。セネガル政府も一九九七年にNEAPを策定したが、その主たる目的を貧困対策とし、資源の持続的利用に資する戦略としてCBNRMを位置づけている［MEPN 1997］。さらに、二〇〇二年にヨハネスブルグで行われた持続可能な開発に関する世界首脳会議では、生物多様性の保全や持続可能な自然資源の利用をつうじて貧困緩和を図ることに成功したコミュニティを評価する「赤道イニシアティブ（Equator Initiative）」が打ち出された。CBNRMは資源管理のみならず、外部とのインターフェースによって起こりうる地域の紛争管理に有益なツールとしても期待され[Berkes 2004]、いわば環境保全と地域開発を両立させる万能薬として認識されることとなったのである。

CBNRMによってもたらされる利益として、援助機関やNGOは以下の七つを主張してきた[Blaikie 2006:1945–1946]。

(1) 貧困支援とセーフティネットとしての機能
(2) 効率的な資源利用と分配——地域社会の伝統的知識の活用
(3) 地域社会のニーズに合致したサービスの提供
(4) 国家管理体制に起因するオープンアクセスの問題の解決
(5) 近代化や人間性を喪失した侵略行為に対する防波堤としての機能
(6) 効果的な参加、エンパワーメントおよび政治的信頼の発展というサイクルの付与
(7) 国家による資源管理の失敗に対する解毒剤

しかしながら、近年では、開発途上国においてCBNRMはほとんど成功しないとする研究報告が増えてきた。たとえば、ネパール、アメリカ合衆国およびケニアにおける五つの事例比較を行ったKellert et al.[2000]は、北米においてはCBNRMが成功したといえるものの、ネパールやケニアの事例では権限や経済的利益が公平に分配されず、生物多様性の保全につながることもま

れであったとした。ボツワナとジンバブエの事例を分析したJones and Murphree [2004:86]は、CBNRMが予定された約束を履行することはほとんどなく、いくつかの事例では救いがたい状況にあったと述べている。CBNRMの成功例として知られるジンバブエのCAMPFIREプログラム(Communal Areas Management Programme for Indigenous Resources)もまた批判にさらされている。得られる収入の大半を地方議会が独占し、野生生物とともに生きるコストを支払うことになる地域住民よりも地方の政治エリートたちに利益が集中的に分配されているという[Murombedzi 1999;Nelson and Agrawal 2008:569]。Blaikie [2006:1953]は、このように地域コミュニティの資産が地方の企業家や政府職員をつうじて国家エリート層に流れることになる状況を、CBNRMは地方分権型管理や意思決定における自治のふりをしているものの内実はエリート層に地域の資源が食い尽くされることになる「トロイの木馬」であると厳しく批判した。Nelson and Agrawal [2008]が指摘するように、資源の価値が高く資源に対する地域コミュニティの権利が保障されているような場所においては、CBNRMは最も効果的であると思われるが、実際には、価値ある資源は支配を維持しようとする強いインセンティブを中央政府に働かせ、結局は地域コミュニティへ恩恵が届かないというジレンマを抱えている。CBNRMは地域コミュニティを単純にエンパワーし、公平や代表性、信頼性といった問題を自動的に解決する万能薬ではなく、地域コミュニティの参加といいながら結果的に排除するようなことも起こりうるのである[Ribot 1999]。

その一方、一九九〇年代後半から二〇〇〇年代初頭にかけてのCBNRMに対する批判は、環境保全政策における「自然保護主義」の再興を招き、保護区やその周辺における住民の不本意な移住を生み出すことにもつながったと指摘されている［Roe 2008］。西欧的・近代的自然保護主義は、「手つかずの自然（wilderness）」という価値観［ナッシュ 1993; 鬼頭 1996］に従い、陸域の保護区では住民と土地を切り離し、土地に根ざした活動を阻害することで軋轢を起こしてきたのであり［岩井 2001; 西崎 2009 など］、CBNRMに対する過度な批判は地域住民の不利益につながることにもなる。

CBNRMに対する批判は、CBNRMの問題のとらえ方についてふたつの立場を提供している［Berkes 2004］。ひとつは、CBNRMの失敗はその概念がもつ脆さや非実用性に起因するものではなく、実施が不適切であったからであるとする立場であり、もうひとつは、保全と開発の目的は共存できるものではなく分離すべきとする立場である。そこで、本章ではまずコミュニティをどうとらえるべきかを検討する前に、バンブーン海洋保護区において、CBNRMがいかに実施されることになったのか、そのプロセスが適切であったかについて、地域住民の声をもとに検証する。そのうえでバンブーン海洋保護区において想定された「コミュニティ」が適切なものであったかを検討することとしよう。

二 排除・無視された漁民の声

Adams and Hulme [2001]は、「参加型」や「コミュニティ重視」のアプローチが環境保全に役立つかという議論は時期尚早であるとしている。その理由のひとつとして、環境保護主義者は生物多様性の保全が達成できたか否か、より早く安価に永久的に達成できるかを重視する一方、NGOのように地域コミュニティを重視したアプローチを行う団体は「科学的な」決定を地域住民による民主的な議論に広めることや、排除された人びとに保護区へのアクセスを推進するといったさまざまな目的をもっていることを挙げている。たしかに、環境保全にせよ、地域開発にせよ、その成果が現れるまでには時間がかかることから、CBNRMプロジェクトの成否についてはさまざまな視点から注意深く判断すべきであろう。そこでまず、排除される弱い立場の人間に対する配慮や地域住民への説明が適正に行われたかについて検証してみよう。

▽反発する漁民

バンブーン海洋保護区の設置は生物多様性保全につながるだけでなく、その存在が観光資源にもなりうるという認識から、「漁業や観光を存続させるためには魚を保護すべき」(トゥバクータ村、男性三〇代、二〇〇八年七月三日)であり、「かつてはバンブーン・ボロンに資源がたくさんあったが、あちこちの漁師が魚を求めてボロンに集まったので、魚が減ってしまった。バンブーン海洋保護区は魚の回復に貢献すると思う」(シポ村、女性七〇代、二〇一〇年九月二七日)と賛同する住民がいる一方、序章で述べたスールー村の漁民のように激しく反発する住民も多い。その最たる原因は、バンブーン・ボロンへのアクセス禁止によって漁業を離れざるをえなくなった人が生じたことである。商業漁船のボロンへの進入だけでなく、おかずとりの投網や貝類の採集行為といったいっさいの漁業活動、さらにマングローブでの薪採集が禁止された。ボロンでの漁業に強く依存してきたサンガコ村やスールー村では、漁をあきらめ漁船を売り払う人が現れ、「バンブーン海洋保護区は村人を殺したようなものだ」(スールー村、男性四〇代、二〇〇八年六月三〇日)と反発を強めている。序章で触れたように、スールー村では、保護区内で漁を行っていた漁師三名が当時、監視の任務にあたっていた政府職員に逮捕され、漁師を助け出そうとしたイスラム指導者までもが一七日間拘束されることとなった。三人の漁師はさらに六か月間拘禁され、罰金刑が科せられたために、彼らは船を売らざるをえなくなったのである。バンブーン・ボロンに隣接し、漁撈活動が主たる生計手段となっているジョガイ村での反発も大きい。父親がジョガイ村に住んでいるというベタンティ村の村長は、「ジョガイ村を見てくれ。私の父はそこで漁をしていた。家もそこにある。しかしボロンが閉鎖されて以来、もう働くことができないのだ」(男性四〇代、二〇一二年二月八日)と憤る。

一方、環境NGOオセアニウムや保護区管理委員会は、バンブーン・ボロンが閉鎖されたとしても、他のボロンでの操業は続けられることから、排除された漁民に対する資源へのアクセスは確保していると主張する。しかしながら、漁場の変更は新たなリスクを生み出している。船外機付き丸木舟を利用していた漁師は、漁場の変更により燃料使用量が増え、「燃料費が三倍になったうえ、不漁のリスクが高まった。不漁になれば(註：一回あたりの漁にかかる費用が漁獲による収入を大きく上まわることになり、新たに資金調達をするために)二か月は漁に出られない」(ダシラメ・セレール村、男性四〇代、二〇〇八年七月三日)という。この地域は船舶用燃料の補給施設が少なく、ミシラ村で燃料がなくなった場合にはトゥバクータ村から直線距離で約四〇キロメートル離れたフンジュン市で調達することになる。「給油のためだけに一〇リットルは消費することになる」(サンディコリ村、男性四〇代、二〇一〇年九月二八日)という。この地域の漁師たちは不確実な漁獲と燃料の調達というふたつのリスクの対応策を迫られている。さらに、沿岸域での商業漁業は二〇〇六年から二〇〇七年にかけて起こった燃料費の高騰により深刻な影響を受けることとなった。第3章で述べたように、ボシンカン村では漁業に見切りをつけた若者がスペイン領カナリア諸島を経由したヨーロッパへの密航を企て、住民の一割にあたる一五〇人が行方不明となった。こうした社会現象と保護区設置との関連は明確ではないが、「バンブーン海洋保護区こそが災いの源」という言説が流布する一因となっている。

この地域を調査した科学者たちは、バンブーン・ボロンについて、「すでに(漁民にとって)価値の低かった漁場」[Colléter et al. 2012:11]とみなしているが、漁師たちにとっては決して価値のない漁場ではなく、現段階では海洋保護区の設置は地域コミュニティの脆弱性を高める要因となっている。

▽人びとは「説得」されたのか

海洋保護区に対する反発があるにもかかわらず、なぜ人びとは設置に同意したのであろうか。オセアニウムや管理委員会は住民に対する普及啓発の効果を強調している。

保全主義者のあいだでは、野生動物は美しく、生物多様性の保全は道徳的に正しいものとされており、映画や監視員たちとの対話、学校訪問といった教育活動によって村落部の人びとを説得することができると信じられている［Adams and Hulme 2001:197］。オセアニウムも例外ではなく、海の生態系保護という自らの主張を広めるために、村人への普及啓発活動を行ってきた。特に重視したのは、代表者アイダーが自ら撮影した短編映画である。零細漁業者の危険な漁業技術を紹介する「希望の漁師（*Les pêcheurs de l'espoir*）」と、漁師が遵守すべき海のルールが危機に瀕していることを啓発する「孤児（*Djirime*）」が、海洋保護区設立決議前にあたる二〇〇二年に保護区管理運営に参加することになる一四か村において上映された［Gilbertas 2010:44-46］。映画はフランス語であるが、セネガルで広く普及しているウォロフ語に加え、海洋保護区周辺地域の住民が話すセレール語やソーセ語による説明が加えられた。こうした映像作品によって、「村人は視覚的に自然破壊を認識し、私たちと行動をともにすることになった」とオセアニウムは主張している［*Le Monde* 2012.10.27］。

これらの映像作品は、各村で夕方から夜にかけて上映されることとなった。しかしながら、映画を見たという女性たちや子どもは多かったものの、多くの漁師たちは、「夜間も漁に出かけなければならないし、見たところで生活に何も変わりはない」(ミシラ村、男性四〇代、二〇一〇年一〇月一二日)と積極的に参加することはなかったようである。女性たちは、「オセアニウムの啓発映画を見てマングローブの重要性は理解した。鳥や魚を大切に思う」(ベタンティ村、女性四〇代、二〇一二年二月九日)と普及啓発の意義を認めてはいるものの、実際に映像を見た漁師たちは、「映画に描かれた乱獲は大型の網によるもので、ここでは使われたことがない」(スールー村、男性四〇代、二〇〇八年七月七日)と普及啓発の意義に疑問を呈している。彼らが上映した映像作品は主に首都ダカール近郊やンブールで行われているまき網を使用した漁である。まき網漁はヤボイ(*yaboy*)と呼ばれるニシン科の仲間を対象とするため、外洋で行われ、単独あるいは二隻の船外機付き大型船舶で行われる。通常一隻あたり一〇~二〇人の乗員で行われる比較的規模の大きなものである。しかしながら、この地域の漁場の多くは外洋ではなくボロンであり、刺し網が中心で乗員も一人ないし二人と非常に小規模なものである(写真4-1)。それゆえ、オセアニウムの映像作品は漁師たちにとって「よその世界」での問題でしかなかった。さらに、コミュニケーションの問題も起きていた。ダシラメ・セレール村のエコガイドであり、以前はバンブーン海洋保護区の監視員をしていたパップ・ディウフは、「オセアニウムは確かにすべての村をまわって啓発活動を行った。Tシャツなど、お土産もあったから参加した人も多かったと思う。しかし、メッセージが正確に伝わった

写真4-1　手漕ぎの丸木舟で定置網の回収に向かうスクータ村の漁師（2010年10月）

とはいえない。映画自体はフランス語で、セレール語やソーセ語による解説は非常に少なく、保全などの専門用語は自分たちの言葉にないからうまく説明することができなかった」（男性四〇代、二〇〇八年七月七日）という。

二〇〇八年に実施した地域住民へのアンケート調査［Sekino 2008］では、四六人のうち映画を見たと回答した者は四分の一以下の一〇人にとどまった。とりわけ、女性に対するコミュニケーションの不足は大きく、一四の村すべてで実施された会議およびセミナーで海洋保護区設置を知ったとする人は、男性が約四割（三六人のうち一四人）だったのに対し、一割（一〇人のうち一人）にすぎない。多くの女性は聞き伝えにより保護区の設置について情報を得ており、一部の男性漁民は漁に出た際に、監視員によって初めて聞かされたと述べている。さらに「バンブーン海洋保護区はだれが設置したか」という質問に対し、六割以上が「海洋保護区はオセアニウムが設置したもの」と答える一方、地方自治体の名前を挙げた住民はおらず、地域住民の当事者意識は低いものとなっている。

このように、地域の漁民たちの実際の姿は無視され、海洋生態系の保全という環境NGOの主張に住民たちは「説得」されたのか、十分な検証のないまま、住民参加のアプローチは進められていくこととなったのである。

▽設置をめぐる認識の相違

住民の反発の最も大きな要因のひとつが、海洋保護区の設置をめぐる地域住民、とりわけ漁民への説明内容の食い違いである。評議会の決議によって、二〇〇三年四月からバンブーン・ボロンは閉鎖されることとなった。一般的に海洋保護区は、あらゆる採集活動を禁止する「禁漁区域」を設置することが盛んであり、バンブーン海洋保護区においてもバッファー・ゾーン（緩衝地帯）を除く全域が利用禁止区域となっている。オセアニウムの計画においても完全な禁漁区の設置が前提となっていた。

しかしながら、漁民たちの意見は大きく異なる。説明の段階では、完全な漁業禁止ではなく、数か月間閉鎖し、資源の回復を待ち、良好であればふたたび開放するというものであったという。

バンブーン・ボロンに隣接するジョガイ村の漁民は、「最初は四か月の約束だった。それが六か月に延び、一年となって、ついには閉鎖された。完全閉鎖では生活できない。二か月あるいは四か月開放し、ふたたび閉める方法もある。モーリタニアのように禁漁期を定めれば問題ないはずだ。いったいだれを信じればいい?」(男性三〇代、二〇一〇年九月二七日)と嘆く。設置時の説明の食い違いは、スクータ村を除くすべての村の漁師から聞かれた。漁民たちは決して禁漁化そのものに反対しているのではない。「閉鎖には賛成だが、完全な閉鎖は望まない。六か月間閉鎖し、一か月間のみ開放する方法でもよいから、とにかく開放してもらいたい」(サンディコリ村、男性五〇代、二〇一〇年九月二八日)のである。メディナ村の村長によれば、かつて漁民たちは六〜一一月の六か月間を自主的な禁漁期と定めていたという(男性五〇代、二〇一〇年九月二八日)。現在はその習慣は消えつつあるが、期間限定の禁漁化は漁師たちにとっては馴染みのある管理手法である。漁民たちはかつての管理方法が実施されることは了承していた。しかしながら、現実に行われたのは彼らが予想もしていない完全禁漁化であった。それゆえ、バニ村の村長が「(バンブーン海洋保護区の監視活動が始まった)二〇〇三年四月一五日を決して忘れてはならない」(男性七〇代、二〇一〇年九月二四日)と述べるように反発する漁民がいるのである。

これら説明の食い違いに対し、管理委員長は説明に瑕疵があったと認めなかったが、「だからといって、ボロンを開放すればあちこちから漁師たちが訪れ、漁場はふたたび荒らされてしまう。水産資源保護の目的のためには仕方がない」(スクータ村、男性五〇代、二〇一〇年九月二〇日)と述べた。

しかしながら、メディナ村の村長が語るように、「バンブーン海洋保護区は生態的に重要であることに違いないが、漁師たちにとってどんな利益をもたらすことができるのか、それに応えることができないかぎり、争いは解決しない」(男性五〇代、二〇一〇年九月二八日)のである。

▽形式手続きとしての意思決定

バンブーン海洋保護区は政府と地域コミュニティの共同管理であるが、実際に運営管理を担当するのは管理委員会と監視委員会となっている。それを可能にしたのは、地方自治体であるトゥバクータ村落共同体評議会による海洋保護区設置案の議決である。二〇〇一年一一月二一日のバンブーン海洋保護区の運営委員会(comité de pilotage 現在の管理委員会の前身組織)の開催とともに、オセアニウムの「ナロー・ウルーク」プロジェクトチームと自治体との会議が開催され、議員が召集された。この会議ではプロジェクトに引き起こされる問題について、評議長の要請にもとづき、オセアニウムが住民の質問に回答する最後の機会となった。評議会は全会一致でバンブーン海洋保護区設置案を可決したというのが、オセアニウムや評議会、管理委員会の関係者の共通した認識である。しかしながら、自治体には、当時の資料がまったく残されていなかった。何が話し合われ、不利益をこうむる漁師の発生という予測される事態に対し、オセアニウムがどのような回答を行ったのかは伝聞情報でしか確認することができない状態にある。当時の保護区監視員は、各村長は海洋保護区に関する会議に招かれていたものの、「会議で配布された書類は村長にとって

写真4-2　スールー村での聞き取り調査の様子（2009年10月）

複雑すぎるものであった。彼らは何が話されているのか理解できないまま、会議は進められてしまった」（ダシラメ・セレール村、男性四〇代、二〇〇八年七月七日）と述べている。議決案可決当時の評議長は、「参加者のだれもが海洋保護区の意義を理解した。反対するものはいなかった」（トゥバクータ村、男性六〇代、二〇〇八年七月八日）と主張するが、スールー村の村長は当時の状況に対し、「よく理解していなかった。保護区をつくれば村は助かるという話だった。村長は評議会に招集されるだけで権限がない。政治は評議会議員の分野だ」（男性七〇代、二〇一二年一月八日）と語る（**写真4－2**）。スールー村の村長が禁漁化措置を十分に理解していれば、逮捕者が出るという事態は避けられたはずである。

また、当時、管理委員長とともに活動を

行っていた青年海外協力隊員は、評議員や村長たちの海洋保護区設置に対する承認行為を疑問視している。彼は、海洋保護区設置案に関する各村への説得に同行しており、当時の様子を「イブライマ・ジャメは書類を抱えて村をまわり、村長たちを説得していた。しかし、海洋保護区の趣旨を説明しているというよりは『とにかく署名をしてくれればいいんだ』といった口調だった」(男性三〇代、二〇一一年一二月一三日)と述べている。

決議案に関する答弁の記録がいっさい残されていないことや、関係者の当時の証言から推測すると、「海洋保護区設置は住民参加により決議された」という手続きの正当性を外部者にアピールするための形式的な手続きにすぎなかったのではなかろうか。形式的な手続きといえども、その実行力は大きい。サンガコ村のイスラム導師が、「会議に当事者である漁民が参加しないまま決定がなされた。一度決定がなされればわれわれには抗う手段がない」(男性五〇代、二〇〇八年六月三〇日)と語るように、漁民が「試験的な禁漁の取り組みと誤解していた」と主張したとしても、評議会による決議、大統領令による保護区の指定というふたつの「正統な」法的手続きが踏まれた以上、住民が容易に状況を覆すことはできないのである。

三 つくられたコミュニティ

前節までで見てきたように、バンブーン海洋保護区におけるCBNRMは、その正当性を生み出す住民参加の手続きが適正なものであったとは言いがたい。バンブーン海洋保護区の場合、住民参加におけるコミュニティとは、保護区の管理・運営主体である管理委員会および監視委員会である。しかしながら、海洋保護区設置の意思決定そのものは地域住民の代表者であるトゥバクータ村落共同体評議会によるものである。地方分権化、CBNRMの普及により、さまざまな組織が自然資源管理の担い手となるコミュニティとして扱われている。本節では、植民地時代以前の地域コミュニティと比較しながら、自然資源管理のコミュニティとしてどのような組織が適正であるのかを検討する。

▽植民地以前の地域コミュニティ

Le Roy［1983］によれば、植民地以前のセネガルの地域コミュニティ空間は、地域の「精神（rab）」と祖先の「精神」のふたつから構成されていた。地域の精神とは井戸や樹木、聖なる土地といった「崇拝の地（xexem or tur）」と呼ばれる土地であり、祖先の精神は村の最初の開墾者あるいは初期の政治リーダーであるチョサン（tyosan）である。チョサンは子孫の中の一人にその人格（jiko）を転生することで、先祖はコミュニティに参加するものとされていた。Le Roy［1988］は、セネガルのウォロフ社会では、コミュニティに属する個人は人間である三つの基本的原則、①体（yaram）と呼吸（ruu）を含んだ肉体面において人間であるという人格、②目に見えない領域で常に人格を現実化する精神、③不完全な人格を活性化する生命力（*fit*）を有していたと述べている。精神と生命力は目に見えないものであり、個人（*nit*）をさまざまなかたちで操作できる抑止力でもあった。精神はひとつの家族であり、ひとつの精神の家系として現れた。生命力は名士の名（*sant*）と結びつき、父系制により承継され、義務と制裁を課するものである。人間の存在の三つの基本原則である体と呼吸、精神のあいだには密接な相互結合があり、病はこの三つの要素の結合のゆるみ、すなわち生命力の隔たり、あるいは完全な崩壊としての死と解釈された［Sylla 1978］。個人を直接的に目に見えないものに組み込むことで制裁のおそれを引き起こし、コミュニティは保たれていたものと考えられる。アフリカのコミュニティはこうした、しばしば神話化される昇華された過去から導き出された理想的社会秩序と、妥協や適応によって培われてきた秩序によって構成されている［Le Roy 1988］。

一六世紀中頃に中央集権化された国家が出現し、地域コミュニティの空間は三つの区域に分配された［Le Roy 1983］。すなわち、①村民居住地とその付属物である聖地、②農耕地、③自然保護帯としての低木林である。このうち、低木林は境界策定が曖昧であるものの、ときにコミュニティの権利を支えるものとなった。村の創始者は開墾しつつ、農地周辺の低木林帯を保護し、それは本当の意味での自然の城壁であったのである［Pélissier 1966］（**写真4-3**）。ウォロフ社会の場合、ンボック（*mbok*）という言葉がコミュニティを表すものと考えられている。*m* は接頭辞であり、*bok* は分配する、あるいは共有するという意味である。このンボックは少なくとも、先祖、居住地、

写真4-3　村の防護壁でもあった聖なる森．
森を所有するクランの一族によって沐浴や礼拝が行われる（2007年6月）

食料や身振りに関する禁忌の三つを共有していた［Le Roy 1983］。Le Roy［1972］はこうした先祖、居住地、禁忌である共有財のまわりに形成される実生活のコミュニティを「生存コミュニティ（communauté vitale）」と呼び、単一の利益追求のコミュニティである「利益コミュニティ（communauté d'intérêt）」と区分している。

Le Roy［1983］によれば、家畜と土地を主体とした結びつきからトウジンビエを主体とする農業への移行、そして外国人の到来は、急速にコミュニティのあり方を変化させた（写真4-4）。農業様式が土地の権利の区別と地域コミュニティへの参加資格を表すものとなり、村の創設者たちは土地のアクセス方法に応じて、容易に集団を階層化することができるようになったという。創

写真4-4　サンガコ村での結婚式の様子．19世紀中頃の宗教戦争後，ほとんどの地域がイスラムに改宗し，冠婚葬祭もイスラムにのっとって行われる（2010年11月）

設者を意味するラマン（*laman*）の系統は神聖化され、創設者の集団にのみ、野焼きにおける火入れや斧による伐採の火入れの権利が認められるとともに、開墾地を管理する永続的能力が付与された［Pélissier 1966; Le Roy 1983］。コミュニティの創設者一族は神聖性と地域権力を備え、土地の分配権限と管理権限を有する存在となったのである。さらには植民地政府主導による農作物依存型経済が新しい消費行動を生み出し、個人とコミュニティの関係は崩れ、政治エリートや軍人、宗教指導者といった他者の損失の上に成立する集団の特権が築かれるようになった［Le Roy 1988］。共有財を中心とした実生活のためのコミュニティは、その結束を維持することが難しくなったのである。

▽土地政策のためのコミュニティ——村落共同体の登場

セネガル独立後、農地の有効活用と伝統的なコミュニティの復活が模索され、新たな地域コミュニティとして「村落共同体(Communauté rurale)」が生み出された。村落共同体はセネガル独自の地方自治体である。地方自治法第一条では、地方自治体を州(région)、コミューン(commune)および村落共同体としている。同法第一九二条では村落共同体を次のように定義している。

村落共同体は地方自治体、公法人であり、財源の自治を付与されている。同一のテロワールに属し、とりわけ共通の利益を持ち、発展に必要な資源をともに見つけることのできる隣人関係によって得られた連帯により結びついた複数の村によって構成される。

フランスのラルース社が出版しているフランス語辞典によれば、テロワールとは土地を意味する terre からの派生語であり、農業の観点からひとつの地域とみなされる土地の集まりのことである[Larousse 2009]。政令第六四—五七三号では、「収益性と最適な自主管理の基準に対応した共同農業を可能ならしめる均質な総体」と定めている。この定義のとおり、村落共同体は農地が基本となって設定された地方自治組織の単位であり、その起源はセネガルの土地政策と大きな関係がある。

セネガルの初代大統領サンゴールにとって、私的所有権は人間性の疎外を意味するものであった。彼らセネガルの知識層は、抑圧的な面も有した植民地以前の伝統的な国家を、各集団が各々の権利と義務をもち、権力が分散された平等な国家とみなした［Klein 1968:18］。平等な理想的国家を求めたサンゴール大統領のもと、内閣総理大臣ママドゥ・ジャ（Mamadou Dia）は壮大な社会主義実験を試みる。一九六四年に「国民財産に関する法（Loi n° 64-46 du 17 juin 1964 relative au Domaine national）」（以下、国民財産法）を制定し、セネガルの国土を、①国民財産（domaine national）、②私有地（propriété privée）、③国有地（propriété de l'État）の三つに区分したのである（国民財産法第一条）。土地の活用は個人に任せるのではなく、国が一元的に管理し、最も有効な活用を行える農民に戻すことが合理的と考えられていた。フランス植民地時代に導入された近代的な私的所有権を壊し、隣人関係による連帯というアフリカの伝統的な「コミュニティ」への回帰が図られた。国民財産は、①コミューンや都市部の土地の集合体である都市区域（zones urbaines）、②森林保全や観光の目的で保護される保全区域（zones classées）、③農耕や牧畜のために開発される土地の集合体であるテロワール区域（zone des terroirs）および④新しいプロジェクトを実施するための開拓地域（zones pionières）に分類された（国民財産法第四条）。このうち、テロワール区域については、現行規則にもとづき、国の支配下において、土地の活用と利用を保証する村落共同体の構成員に配分されることとなり（国民財産法第八条）、さらに国の支配のもと、政令で定めた条件にもとづき、村落共同体評議会および評議長により管理されることとなった（国民財産法第九条）。

一九六七年二月七日付け通達によれば、村落共同体の設立には何よりもまず社会的統一を考慮しなければならないとされ、社会的統一は収益性と最適な管理の法的根拠をもち、二〇〇〇〜四〇〇〇人のあいだで変化する人口に対し、村の中心部から距離が一〇キロメートルを超えないものと規定された。政府が提案した村落共同体は決して伝統的な地域コミュニティを基盤にしたものではなく、この制度への参加に承諾した村の土地の結合によって構築され、中心となる村から徐々に拡張しながら、周辺の村々を再編していったのである［Le Roy 1983］。

しかしながら、こうした行政のための想像上のコミュニティによる土地分配は地域コミュニティに大きな混乱をもたらしていくことになる。Caverivière［1986］によれば、国民財産法第一五条では土地の効率的活用がうたわれているが、まったく調査はされなかったという。とりわけ、境界線については、昔から土地を守ってきた農民と、後から土地に定着した農民の区別がつかず、占有者同士の争いは避けられない状態となった。評議会による配分の期間は定まっておらず、土地使用権が相続人に自動的に譲渡されない場合は評議員の選り好みで配分された。さらに、土地が国に一時保有されたことは、一部の地域や若い世代に土地はもはや資産ではないという誤った認識を植えつけ、土地を奪われ生業を営んでいた土地から離れざるをえなくなった人びとが大都市周辺で違法な占有や利用を行うという事態を招くことになった。

一九七二年の「村落共同体に関する法（Loi n° 72-25 du 19 avril 1972 relatives aux communautés rurales）」（以下、村落共同体法）では、村落共同体に固有の権限として、村落共同体のテロワール内部で行使しうる、すべての用益権の行使の方法（村落共同体法第二四条）、行政会計（同第二七条）および他の制度における代表者の選出（同第二八条）が規定された。しかしながら、たとえば第三〇条のように、「村落共同体評議会は実施することが有益と判断され、自然資源開発や財産の保護に必要なすべての規制措置に関する要求を表明」するにとどまり、その権限は監督官庁の承認を要する限定的なものにすぎなかった。

さらに同年一〇月二七日付け政令では、農地の分配原則として、効果的利用、権力行使の連続性および相続人のための先買権が掲げられ、富裕層や評議会議員の支持者たちに有利な土地分配が進んだ［Le Roy 1983］。村落共同体は所属する構成員の共通の富を守る存在ではなく、監督官庁による制限のもと、評議員の支持者たちへの利益分配を行う側面が強かったのである。

▽プロジェクトのためのコミュニティへ

資源管理におけるコミュニティの概念は、一九五〇年代から六〇年代に第三世界に広がったコミュニティ開発運動にさかのぼることができる［Midgley et al. 1986］。一九八〇年代初頭に、参加型アプローチが出現し、開発主体としてのコミュニティへの関心が高まった。しかしながら、コミュニティの概念が十分に定義されることはなかった。

Cleaver［1999］が「コミュニティの神話」と批判するように、環境保全主義者や地域開発プロジェクト実施者は、コミュニティをひとつの地理的位置と共通の文化をもち、調和やコンセンサスが保たれた、自然な望ましい社会的実態と想定する。しかしながら、環境保全主義者の主張とは対照的に、実際の地域コミュニティは単純なものとは程遠い存在である。コミュニティとは決して静的な、隔離された一枚岩の集団ではない。常に外部との交流があり、時間とともにその姿を変貌していく、複雑かつとらえどころのない存在である。コミュニティは多かれ少なかれ、状況や利益、目的のための一時的なまとまりにすぎないのである［Leach et al. 1999:230］。それゆえ、資源管理のための「コミュニティ」は地域の実力者によって利用されることになる。

バンブーン海洋保護区で新たに作られた管理委員会と監視委員会は既存の地域コミュニティをもとにした制度ではない。資源管理組織の構成員となっている一四の村はそのルーツを共有する場合があるものの、多くの場合、異なる地域からフランス軍の侵攻や宗教戦争から逃れてきた人びとが一九世紀半ば以後につくり出してきた村々である。一四の村はそれぞれ近隣村との歴史的確執を抱えており、ひとつのコミュニティとしての結束力は脆弱である。これら一四の村を束ねる村落共同体にしても、土地配分を効率的に行うための行政上のコミュニティであり、ひとつの強固な地域コミュニティとは言いがたい。一四の村を管理主体として選定した理由について、管理委員長は「バンブーン・ボロンを伝統的に利用してきた村である」ことを強調するが、実際の利用者にはジョガイ村の人びとの出身村であるバッソウ村やジリンダ村の漁師たちもいる。しかしながら、これらの村はベタンティ島の北の島嶼部に位置し、行政区分上はトゥバクータ村落共同体ではないため、海洋保護区の運営に関して利害関係者として意見を述べることができず排除されている。また、管理委員会の構成員である島嶼部のベタンティ村やボシンカン村のように遠隔地にあり、交通の問題から管理委員が会議に参加することができない村もある。四半期に一度開催されていると管理委員会が主張する会議は実際には開催されておらず、そのバンブーン海洋保護区の運営状況についての住民への説明もなされていない。村落共同体の評議員ですらバンブーン海洋保護区の収益や村落共同体との土地契約条件について説明することができない状態にある。「バンブーン海洋保護区の利益も情報もすべてスクータ村に集中している」(男性五〇代、二〇一〇年九月二八日)とメディナ村の村長が述べるように、バンブーン海洋保護区の監視員二〇名のうち六名を、第6章で後述するが海洋保護区内に建設されたエコロッジの正規従業員三名中二名を一四か村の総人口の二%にも満たないスクータ村が占めている。管理委員会も監視委員会も、プロジェクトを効率よく実施するためにつくられた組織であり、伝統的なコミュニティを基盤とした持続可能なコミュニティ組織という非現実的なイメージを利用されたともいえるだろう。

四 適切なCBNRMの構築に向けて

CBNRMが成功したかどうかの判断基準を標準化することは可能である。では、その判断をいつの時点で行うべきであろうか。CBNRMを時間もコストもかかる作業と考えれば、おそらくバンブーン海洋保護区のCBNRMの是非を現時点で判断することは避けるべきであろう。適切なCBNRMに達するための試行段階ともいえるからである。Shackleton et al. [2010] が述べるように、住民参加や開発、保全の成果は時間がかかるものであり、一回かぎりのアセスメントや評価で失敗と判断されてはならない。しかしながら、CBNRMのコストは補償を受けない貧しい村落に課せられ、プロジェクトがバンブーン海洋保護区周辺村落との十分な相談なしに実施されたことは否定しがたい。

漁業を続けたい漁民、水産資源保護を訴える環境NGO、地域開発を目指す地方自治体のように異なる利害関係者のさまざまな目論見のなかでいかに妥協点を見出すかが、CBNRMにおいて最も重要な論点であろう。環境保全にせよ地域開発にせよ、ある特定の空間軸および時間軸においてだれが議論に参加すべきか、それは非常に政治的な問題であり、CBNRMを支援していくには、地域コミュニティに内在する権力関係を理解する必要がある。理想的な資源管理の前提として多様な利害関係者の参画がしばしば取り上げられるが、参加的すぎることは時間を浪費し、プロジェクト目標の達成から実施機関の目をそらせることにもつながる [Mosse 2001]。Ribot [1999] は、資源管理の正当性の鍵は、地域で信頼を得る代表者の存在であるとしている。指導者や規則、組織が人びとにとって信頼足りうる存在であることは適切な資源管理の前提であるが、バンブーン海洋保護区では、かつて信頼に足る存在であった村長の権限は弱まり、村落共同体の評議長や外部との交渉に長けた者が政治的主導権を握っている。とはいえ、かつての村の創設者一族のような神聖化された存在が代表者となることも難しい。村の創設者一族の地位が農業の発展と外国人の到来により、他の特権的集団にとって代わられたように、コミュニティのあり方は時代とともに変化していく。

現在のバンブーン海洋保護区では、一部の権力者と外部者によって規則も組織もつくられている。たしかに、収奪的な資源利用の対象となりやすい水産資源の保護を行っていくためには、強いリーダーシップが必要であろう。しかしながら、強いリーダーによる資源管理は、リーダーを失ったとき崩れやすい。管理委員長が、

「私に対する反発があちこちで起きていることはわかっている。しかし、私以外に交渉が行える人物はここにはいない」（スクータ村、男性五〇代、二〇一〇年一一月一三日）

と語るように、バンブーン海洋保護区では一個人にすべての権限が集中するとともに、その後継者が育っていない状況にある。

資源管理は地域コミュニティの権力関係の問題でもあり、どのようなものが対象であれ、結局は人の関係、資源をめぐる利害関係者間の信頼関係に行きつくものと思われる。地域コミュニティという政治的・社会的アリーナで信頼関係を構築するものは何なのかを追求することが必要であろう。信頼関係を構築している要素を知ることができなければ、何が公平で公正な制度であ

るかを判断することはできない。
バンブーン海洋保護区と同様に、地方自治体が主体となって自然保護区を設置したパルマラン村落共同体のジャハノール村でエコガイドとして働くピエールは次のように述べている。

「外部の援助頼りの状況ではエコツーリズムは成功しない。利権をめぐって村同士が争うだけだ。大事なことはみんなで利益を分け合うことだ。自分たちの村では、アメリカ人ボランティアが手伝ってくれたことで、エコツーリズムのPRをすることができた。新しく来たボランティアは自分たちの村で一緒に働きたいと言ってきた。でも俺は断った。パルマランという地域は、(自分たちの村である)ジャハノール村だけじゃない。五つの村でパルマランなんだ。これまで俺たちがいい思いをしてきた。だから、次は他の村の番なんだよ」(男性三〇代、二〇一一年一一月二七日)

民族構成や歴史的経緯の異なるパルマラン村落共同体とトゥバクータ村落共同体を単純に比較することはできないが、彼の言葉には、ひとつの村あるいは一個人が利益を独占しない強い意志が表明されている。住民参加を促しつつ、富の独占や権限の集中を防ぐシステムの構築がCBNRMに求められている。

本章では、バンブーン海洋保護区設置によって現場では何が起こっているのか、地域住民の声をもとに海洋保護区設置のプロセスの再現を行った。バンブーン海洋保護区ではプロジェクトの実施が優先され、形式的には地域住民の了解を得て、地方自治体議会での意思決定が行われ、もはや漁民が「当初の説明と異なる」と異議の声を唱えても保護区設置を覆すことはきわめて困難な状況にある。CBNRMの実施主体も保護区設置を決議した地方自治体も、バンブーン海洋保護区の事例においてはプロジェクト実施のための、あるいは政治的思惑のためにつくられた組織であった。

次章では、コミュニティの住民が海洋保護区の存在意義について判断する材料のひとつである科学的調査について検証する。住民たちが十分に納得をしないまま、海洋保護区の設置は進められた。はたして海洋保護区設置の本来の目的である水産資源の回復は達成されたのだろうか。

第5章

増える魚と減る魚

——問われる科学の役割

バンブーン・ボロンで産卵する魚
（2010年10月）

近代的漁業管理においては、トップダウン型と呼ばれる政府主導の漁業管理アプローチが主流であった。トップダウン型アプローチにおいては、管理目的は保全に焦点があてられ、知識は資源生物学にもとづいている。しかしながら、こうしたアプローチが水産資源の乱獲を防ぐことはほとんどなく、むしろ漁業者を意思決定プロセスから排除することで、漁業行政と漁業コミュニティのあいだに障壁を築くこととなった。さらに、グローバリゼーションの進展は、他の資源利用者に地域の漁業資源が収奪されるという漁業コミュニティの排除や、地域コミュニティより海洋生態系に焦点をおいた環境・漁業管理基準の国際的合意や条約の発展を招いた［Nielsen et al. 2004: 152］。

グローバリゼーションに起因する資源や市場から排除されるリスクといった漁業コミュニティが抱える問題は、トップダウン型の知識では対応できないとの反省［Nielsen et al. 2004: 153］から、近年では、政府とコミュニティによる共同管理の取り組みが世界各地で進められている［Pomeroy 1995］。共同管理は世界の大多数の漁場における唯一の現実的な解決策であり、世界の漁場が直面している多くの課題を解決に導くことができるもの［Gutiérrez et al. 2011: 386］として、一九八〇年代後半から導入されてきた［Jentoft 1989; Pinkerton 1989］。共同管理のなかでも、漁業者、管理者および科学者間で実施される共同管理は持続可能な漁業を生み出し、コモンズの悲劇を防ぐことが可能とされてきた［Ostrom 1990］。また、トップダウン型アプローチが主流から外れることに呼応し、科学的な管理システムと伝統的な管理システムの新たなバランスが求められている［Berkes 1989］。

科学者は、地域の経済的手段を考慮し、ローカルな資源利用者とともに働き伝統的管理を担う存在として期待されている[Ostrom 1990; Western and Wright 1994]。

しかしながら、共同管理の場ではしばしば近代科学の「科学的な生態学的知識(Scientific Ecological Knowledge)」と地域住民のもつ「伝統的な生態学的知識(Traditional Ecological Knowledge)」が対立し、近代科学が主導権を握り続け、伝統的な生態学的知識は排除されている現状がある[大村 2002]。外部から来る科学者はすべての知識に関心があるのではなく、その関心は生態学や環境という西洋の科学領域に匹敵する知識にとどまり、しばしば科学者自身が懸案としている生態学的危機に対する解決方法につながる情報を求めるにすぎないとの批判もある[Suzuki and Knudston 1992]。

序章で述べたように、バンブーン海洋保護区では外部の調査者に対する激しい非難の声もあがっている。科学者は地域社会に対し、海洋保護区の生態学的効果に関して、どのように応答すべきか。地域住民との協働は実現可能であるのだろうか。本章では、きわめて複雑な海洋生態系を扱う海洋保護区の機能と効果に関する先行研究について俯瞰し、バンブーン海洋保護区では科学はどのような結果を導き、その結果がどのように扱われたのかについて言及する。そのうえで、科学に求められるもの、科学者が果たすべき役割について考察する。

一 海洋保護区の生態的効果

海洋保護区は、保護区外で大量に捕獲されている種のバイオマス(特定地域に生息する生物の総量)を著しく増加させることができると考えられている[Alcala and Russ 1990; Polunin and Roberts 1993]。魚類の個体数や種数を増加させる効果とともに、その結果、漁場が回復するなど生態系サービスも期待される効果であるが、本論では、科学的な結果がより多く開示されている生態的効果に焦点をあてて論考を進める。バイオマスの増加をもたらす要因として、しばしば議論されるのがスピルオーバー効果(spillover effect)である。スピルオーバー効果とは、保護区内で魚類の幼生や稚魚、成魚が生育し、保護区に隣接する漁場に流出するという生態的効果のひとつである[Russ and Alcala 1996; Palumbi 2004 など]。小規模な海洋保護区であっても、隣接する水域に高いスピルオーバー効果をもたらすことで水産資源保護に役立つものとされ[Mascia et al. 2010: 1427]、広範囲にわたって稚魚や成魚が保護区から流出することによって得られる利益は漁民からの異議を抑えることができると考えられてきた[Jones 2006: 145]。たとえば、ケニア沿岸部の事例では、全面的な禁漁区に隣接する海域は、引き網使用禁止といった漁具規制のみを実施した区域よりも早く漁獲量が増加しており、これはスピルオーバー効果によるものと考えられている[McClanahan et al. 2008]。

しかしながら、スピルオーバー効果については、不確実な点も多い。たとえば、移動性が似ている魚でもその効果は異なる。アフリカ東沿岸部の事例では、ギンザメ、ニサダイ、チョウザメといった魚類は海洋保護区からの距離とともに大きく減少する一方、ヒメジ、ハタ、ブダイ、フエダイといった魚種は減少しておらず、単純にスピルオーバー効果は漁獲と関係するわけではない[McClanahan and Mangi 2000]。Micheli et al.[2004]は、スピルオーバー効果は特定種にかぎられ、保護区内の四分の一の種には効果を示さないとしている。漁獲対象となっていない種は増える傾向がなく、熱帯地域に生息する魚類グループの場合、雑食性や微生物の遺体や排泄物に繁殖した微生物を食するデトリタス食生物には保護区の効果がない一方、藻や無脊椎動物、プランクトンを食べる種には適度の効果があり、捕食魚はおよそ二倍に増える傾向がある[Palumbi 2004]。また、地中海の事例では、スピルオーバー効果は保護区境界から数百メートルという小規模な空間規模で起こりうるものであり、五〇〇メートルを超える場合には効果が大幅に減少し、これはフィリピンの事例などでも同様であった[Harmelin-Vivien et al. 2008]。海洋保護区や水産資源回復プロジェクトによるスピルオーバー効果の事例は少なく、バイオマスが増加した理由は漁業の衰退などスピルオーバー効果以外の可能性を消し去ることは困難なのである[Palumbi 2004]。

さらにPalumbi[2004]は、海洋保護区の規模について問題を提起している。海洋生態系の効果的な管理のためには大きな地理的規模での漁獲規制が必要であるが、海洋保護区はそれに比して非常に小規模なアプローチ(多くの海洋保護区は一平方キロメートル以下である)であり、魚類の分布規模と管理の空間規模のギャップにより、海洋保護区の役割は不完全なものとなっている。一三〇六の海洋保護区を調査したJameson et al.［2002:1177］は、その目的を達成しているものはわずか三一％にすぎなかったと報告している。

このように海洋保護区の生態的効果は保証されたものではなく、開発途上国では海洋保護区のネットワークづくりが進むものの、海洋生態系の保護が適切であるとはいえない状況にある。たとえば、マダガスカルでは海洋保護区における保全プロジェクトはしばしば明白な結果を出すことに失敗しており、ケニア、タンザニア、モーリシャス、セイシェルといった他のアフリカ東沿岸国と比較しても生態学的効果は最も低いものであった［Cinner et al. 2009］。海洋保護区の機能をめぐる議論は、海洋保護区について明確な定義がなされていないことも大きく影響しているように考えられる。セネガルで二〇〇四年の大統領令によって設置された五つの海洋保護区のうち、二〇一二年の時点で四つが機能していないように、実際には保全活動が実施されていない「ペーパー・パーク（paper parks）」［Bruner et al. 2001］と呼ばれる書類上の海洋保護区も存在する。

二　漁業規制に関する議論——禁漁か規制か？

陸地の保護区と同様、海洋保護区においても境界を設定するゾーニングが基本原則となっており、近年では、あらゆる採集活動を禁止する「禁漁区域（ＮＴＺ）」を設置することが盛んである。

二〇〇三年の第五回世界国立公園会議においては、世界的な海洋保護区ネットワークの創設とともに、沿岸域・海洋域の両環境において、少なくとも二〇~三〇%を厳格なNTZに充てるよう勧告がなされた。NTZ設置の呼びかけは、科学的確実性が明らかになる前に、深刻で不可逆的な環境への損害を回避するという予防原則(precautionary principle)にもとづいている[Lauck et al. 1998; Mackey 1999 など]。科学的不確実性はかならずしも環境保全に対する障壁ではない。科学的確実性を達成するのではなく、科学的不確実性を認識し、反復する順応的基本原理[Ludwig et al. 1993]、すなわち観察や実験を反復して行い、順応的に対処することで不確実性は軽減される。不確実性に順応する手段のひとつが予防原則である。人間や環境に重大な危害を与えると判断できる蓋然性があり、リスク査定が行われた結果、かならずしも科学的に因果関係が証明できないときに政策的オプションとして予防原則は扱われる[竹村・吉川・藤井 2004]。結果として、生態系機能に関する科学的知識はしばしば水産資源のように不確実性が高い問題には有効な手法であろう。その一方、漁業者を保護区から排除することになるNTZは漁業者の反発を買う。Jones[2006]はその理由として、①NTZ指定による潜在的利益は広く証拠がないこと、②資源の持続性に関するネガティブな影響は証明できるにもかかわらず、漁業はいつでもどこでも自由に許されるべきと漁師たちは確信していること、③グローバルなコモンズに対する活動への制限には人びとはほとんど反射的に反対することを挙げている。科学的には正当とされる予防原則も、即効的に明白な便益を喪失する漁業者にとっては不当な措置に受けとめられることになる。結果、漁業者はNTZがもたらす生態的・経済的便益を認識しつつも、NTZには否定的である[Leleu et al. 2012]。

このように、海洋研究者がNTZを海洋生態系管理の土台とみなす一方[Pikitch et al. 2004; Sandin et al. 2008]、NTZは幅広い支持を得ているとはいえない。二〇〇〇年の段階においてNTZとして完全に保護されている海域は世界の海洋面積のわずか〇・〇一%にすぎない[Pauly et al. 2000]。一九九八年に一六〇五名の海洋研究者が各国政府に対し、二〇二〇年までに世界の海洋の二〇%をNTZとして保護するよう政府へ呼びかけることに署名し、二〇〇一年には一六一名の海洋研究者が漁場や海洋生物多様性を保護するためにNTZのネットワークを呼びかける共同声明に署名しているが、NTZは科学者の世界においても狭い支持を得ているにすぎない[Jones 2006]。科学者のあいだでは、NTZよりも、漁獲量割当制度や技術措置といった近代的漁業管理アプローチ(MFMA: modern fisheries management approaches)の方がより効果的であるとの議論が優勢である。これらの議論を分析したJones[2006]は、NTZの支持者は保護主義者や生態系中心の見方に大きく影響を受けており、MFMAの支持者は功利主義の資源保全の見方に大きく影響されているとしたうえで、極端な単純化をつうじて両極端な議論となっていると指摘している(表5-1)。しかしながら、開発途上国においては、バンブーン海洋保護区のようにNTZの指定が優先されることも多い。バンブーン海洋保護区の監視員は、NTZの導入にいたった経緯について次のように述べている。

表5-1　禁漁区域（NTZ）設置の賛否に関する議論の要点

NTZ賛同者（保護主義）	NTZ反対者（保全主義）
・水産資源は乱獲・枯渇しており，MFMAは明らかに失敗	・水産資源の乱獲・枯渇は実際には割合としては小さく，一般的に決定の貧弱さによるものである ・MFMAは漁業管理として，とりわけボトムアップ型アプローチにおいて最もよい方法
・NTZは枯渇した水産資源の回復を早めることができる	・NTZは深刻な枯渇や隔離された資源の回復に有効である一方，MFMAは他の状況ではより効果的
・NTZは境界内の水産資源を改善する	・報告の多くは科学的にあいまいである
・NTZは成魚のスピルオーバー効果があり，隣接する漁場をも改善する	・NTZは定住性のある資源のみを改善し，低い移動性は成魚の流出を最小限化する ・NTZの指定は一般的に割当てを減少させるように要求する ・資源をNTZの外に置き換える努力は幅広く負の影響を与える
・NTZは稚魚の加入を招き，隣接する漁場をも改善する	・稚魚生産は加入の重要な制限要因ではなく，密度依存要素がさらに重要である
・NTZは産卵，育成，移動エリアとして重要なすみかとなる	・漁場の1年を通じた損失を避けることで，永続的な閉鎖よりも季節的な閉鎖が有効である ・NTZの外へ魚の重要なすみかを移動させる努力はより広範囲な悪影響を与える
・NTZは重要な生態系回復・保護ツールである	・NTZは生態系均衡を回復させるためには理想的であるが，MFMAはより適切な持続可能な漁獲をもたらす ・NTZは漁場の生態系に悪影響を与える可能性もある
・NTZは不確実な事実に対して保証を提供する漁業管理の予防アプローチである	・NTZはMFMAに比べて不確実性に対しより予防効果をもつという議論は，現在は証拠のない主張にすぎない ・MFMAはより保全的な漁獲レベルを設定し，漁業動態に関する知識を改良することで不確実性を減少できる
・モデルはNTZが個体群の大きさおよび持続可能な漁獲量を増加させ，大きさや漁獲高の流動性を減少させるとしている	・議論の余地のあるNTZのモデルからの証拠は単純な推定にもとづいたモデルである ・他のモデルでは漁獲努力の削減はNTZよりも有効であることを示している
・対象資源とともに規制されていない同じ地域の資源もNTZにより保護される	・NTZは規制されていない同じ地域の資源の漁獲可能性を減らす一方，MFMAは持続可能である

出所：Jones［2006］

「地元の漁民にはバンブーン海洋保護区を部分的に開放すべきとの議論もあった。確かに、侵入する漁船を監視塔から監視しており、漁船には漁業免許の登録番号が記されていることから、地元漁師とよその漁師の区別は可能である。漁獲量についても水揚げ時に確認が可能かもしれない。しかし、割当量はいくらか、漁網のサイズは適切か、といったことは乗船して点検しなければならないし、夜間には漁船の区別すら不可能だ。われわれは役人ではなく、公園局や水産局職員のように逮捕権もない。コストも時間もかかりすぎる」（スクータ村、男性三〇代、二〇一〇年九月二七日）

これに対し、NTZであれば漁船の侵入を監視するだけで済む。バンブーン海洋保護区のように、基本的に河口部での監視で済む場合はMFMAも検討できるが、広大な海洋保護区の場合は管理が非常に難しくなる。たとえば、オーストラリアのグレートバリアリーフ海洋公園では、密漁の問題が生じ、とりわけNTZからより離れた場所で深刻となっている。約三五万平方キロメートルという広大な海洋保護区を効果的に監視するためには、密漁が行われにくいNTZの割合を現在の四・六％から三三％に引き上げる必要があるという[Davis et al. 2004]。

しかしながら、NTZの割合を大きくしたとしても、海のような公共財に対し、対価を支払わず便益だけを享受しようとするフリーライダーの問題は残る。地元漁師も外部からの漁師も潜在的なフリーライダーであり、予防原則にもとづき完全な禁漁を実施したとしても、密漁の問題は解決にはいたらない。事実、第8章で後述するが、バンブーン海洋保護区では二〇一一年に二度の密漁事件が発生し、一度は管理委員長の親族によるものであった。

NTZのような政策は比較的早い時間規模で実施され、三〜五年以内で生息数の増加は確認できると考えられているが、それは非常に局地的な効果にすぎないとの指摘もある[Cinner et al. 2009]。

NTZの生態学的効果には不確かなことが多く、科学者間の議論も平行線をたどっている。Ludwig et al.[1993]が指摘するように、海洋保護区の設置のみならず、どのような規制を行うことが効果的なのかについて、科学的なコンセンサスにたどり着くのは不可能であるかのようにも思われる。

このように水産資源をめぐる知見・情報が不確実な状態において、バンブーン海洋保護区では「専門家」の科学的知識や科学的調査はどのように扱われ、どのような言説を築き上げてきたのだろうか。

三 「科学的調査」の言説

▽魚は増えたのか？

海洋保護区設置の目的は、生物多様性の保全と地域の持続可能な開発であり、「住民の活動によって天然資源が減少あるいは枯渇している」ことを前提にゾーニングが行われる。バンブーン海洋保護区では、バンブーン・ボロンがコア・ゾーンとして完全な禁漁区に指定され、ジョンボス川へと流れ込む河口部はバッファー・ゾーンに指定されている。これはバンブーン・ボロンを産卵・生育あるいは一時的避難場所として利用した魚たちが回復し、他の漁場へと流出するスピルオーバー効果を期待しての措置である。

環境NGOオセアニウムは、バンブーン海洋保護区設置後の効果について、フランス国立開発研究所の協力を得て、水産資源のバイオマス量の変化に関する調査を行った。二〇〇七年一二月に首都ダカールで行われた調査結果発表［Tito de Morais et al. 2007］によれば、ボロンの禁漁化により、禁漁前に比べサメやエイ類など二三種類の新たな魚種やイルカの遡行が確認され、ハタ類など大型魚の生息数が増加した。とりわけ、新たな捕食魚の侵入が確認され、それぞれの魚種の個体のサイズも大きくなったとされた。しかしながら、地域住民の主食となるボラやティラピアといった中型魚は相対的に減少している。この調査結果は、図案化されてクール・バンブーンに掲示されたが、科学的調査結果と記されたグラフは魚食性の捕食魚、すなわち、ハタ類などに対する効果を強調するものとなっており、中型魚類の減少についてはいっさい触れていない。穿った見方をすれば、ロッジを訪れる観光客へ保護区の効果をアピールするために、意図的に不都合な科学的事実を隠蔽しているともとらえることができるだろう。

最新の調査はフランスのブルターニュ大学と国立開発研究所の共同研究チームにより実施された。Colléter et al.［2012］は、近年、利用が高まっている海洋生態系分析ツールのひとつである「Ecopath with Ecoosim モデル」を利用し、海洋保護区設置前と設置後のバイオマス量の比較を行った。さらに比較対象として、バンブーン海洋保護区に隣接するサンガコ・ボロンでの調査を同時に実施している。モデルは保護区の内側・外側の移動を考慮しない閉鎖生態系モデルである。その結果、総バイオマス量はほぼ不変であった。捕食魚のバイオマスは一五〇％増加する一方、被食魚のバイオマスは四〇％減少した（図5－1）。中型魚が減少している要因として、海洋保護区に新たな捕食魚が侵入したことを挙げている。外部の漁場から大型魚が漁獲のおそれのない保護区内に避難する効果、外部の漁場に比べ小型魚・中型魚が豊富である保護区を食料探しの場とする効果というふたつの効果から、保護区内で大型捕食魚が増加し、被食魚である中型魚が保護区外に移動したのではないかという推測である。

これらの科学的調査結果に共通するのは、大型魚が保護区内に戻り、被食魚は減少していると

図5-1　禁漁前と禁漁後のバイオマス量の変化

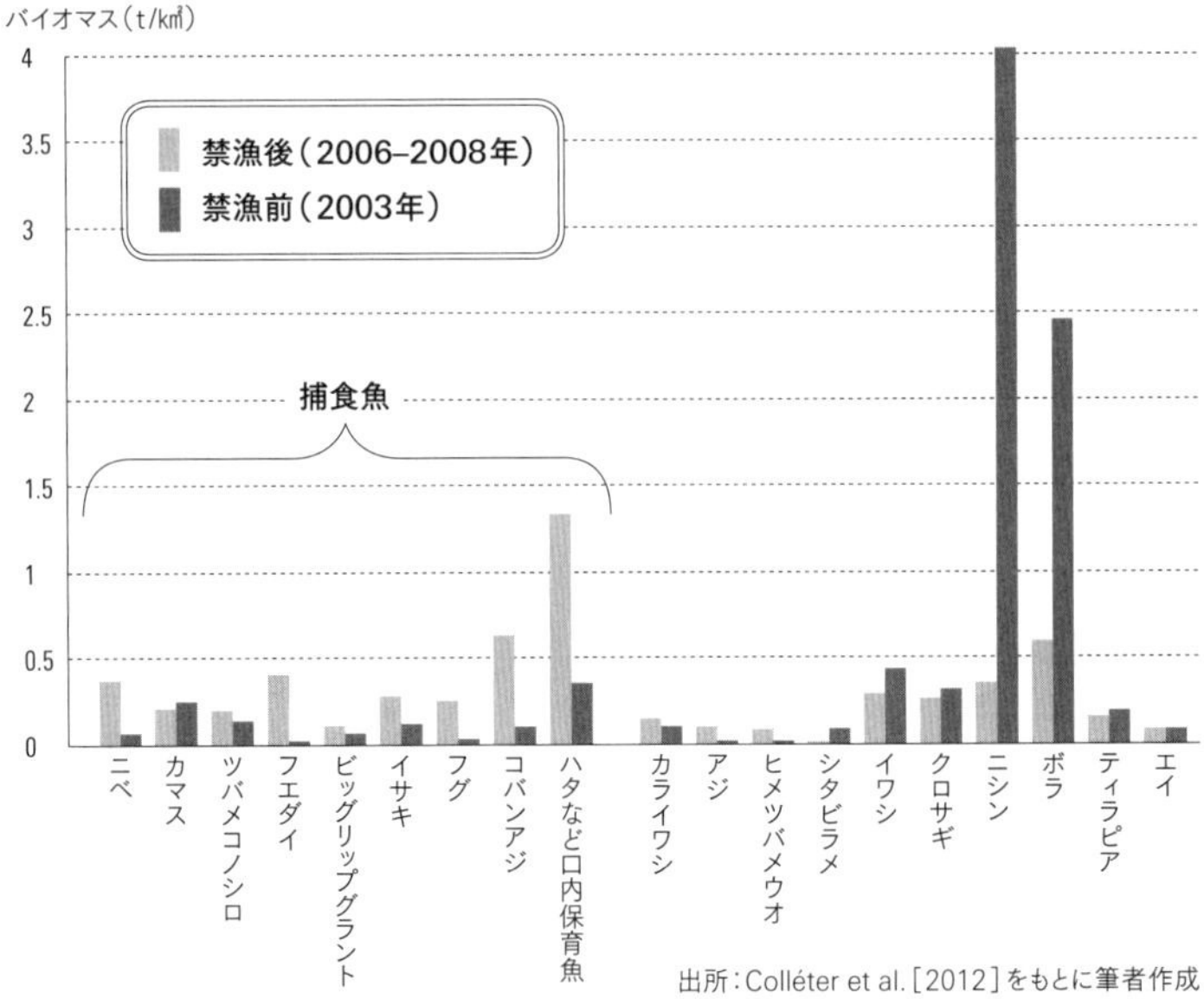

出所：Colléter et al.[2012]をもとに筆者作成

いう科学的事実である。第四節で後述するが、ハタ類などの大型魚を保護したい環境NGOにとっては良い結果であるといえよう。しかしながら、ハタ類などの大型魚はバンブーン海洋保護区周辺の人びとが日常的に消費する魚ではない。ボラ類やニシン類こそが日常的に消費し、また燻製などの加工製品として地域の市場に流通する魚なのであり、これらの魚種の増減が地域社会に大きな影響をもたらすことになる。どの程度、中型魚が保護区外に流出しているのかは不明であるが、これらの魚の動向が生計に直結することになる漁民にとっては、現時点で確認されているバンブーン海洋保護区の生態的効果は決して好ましいものではない。

▽共有されない科学的情報

保護区の科学的効果について、ベタンティ村の村長によれば、保護区管理委員会の委員がいるにもかかわらず、「漁師には何の情報も伝えられていない」(男性四〇代、二〇一二年二月八日)という。同じベタンティ村の女性グループのリーダーは、「私たちは海洋保護区設置の結果を知らされていない。バンブーンに関する会議に参加したことはなく、何の情報もない。とりわけ、女性たちの重要な収入源である牡蠣がどうなったのか結果を知りたい」(女性四〇代、二〇一二年二月九日)と語る。二〇一二年二月の時点では科学的事実は地域住民に伝えられることはなかった。というのも、「二〇〇五年以来、保護区管理委員会の会議が開かれていない」(バニ村、男性五〇代、二〇一〇年九月二四日)のである。評議会副評議長によれば、「大統領令に従い、国が科学的調査を行って結果を報告すべきであるのに、国もオセアニウムも、バンブーン海洋保護区に関する情報を自治体にいっさい提供しようとしない。とりわけ、自治体とオセアニウムのあいだには何ら信頼関係がなく、情報も共有されていない」(ダシラメ・セレール村、男性五〇代、二〇一〇年九月二四日)という。このように、コミュニティへの科学的情報のフィードバックの欠乏は、保護区管理者とコミュニティの信頼のレベルを低下させることになる[Dressler et al. 2010]。第6章で後述するように、オセアニウムとトゥバクータ村落共同体はクール・バンブーンの経営権をめぐって衝突しており、副議長の発言を額面どおりに受け取ることはできないものの、一番被害を受けることとなった漁民たちに科学的調査の結果がいっさい知らされていないことは、スクータ村を除くすべての村で確認された。漁師たちが認識する共通の事実は、「バンブーン・ボロンの禁漁化で他の漁場に漁師が集中し、魚が減っている」(サンガコ村、男性四〇代、二〇〇八年六月三〇日)ことである。

一方、漁師たちはなぜバンブーン海洋保護区の効果がないのかについて、「バンブーン・ボロンに生息する魚には、他のボロンに移動するものと、海洋へと戻るもの」(サンディコリ村、男性五〇代、二〇一〇年九月二八日)がおり、「他のボロンが漁場として開放されている以上、バンブーン・ボロンのみを保護しても効果は出ない」(サンディコリ村、男性四〇代、二〇一〇年九月二八日)と述べている。これら漁民が認識している「事実」は、最新の調査結果である Colléter et al. [2012] の論文においても指摘されていることである。科学者と漁民がそれぞれ主張する「事実」は両者とも正しいものと思われるが、そこには大きなずれがある。科学者は漁民の利益にもつながると考え、よかれと思い、強い禁漁措置をともなった海洋保護区を提起するが、そのしわ寄せは漁民がこうむることになる。たとえば、最新のバンブーン海洋保護区の効果の測定を行った Colléter et al. [2012:11] は、総バイオマス量に大きな変化がなかったことから、科学者が考えているよりもさらに強い禁漁措置をともなったトップダウン型資源管理が重要と結論づけており、強い禁漁措置に反発する漁民の意識とのあいだに大きなずれが生じている。

漁民たちは、「船外機やナイロン網が普及したことで漁獲技術が向上しており、仮にサルーム・デルタ全域を保護したとしても、海は自由な場であり、漁民はギニアビサウで漁を続けるだけである」(サンディコリ村、男性五〇代、二〇一〇年九月二八日)ことを予測していた。「サルーム川に生息する魚たちの産卵のピークが雨季の直前および開始時にあたる五〜七月であり、産卵は主に乾季の始まりにあたる一一月まで」[Panfili et al. 2006]という科学的に明らかにされた事実を知らなくても、「雨季のあいだはバンブーン・ボロンを利用しないという暗黙のルール」(メディナ村、男性五〇代、二〇〇九年八月三〇日)を慣習的に実施してきた。しかしながら、漁師は一般の人びとに比べて正規教育のレベルが低い傾向にあり、科学者は資源利用者の経験にもとづいた知識を真面目に取り上げるべきでないとする逸話的情報に還元してしまう[Jentoft 2004]が、漁民の知識は資源管理に重要な価値をもっているのである[Pomeroy and Berkes 1997]。

四 「チョフを守れ」という言説

▽旗艦種としてのチョフ

西アフリカを象徴する魚として、ハタの一種である *Epinephelus aeneus*(仏名 Mérou blanc, 英名 White grouper)が挙げられる。セネガル人に「チョフ(*Thiof*)」と呼ばれるこの魚は、高貴で力強く美しいイメージがあり、首都ダカールを中心に力強く美しい若者のことを「チョフ」と呼び、フランス語の素晴らしいという形容詞superと合わせ、「非常に格好がよい」という意味合いで*super thiof*といった表現がしばしば使われる。西アフリカ諸国中央銀行(Banque Centrale des Etats de l'Afrique de l'Ouest)が発行する通貨セーファー・フランの二〇〇〇セーファー紙幣にもチョフの絵柄が使用されているほどセネガル国民に馴染みの深い魚である。

ＦＡＯによれば、チョフは南地中海からアフリカ西海岸、アンゴラ南部にまで広く分布し、セネガルやモーリタニアの季節的な湧昇の影響を受けて移動する。成魚は水深二〇〜二〇〇メートルの岩礁や砂底に生息し、稚魚は沿岸部の潟や河口で見られる。とりわけ、サルーム・デルタは三〇センチメートル以下の稚魚が豊富なことで知られる[Laurans et al. 2003]。捕食魚であり、西アフリカの海域での調査によれば、食物は魚類(五八%)、シャコ(二一%)、カニ類(一〇%)、頭足類(一〇%)であるという。体長は最大一二〇センチメートル、重さは二五キログラムに達する大型魚である。

ヨーロッパの漁師たちはニセタイセイヨウマダラ(fausse morue)と呼び、一九五〇年代にはモロッコ南岸に非常に豊富に生息していた。ＦＡＯの統計によれば、世界におけるチョフの漁獲高は一九六〇年代後半から七〇年代前半にかけて二〇〇〇トン前後に上昇し、一九八〇年代初頭には五〇〇トンにまで落ち込んでいる。八〇年代中頃にふたたび漁獲量は上昇するものの、九〇年代初頭に落ち込み、二〇〇〇年代初頭にいたるまで五〇〇トン前後で推移していた。しかしながら、ここ数年急激に漁獲量が増えており、二〇一〇年には三七八四トンと過去の最大漁獲量の約二倍

図5-2　チョフ（*Epinephelus aeneus*）の世界漁獲量の推移

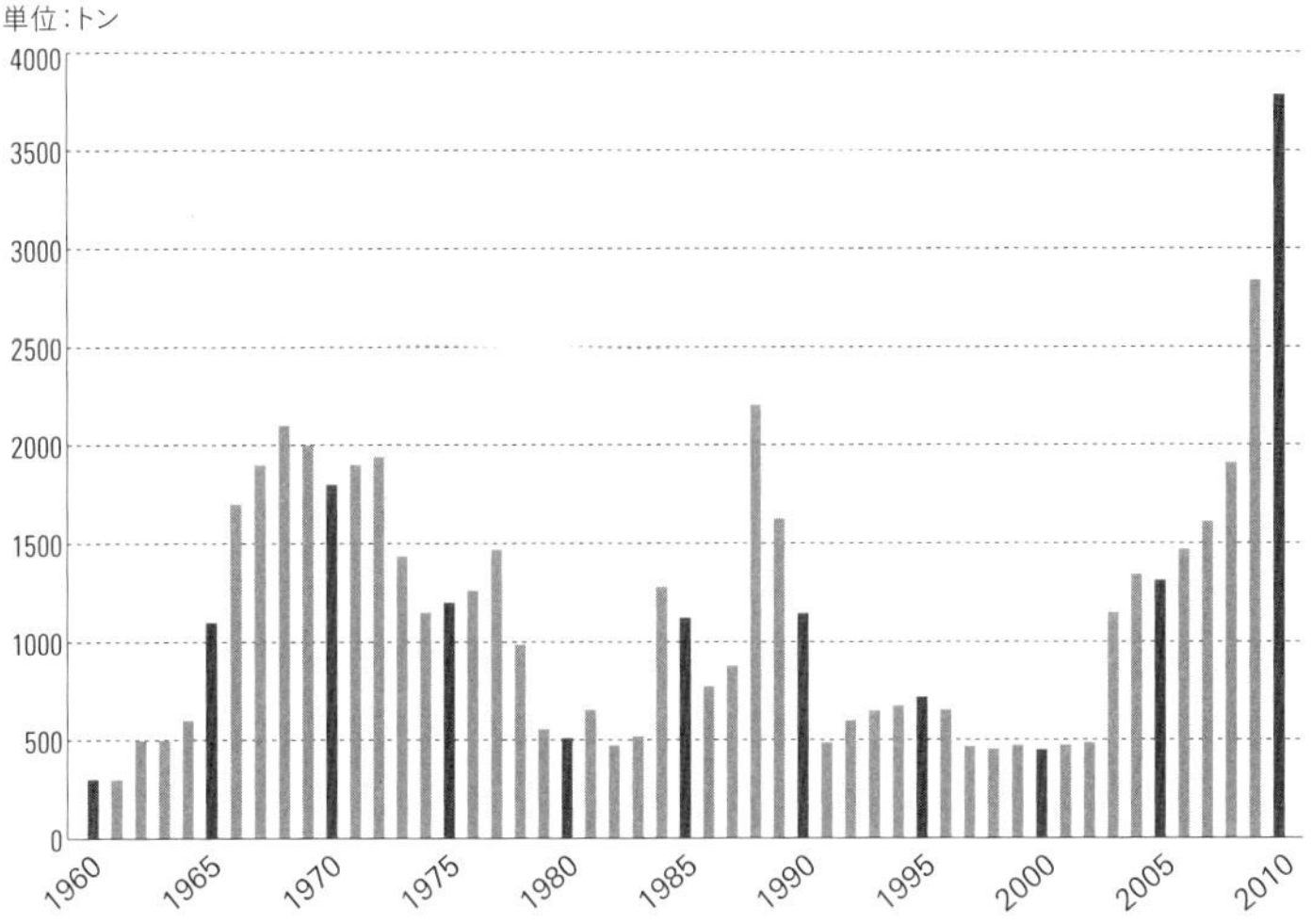

出所：FAO（http://www.fao.org/fishery/species/3072/en/）

にまで急増している（図5-2）。セネガルにおいても、近年、海外からの需要が増加し、零細漁業者による乱獲が進み、絶滅が危惧されている［Thiao et al. 2012］。二〇〇六年にJICAが実施したセネガル人零細漁民五六二名への意識調査においても、九五％の漁民が過去一〇年間で漁獲量の減少を実感しており、最も減ったと感じている魚種はチョフであった［JICA 2006］。実際、政府の統計では九〇年代後半以後、チョフの水揚げ量は全盛期であった八〇年代中頃の半数以下となっている。セネガルにおいては零細漁業者の釣りや刺し網による漁獲が主であり、外国トロール漁船による漁獲は少ない［Laurans et al. 2003］とされ、政府の統計上の数値でも商業漁業による漁獲量は零細漁業に比してかなり小規模である。

バンブーン海洋保護区の設立を推進した

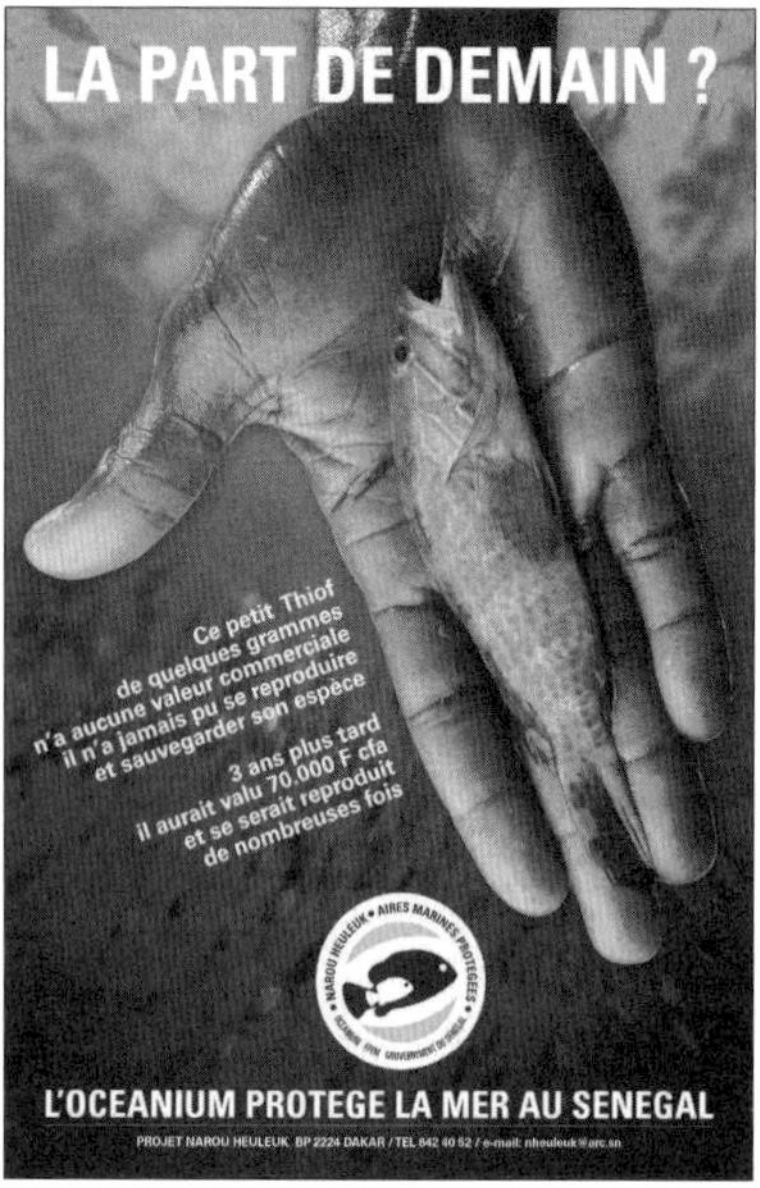

写真5−1　チョフの保護を訴えるオセアニウムの啓発ポスター

環境NGOオセアニウムは、早くからチョフを標章として利用してきた。バンブーン海洋保護区設立プロジェクト「ナロー・ウルーク」では、プロジェクトのシンボルマークとしてチョフを図案化し、チョフ乱獲防止を訴えた普及啓発ポスターを制作した。「明日の取り分は?」と題したこのポスターには以下のような文章が記載されている(写真5−1)。

この小さなチョフは数グラムしかなく、何の商業的価値もありません。繁殖することもできず、種を存続することもできません。/三年後には七万セーファー・フラン(約一万四〇〇〇円)の価値になり、何度も卵を産むことができるはずです。

このように、公衆、資金提供者、政治機関等に保全を呼びかけるために使用される標章としての種は旗艦種(flagship species)と呼ばれる。ジャイアントパンダやアフリカゾウなどカリスマ性のある希少種が一般的に用いられるが、タンザニアのペンバオオコウモリのような一般的には忌み嫌われる種や、ベリーズのカポックのような希少ではない種であっても旗艦種となりうるとされる［Bowen-Jones and Entwistle 2002］。佐藤［2008:71］は、姿の美しさなどの魅力をもち人びとを魅了できる種を「象徴種」とし、「地域の特徴的な自然環境を象徴とする野生動物や生態系」を環境アイコンと定義しており、環境アイコンは環境の改変や喪失の危機感によって生まれ、地域社会に対する人びとの愛着と誇りが基盤となっているとしている。

Froese［2004］によれば、チョフはタイセイヨウダラ（*Gadus morhua*）、サッパ属の一種 *Sardinella aurita* と並び、漁業資源の乱獲の度合いを示す指標種である。チョフはセネガル人に馴染みが深い魚であることから、零細漁業者による乱獲というオセアニウムが認識している事実を人びとに訴えるには効果的な旗艦種であるといえよう。

▽チョフを消費するのはだれか？

しかしながら、チョフは魚卸売市場でキログラムあたり五〇〇〇〜六〇〇〇セーファーフラン（約一〇〇〇〜一二〇〇円）で販売されるような高級魚であり、一般のセネガル人が口にすることはほとんどない。高級魚であるチョフは仲買人からも重宝され、大衆魚であるイワシの一種ヤボイとは市場での扱いも異なる（写真5-2）。水揚げされたチョフは首都ダカールのレストラン、あるいは水揚げ港から直接海外へと輸出される。たとえば、首都ダカールから五八キロメートルに

写真5-2　首都ダカールの市場で高値がつくチョフ（2009年10月）

位置する漁村カヤールでは、水産会社に雇われた仲買人がチョフなどの高級魚を買い付けに来ている。買い付けた魚は即日ダカールに運搬され、梱包後、ヨーロッパ方面に空輸される。フランスでは、チョフは塩焼き、串焼き、煮込みにして食されるほか、モロッコ料理であるクスクスやタジンの具材としても人気が高い。

第2章で触れたように、歴史的にも一六世紀以後、チョフはヨーロッパ漁師たちの漁獲対象であり、塩漬けにされてヨーロッパ市場に運搬されてきた。チョフをめぐってフランスとオランダは争い、フランスは報奨金を出してチョフの漁獲を奨励してきた。現在もチョフは地元で消費されず、そのほとんどはヨーロッパ諸国、とりわけフランスへと輸出されている［Laurans et al. 2003］。オセアニウムは海洋保護区の効果として、「ハタ類など大型魚が増加し、保護区の総バイオマス量は増加した」という主張を繰り返してきたが、こうした言説は地元漁師だけでなく、「本当に資源を枯渇させているのはだれなのか」という反発を招くことにもなる。実際、二〇一二年二月一四日付のセネガルの日刊紙「Observateur」には、オセアニウムと同様にチョフを保護しようと主張する環境NGOグリーンピースに対し、セネガル漁業船主・経営者グループ（Gaipes）が次のような意見広告を出した。

グリーンピースがチョフを保護したいといっているのをどう考えるべきか？　チョフはヨーロッパに輸出される海産物である。グリーンピースはセネガル国民や国際世論に対して明らかに事実に反する虚言を語る腐敗した利権屋である。その知識は学校の中にとどまるものにすぎず、現場では効果的でない。

Gaipesはまた、ヨーロッパで禁止されているトロール漁船がセネガル領海内で操業し、資源を略奪し、零細漁業者の漁網を破壊していると訴える。「零細漁業者が海に投棄したモノフィラメント製漁網が、クジラやイルカなどの海洋生物に絡まり、窒息死させている」とオセアニウムは主張するが、彼らからすれば、セネガル領海内で違法操業し、零細漁業者の刺し網を破壊し、結果的に漁網を海に放置させているのは外国漁船なのである。

さらに、チョフの乱獲を結果的に推し進めているのは、水産資源保護を訴えるセネガル政府自身でもあるという問題もある。第2章で述べたように、セネガル政府は漁業の近代化を推し進めることで国力の強化を図ってきた。漁業振興政策の主たるものは船外機の導入や免税措置であった。船外機の輸入関税を免除する政府決定が一九六六年に出され、一九七二年にカナダとの契約調印により、三五〇〇台の船外機が輸入された[JICA 2006]。さらに政府は、通関法第一八八条により燃料にかかる関税一〇％を免除すると同時に、付加価値税一八％も課していない。燃油免税措置と漁業用資機材免税措置の両者を合わせると、零細漁業部門の優遇措置に用いられた費用は、二〇〇三年実績で四四・四億セーファー・フラン（約九億円）に達する[JICA 2006]。このように政府は零細漁業への優遇政策を積極的に行う一方、資源崩壊の主要因を「急増する漁業者による乱獲」として零細漁業者を非難している。

チョフをシンボルマークとして国際社会に向けて水産資源保護を訴えることで、オセアニウムは国際的支持や支援を得ることはできるかもしれない。しかしながら、旗艦種というツールには、環境主義者が認識している事実と漁民が認識している事実との乖離を強化するというリスクがともなう。Kull[2002:64]が指摘するように、マダガスカルにおける野焼き、サハラの砂漠化、ヒマラヤの森林破壊といった危機感を煽るナラティブは、保全を強化したい関係者にとって、良い物語となる。「貧しいセネガル人零細漁民がチョフを乱獲している」という言説は、オセアニウムやグリーンピースといった環境保全団体だけでなく、国際社会にとっても、自分たちも加害者の一員であるという意識を感じることのない聞き心地のよいものである。チョフの資源量の減少という科学的事実のみを強調し、その社会経済的背景を無視することは、新たな対立を生み出すことになりかねないのである。

五 科学者に求められる役割

バンブーン海洋保護区の事例においては、禁漁化という措置を講ずることにより漁場は回復するという言説をもとに、乱獲のシンボルマークであるチョフを守れとの呼びかけが行われてきた。こうした言説や呼びかけは、科学的なデータや統計値にもとづいており、国際社会の理解を得てきた。科学の正当性の核心はきわめて確実なことである［Lemons 1996］。複雑な海洋生態系における確実性やコンセンサスの議論は、種の動態や因果関係が決定されうるという古典的ニュートン主義にもとづいているとされ［Wilson 2002］、海洋生態系に関するコンセンサス、すなわち科学的知識によって海洋保護区設立の正当性は構築されてきた。しかしながら、Colléter et al.［2012:11］がより強い禁漁措置をともなったトップダウン型資源管理が重要と提起したように、科学者の生み出す知識は漁民の意識とのあいだに大きなずれを生じさせ、科学的知識が現場で共有されることも少なくなる。さらに、禁漁化をめぐる議論は科学者間においても判断が大きく分かれており、不確実性はきわめて高いものとなっている。科学的なコンセンサスが得られない以上、論争は激化する。

保全プロジェクトを進める根拠として、科学論文の重要性が高まっているが、近年の傾向として、研究機関よりもＮＧＯや政府機関が発行する科学論文の重要性が高まっている［Smith et al. 2009: 480］。こうした論文では、生物多様性の危機のナラティブが繰り返される。ＮＧＯや政府機関が主張する生物多様性危機のナラティブは、政府機関やＮＧＯの資金獲得や存在意義の強化といった物質的な利益が含まれている。漁業管理を扱う論文においても、「成功した」と考えられる事例が評価の対象とされやすく、失敗や継続しなかったプロジェクトは出版されることはきわめてまれである［Evans et al. 2011: 1947］。しかしながら、政府機関やＮＧＯと協力して調査を実施する科学者がよりインパクトの強い学術誌に「成功事例」の科学論文を掲載することで、漁民たちの不満の声はなかったもののように扱われ、対立はより深まってしまう。

不確実性に満ちた問題において、人は正確に誤ったものよりも大まかに正しそうなものを見つけようとする［Myers 1999］。確実ではないが、正しそうな情報を提供するのが科学者である。バンブーン海洋保護区では科学的調査が継続されてはいるものの、禁漁化から一〇年近く経た現在も、漁場の回復効果については不確実性に満ちている。漁業は複雑な社会—生態系システムであり、水産資源そのものを科学的調査により明らかにするだけでなく、資源を標的とする人びとにまつわる問題への理解を深めなければならない。そうでなければ、「漁場が閉鎖されて何年経っても効果が見られない」（サンディィコリ村、男性五〇代、二〇一〇年九月二六日）と主張する漁民に科学は応えることができないであろう。そして、その理解は、外部者のみの視点からみた自然や文化に対する科学的な理解であってはならない。英語圏ヨーロッパにおける自然や文化に関する科学的な理解は、過去数十年にわたり、世界各地の保護区において強制的に再生産され［Brockington et al. 2008］、多くの問題を生み出してきた。それゆえ、これまで取るに足らないものとして扱われてきた漁民の知識を水産資源管理にとり入れていく必要がある。科学は因果関係を確立し描写するが、「良い」か「悪い」かについては、それにかかわる人びとの価値システムに依存する［Mackey 1999］からである。

どのような漁業管理もｗｉｎ―ｗｉｎの状況を生み出すことはまれであり、しばしば勝者と敗者を出現させることになる［Jentoft 2004］。科学者には、漁民や地域社会と政府機関やＮＧＯといった保全プロジェクトの実施機関との橋渡し役として、常に不確実性を意識し、地域住民と情報を共有し地域社会にフィードバックさせる姿勢が求められると考える。

本章では、科学者がつくり上げてきた海洋保護区の生態的効果について検証を行った。科学者は客観的な科学的「事実」をもとに「中立的な」科学的知識をつくり上げるが、こうした知識は、現場では地域住民との情報の共有が行われないだけではなく、環境ＮＧＯといった保護推進側アクターによって恣意的に利用されがちであることを、ヨーロッパ市場向けの高級魚チョフに注目して例証した。

海洋保護区に期待されている三つの効果のうち、社会的効果、生態的効果について、バンブーン海洋保護区においては理想と現実のあいだに大きなギャップがあることがわかった。それでは、最後に残った経済的効果はどうであろうか。次章では、バンブーン海洋保護区で導入されているエコツーリズムの経済的効果について、地域住民の雇用や収益の分配の観点から検証してみよう。

第6章

エコツーリズムという幻想

エコロッジ「クール・バンブーン」概観
（2010年10月）

「汚れのない、原始的な、自然な、すなわち近代性によって触れられたことがないもの」[Cohen 1988:374]を求める自然志向のツーリズムが人気を博している。たとえば、生物多様性ホットスポットで名高い中米のコスタリカにおけるツーリズム産業は、七億一九三〇万米ドル（一九九七年）を生み出しており、これは外貨獲得高の二一・九％にあたる[Campbell 2002:33]。開発途上国においては、自然志向のツーリズムは貴重な外貨獲得手段であり、国民総生産や税収入を増加させ、失業率を減少させる経済問題の万能薬として考えられていた[Lea 1988]。アフリカの変革プロセスに焦点をあてた学術誌「Africa Insight」二〇〇三年六月の特別号では、「ツーリズム――アフリカの繁栄のカギ」と題し、「アフリカ大陸は自然遺産を保護しながら、人びとの未来をつくる必要がある。ツーリズムはその両者をかなえるものだ」としている[Duffy 2006:131]。事実、一九六五年にアフリカ大陸を訪れる国際ツーリストの人数は世界全体の〇・五％にすぎなかったが[DGT 1974:8]、二〇一一年には五・一％を占めるにまで成長している[UNWTO 2012:3]。しかしながら、ツーリズムは麻薬や売春など数々の社会問題を地域にもたらすとともに、汚染や環境破壊を生み出す要因ともなっている[Honey 1999]。また、ツーリズムによって新たな挑戦、失われた文化や風習の掘りおこしも起こりうるが、金銭に対する執着が日常化し、ツーリズム収入への過度な依存によって、人びとの関係がコミュニティや家族主体からビジネスや階層構造主体に変化することが指摘されている[Stronza and Gordillo 2008:459]。

Stronza[2001:274]によれば、一九九〇年代以降、社会科学者、環境保全主義者、開発実践者、先住民権利保護活動家のあいだでツーリズムは肯定的な評価を受けていた。成長を続けるツーリズム企業が、その真の目的が利益追求だったとしても、環境や先住民を尊重することを主張したからである。こうした企業は自分たちの企画する商品にエコツーリズム（ecotourism）、コミュニティ主体型ツーリズム（community-based tourism）、カルチャーツーリズム（cultural tourism）あるいは単にオルタナティブツーリズム（alternative tourism）の名前をつけた。中央集権型の自然資源保全や開発が不当で非効率であったことから、コミュニティ主体型自然資源管理やコミュニティ主体型保全が導かれ、自然志向のツーリズムやエコツーリズムはコミュニティ主体型保全の潮流における輝く光であり［Western and Wright 1994］、一九九〇年代における環境分野の最もホットな流行語のひとつとなった［Alyward et al. 1996 : 315］。世界観光機関（UNWTO）は、環境はツーリズムの基盤であり、ツーリズム振興の観点からも、「文化的無傷性、基本的な生態系プロセス、生物多様性、生命支援システムを維持しつつ、経済、社会および美的ニーズを満たすような方法ですべての資源が管理される方向に導かれるべき」とした［UNWTO 1988］。こうした動きを受け、国連は二〇〇二年を「国際エコツーリズム年」と定め、カナダのケベック市で国連環境計画（UNEP）やUNWTOなどの主催により「世界エコツーリズムサミット（World Ecotourism Summit）」が開催された。同年にはエコツーリズム専門の学術誌「Journal of Ecotourism」が創刊されている。

旧フランス領アフリカにおいても、二一世紀に入り、国立公園や自然公園を利用したエコツーリズムの必要性が強く叫ばれるようになった。二〇〇二年八月一日、ガボンのエル・アジ・オマール・ボンゴ（El Hadj Omar Bongo）大統領が、自国の石油産業衰退と国家予算不足の打開策として「国家資源を享受するが搾取しない」エコツーリズムの振興を打ち出し、同月三〇日に一三もの国立公園を指定した。マダガスカルでは、国際環境NGOのロビー活動の結果、二〇〇三年にマーク・ラヴァルマナナ（Marc Ravalomanana）大統領が六年以内に国内の自然保護区を三倍に増加して陸域と海域の保護区ネットワークをつくり、マダガスカルがエコツーリズムにおける地域のリーダーとなることを宣言した［Duffy 2006:135］。

このように、エコツーリズムは、自然資源を非消費的に有効活用した環境保全と地域開発のwin―win戦略として期待され、アフリカ各地に導入が進められている。バンブーン海洋保護区においても、保護区運営と地域開発プロジェクトの費用捻出のため、エコロッジが建設され、エコツーリズムの促進が図られている。しかしながら、エコツーリズムもまたツーリズムという経済活動である以上、ツーリズムがコミュニティにもたらす弊害をすべて回避することはできない。第三世界のエコツーリズムを分析したCater［1993:85］が、エコツーリズムをすべてのツーリズムの害悪を和らげる普遍的な万能薬、エコツーリストを魔法使いとみなすことは非常に危険であると警告するように、援助機関や国家はエコツーリズムに過度の期待、あるいは幻想を抱いているのではなかろうか。本章では、「エコツーリズムは環境保全と地域開発を両立させる万能薬である」という言説を、バンブーン海洋保護区のエコロッジ「クール・バンブーン」をめぐる騒動から検証する。

一 エコツーリズムとは何か

本論に入る前に、エコツーリズムとは何かを確認しておきたい。一般的な認識は「環境への負の影響を最小限にとどめる方法で自然環境を楽しむ目的で行われるレジャー旅行」[West and Carrier 2004: 483]であるが、エコツーリズムの定義に関し、明確な合意は存在しないとされる[Boo 1990; Goodwin 1996 など]。この用語は数多くの意味をもっており、「エコ(eco)」という接頭語が責任ある消費者運動と同意義になりつつあることから、エコツアー(ecotour)、エコトラベル(ecotravel)、エコサファリ(ecosafari)などの用語が生まれ、急速に普及した[Goodwin 1996: 279]。定義があいまいであるために、その経済的効果も大きく異なる。たとえば、Ceballos-Lascuráin [1996: 46–48]はエコツーリズムを自然志向の旅行を含めた広義の意味でとらえ、全世界のエコツーリスト数は一億五七〇〇万人から二億三六〇〇万人、消費額は一兆二〇〇〇億米ドルに達すると見積もる一方、Honey [1999]はより厳密に「環境に配慮した旅行」としてとらえており、消費額は年間三〇〇億米ドルとしている。Krüger [2005: 580]は定義に関する合意がないことが、エコツーリズムが自然保護の万能薬とされる一方、いかなる形態のツーリズムも常に保護区に対する脅威である、あるいはエコツーリズムが生み出す収益は大規模な保全を実施するには小さすぎる、エコツーリズムと保全は対立するだけにすぎないという論争を巻き起こし、「イデオロギー」が事実の受けとめ方をつくり変えてしまう危険性を指摘している。

エコツーリズムという造語はともかく、その概念は一九七〇年代に誕生している。東アフリカの国立公園の研究を行ったMyers［1972］は、自然保護区の主たる利用はツーリズムであり、非常に大きな外貨獲得手段であるとする一方、ツーリズムによってもたらされる社会経済面への負の影響を危惧し、自然保護区はツーリストのための場所ではなく、それ自体がひとつの自然の生態系であり、コミュニティのニーズに即したかたちで、その存在を正当化しなければならないとした。また、Krippendorf［1982：144］は、マスツーリズム（大衆化されたツーリズム）による環境への負荷を危惧し、自然なままの環境において、地域住民の利益に配慮する「ソフトツーリズム（soft tourism）」を提起し、今日のエコツーリズムの潮流を形成した。

一九九〇年代以後、エコツーリズムの研究が進み、それらの論文の中では、一九八三年にエコツーリズムの用語を初めてつくり出したCeballos-Lascuráin の定義［Honey 1999：16］がしばしば引用されている。

自然地域を比較的攪乱せず汚染しない旅行で、自然地域で見つけられる風景や野生植物・動物と同様に既存の文化（過去も現在も）を学び、感嘆し、楽しむことをともなう。エコロジー主義的ツーリストは職業的科学者やアーティスト、哲学者である必要はないが、自然志向のツーリズムは旅行に対し、科学的・美的あるいは哲学的アプローチを含意する。エコツーリズムを実践する人は、都市環境では一般的に得られない、ある意味で自然の中に自分自身を没頭させる機会をもつことが重要である[Boo 1990:xiv]。

Ceballos-Lascuráin の定義は、マスツーリズムの弊害を意識したものであり、環境や地域の文化への配慮をツーリストに求めるものであった。一九九〇年代以降、コミュニティ主体型保全の重要なツールとして期待されるにつれ、環境・社会・経済面が調和した持続可能な開発を実現するものとして、エコツーリズムには地域住民の福祉や地域経済活性化の側面が強調されるようになる。一九九〇年に設立されたエコツーリズム推進のための非営利団体 The International Ecotourism Society は、エコツーリズムを「環境を保全し、地域住民の福祉を改善する自然地域への責任ある旅行」と定義し、エコツーリズムの原則のひとつに「地域住民に財政的利益とエンパワーメント(権限付与)を提供する」ことを掲げた。また、Honey[1999]は経済的便益だけでなく、人権や民主化運動の支援も含めている。二〇〇二年の「国際エコツーリズム年」には、UNEPとUNWTOがエコツーリズムの一般的特徴として、環境保全の目的のために経済的利益を生み出すこと、地域住民の雇用に加えて、教育や自然・文化的特色の解釈を掲げている。スキューバダイビングやホエールウォッチングなど海洋環境を利用したエコツーリズムの定義を試みようとした Garrod[2003:34]は、エコツーリズムの目的が多様化していることから、厳密な定義を試みれば、利害関係者が排除・周縁化されるおそれがあると指摘している。本書の目的は、「エコツーリズム」と呼ばれている言説が自然保護区、とりわけ海洋保護区の利害関係者にいかなる社会的・経済的な影響を与えているかを分析し、問題提起を行うことにある。したがって、本書ではThe International Ecotourism Societyの定義に従うものとする。

二　急成長するエコツーリズムをめぐる論争

近年、陸地の自然保護区のみならず、海洋保護区における自然志向のツーリズムが人気である。海洋環境を利用したエコツーリズムとしては、スキューバダイビングやシュノーケリング、ホエールウォッチングなど海洋生物観察を目的としたものが挙げられる。とりわけ、ホエールウォッチングは一大産業であり、一九八一年の時点において世界で四〇万人であった参加者は、二〇〇八年には一三〇〇万人に達し、総額二一億米ドルの収入をもたらしている[O'Connor et al. 2009:26]。近年では、六月から七月にかけて南アフリカ沿岸を回遊するマイワシ(*Sardinops sagax*)の大群を狙うハセイイルカ(*Delphinus capensis*)、クロヘリメジロザメ(*Carcharhinus brachyurus*)およびケープシロカツオドリ(*Morus capensis*)をダイビングやシュノーケリングで楽しむアトラクションであるサーディン・ラン・ツーリズムが人気を博している[Dicken 2010]。こうした取り組みは、先住民を含む地域住民のエンパワーメントにもつながっている。たとえば、ニュージーランドのカイコウラでは、マッコウクジラやシャチ、イルカのウォッチングツアーが人気であり、これらのツアーはコミュニティトラストとしてマオリによって所有・実施・管理されている。マオリにマッコウクジラ・ウォッチングツアーの独占権が保障されており、マオリは四隻の船舶を所持し、五〇〜八〇人のマオリが雇用され、年間三〇〇万NZドル（約二億七〇〇〇万円）の売上高を誇るという［Zeppel 2007:318］。

その一方、エコツーリズムによる収益が地域住民に到達することはきわめて少なく、あるいはほとんどないとする報告［Stem et al. 2003:388］もある。二五一のエコツーリズム文献調査を行ったKrüger［2005:597］は、環境に肯定的な影響を与えた、すなわちエコツーリズム本来の目的を果たした事例はわずか一七%にすぎず、半数以上の事例でツーリストの数が増えすぎ、管理体制が不適切であったと指摘している。適正な管理がなされなければ、エコツーリズムも従来のツーリズムと何ら変わりがないのである［Cater 1993:86］。

エコツーリズムのもつ矛盾も指摘されている。エコツーリズムは環境への負荷を最小限に抑えようとするが、「成功」した事業はさらに利益を増やすために、より多くの観光客を受け入れようとする［Stem et al. 2003:388］。より多くの観光客を得るために、評価の高い生態系の保護よりも、エコツーリストのニーズに即したかたちで自然や文化が商品化［West and Carrier 2004; Cohen 1988］され、資本主義市場システムが拡大する。結果として、コミュニティを評価し支援するレトリックと、資本主義や個人主義と結びついた社会経済的価値を奨励することになる実践とのあいだに矛盾が生じるのである[West and Carrier 2004:485]。

三 セネガルにおけるツーリズムの歴史

人類学や社会学、保全生物学の観点から、エコツーリズムに対する批判がある一方、依然、エコツーリズムに対する期待は大きい。二〇〇三年に環境や文化に配慮した持続可能な観光を目指す「ツーリズム憲章(Charte Sénégalaise du tourisme)」を制定したセネガル政府は、「ツーリズム産業が大きな経済的貢献をもたらしたものの、ビーチツーリズムは社会や環境に悪影響をもたらした」として、二〇一〇年からサルーム・デルタおよびセネガル川流域でエコツーリズム推進プロジェクトに着手している。そこで、クール・バンブーンの事例に入る前に、セネガルにおけるツーリズムの歴史的・社会的文脈について、振り返っておきたい。

セネガルは、他のアフリカ諸国に比べ天然資源がきわめて乏しく、現在は漁業とツーリズムが主たる収入源となっている[ANSD 2011:xxix]。

西アフリカ地域のツーリズム開発は植民地時代から検討されてきた。Ciss[1983:37]によれば、一九三八年にコンゴ民主共和国のコステルマンビル(現在のブカヴ)で第一回アフリカ・ツーリズム会議が行われ、一九四七年にアルジェリアのアルジェで開催された第二回会議では、地域観光協会（syndicats régionaux d'initiative et detourisme）を設立するにいたった。さらに、一九五八年にはセネガル観光協会（syndicat d'initiative du Sénégal）が発足し、ツーリズム促進に力を注いだ。

独立前のセネガルは、宗主国フランスからのツーリストにとっては探検旅行的な意味合いが強かったようである。たとえば、スポーツハンティングや「卓越した映像」を求める写真撮影目的のツーリストのために、フランス領西アフリカ水・森林局保護官であったルール（George Roure）は、一九五二年に「フランス領西アフリカの野生動物および狩猟覚書――その保護と活用」［Roure and Biancou 1952］を作成している。

独立後の新政府もツーリズムを重視し、第一次経済・社会開発計画（一九六一～六五年）では北アフリカからダカールまでのツアーを拡大することに言及している［Schlechten 1988:94］。一九六七年には情報・ツーリズム省（Ministère de l'Information et duTourisme）が新たに設置された。

しかしながら、セネガルにおいて本格的にツーリズム開発が進むのは一九七〇年代に入ってからである。当時、経済学者たちは開発のための理想的な戦略としてツーリズムを熱狂的に推進し、援助機関もまた、外貨獲得および国民一人あたりの国民総生産を増やす目的で第三世界のツーリズムインフラに出資した［Stronza 2001:268］。その背景には、カリブ海のように砂浜（sand）、太陽（sun）、海（sea）という「三つのS」がある地域ではツーリズムはかぎりなく成長する［Crick 1989］という言葉に代表される世界的なツーリズムへの期待と、一九六〇年代後半の落花生生産量の落ち込みにより新たな外貨獲得手段が求められていた［Ciss 1983: 10］というセネガル国内の経済事情があった。政府は第三次経済・社会開発計画（一九六九～七三年）において、ツーリズムに重点を置き、ゴレ島の港の拡張やニオコロコバ国立公園の整備が進められた［Schlechten 1988: 95］。さらに、政府は投資法（loi n° 72-43 du 12 juin 1972 portant code des investissements）において、ツーリズム部門に優先的に投資を行うものと規定した。

主としてツーリズム開発は外部資本を導入し、政府の主導で行われてきた。第五次経済・社会開発計画（一九七七～八一年）では、二一三億セーファー・フラン（うち二〇三億セーファー・フランが海外からの援助資金）が投入され、道路や電気、水道といった基礎インフラとともに、ダカール、サリーなどのプティット・コット地方、カザマンス地方といった観光地にホテル（計一〇五九室）が建設された［Ciss 1983: 39］。「三つのS」の条件を満たし、かつ首都ダカールに近いことから、プティット・コット地方は政府に特に重要視された。政府は一九七五年、資本の九〇％を出資してプティット・コット開発公社（Soiciétéd'Aménagement de la Petite Côte）を設立し、サリーの海水浴場を整備した［Ciss 1983: 48］。一方、民間事業者も基礎インフラが整備されたことによって、一九七〇年代以後、セネガルへの進出を始めている。滞在型バカンス村で著名な「地中海クラブ（Club Méditerranée）」が、一九七三年にカザマンス地方カップ・スキリング（Cap Skirring）で営業を開始した。また、一九八〇年代に入ると、ノボテルやメリディアンといった世界規模で展開するホテル・チェーングループがダカールやサリーにホテルを建設している［Ciss 1983: 43–44］。官民いずれのホテルも「三つのS」

写真6−1　プティット・コット地方の沿岸部に建ち並ぶ高級ホテル（2007年6月）

に適した沿岸域であり、ビーチツーリズム（tourisme balnéaire）を好むフランス人ツーリストを強く意識したものと考えられる（**写真6−1**）。

政府は第五次経済・社会開発計画において、ツーリスト収容能力の六割が首都圏に集中する状況を改善しようと努力したが、基礎インフラ整備の進んだ首都圏およびプティット・コット地方に投資金額の八割が注がれ、結果、沿岸域でのマスツーリズムが発展した［Schlechten 1988:96–97］。同時に、発展するマスツーリズムの影響に関する調査研究も進められた。政府の委託を受けたアンリ・ショメット研究所（Bureau d'Etudes Henri Chomette）は、プティット・コット地方のツーリズムの影響について、肯定的な側面として、文化・技術面の充実のみを挙げ、輸入された文化モデル、富裕層と貧困層の対立、人種間の対立、伝統芸術の破壊、建物や土地利用に関する紛争、風紀問題などの否定的な影響を列挙した[Schlechten 1988:103]。

こうしたマスツーリズムの弊害に対し、セネガルでは独自の動きが一九七〇年代に始まった。それが統合村落ツーリズム(tourisme rurale intégré)である。統合村落ツーリズムとは、ホスト側の地域住民とゲストである外国人ツーリストの真の出会いの機会を提供し、必要最低限の設備の宿泊施設を利用したツアーである[Schlechten 1988:214–215]。考案者であるサグリオ(Christian Saglio)は、一九七二年に文化・技術協力協会(Association de Coopération Culturelle et Technique)の担当者として、地域のプロジェクト責任者として政府に任命されたグージャビ(Adama Goudiaby)とともに南部カザマンス地方でプロジェクトに着手したという。長い交渉の末、一九七四年一一月にエリンキン(Elinkine)村、一九七五年三月にエナンポール(Enampor)村で、「村の宿(campement villageois)」という新たな形態の宿泊施設が開業することとなった。この宿泊施設は、「カーズ(case)」と呼ばれる地域住民の伝統的な住宅をモデルとしたもので、その材質や景観が地域の環境に十分に適合し、その収益は診療所や学校の教室建設など地域開発に利用することとされた。カザマンス地方各地にこの動きは波及し、一九八五年には一〇の「村の宿」が「統合村落ツーリズム宿泊施設(campement du tourisme rurale intégré)」の認証を受けた。政府もこの取り組みに着目し、セネガル北部への普及を試みた。たとえば、一九八三年にはファティック州パルマランに「セセンヌの宿(Campement Séssène)」が開業し、臨海学校の生徒たちや村人との触れ合いを求める外国人ツーリストでにぎわったという[Sekino 2008:70]。

サグリオによる統合村落ツーリズムの定義は以下のとおりである[Schlechten 1988:215–216]。

(1) 宿泊施設は民宿(maison d'hôte)形態であり、村人が協同して運営にあたる。
(2) 部屋は最低限のものを提供し、伝統的な方法および材質で建設する。
(3) 二五~三〇人の少人数のツーリストしか受け入れない。
(4) ツーリストと地域住民の生活条件の対立を弱め、ホストとゲストの真の出会いの場を提供する。
(5) 収益を村のインフラ開発予算に充てる。
(6) 提供する料理には地の物を使い、村の女性たちが調理にあたる。
(7) 交通手段はできるかぎり、丸木舟など伝統的なものを使用する。

しかしながら、最も重要な要素は村人の同意であり、プロジェクトが村人の参加を促し、地域コミュニティに違和感のないかたちで、住民に利益が行き渡らなければならないとした。サグリオはこうした形態のツーリズムであれば、地域の習慣や感性を害することはないのであり、伝統に対する配慮や尊重が、コミュニティの社会・経済にツーリズムを統合させるためのカギとなると述べている[Schlechten 1988:216]。

この統合村落ツーリズムの概念は、まさに現在のエコツーリズムやコミュニティ主体型ツーリズムといわれるものと相違ない。地理的に隔離され、政治的にも経済的にも力の強いウォロフの人びとにより周縁化されていたカザマンス地方の住民たちによって、いわばマスツーリズムのアンチテーゼのようにエコツーリズムが生まれていたのである。この概念は、バンブーン海洋保護区内に設置されたエコロッジ「クール・バンブーン」にも導入された。

一九八二年にカザマンス地方の独立を目指すカザマンス民主勢力運動が州都ジガンショールで武装衝突を起こし、一九九〇年代に入ると政府軍との闘争は激化した。カザマンス地方のツーリストの数は減少し、代わって北部のサンルイ州やファティック州が新たな観光地として注目されるようになった。政府は一九八七年に投資法を改正し、サンルイ州やファティック州に一二年間の長期投資を行った[Crompton and Chirstie 2003:24]。二〇〇〇年にはサンルイがユネスコの世界文化遺産に登録され、プティット・コット地方、ダカール、カザマンス地方に次ぐ第四の観光地に成長した。

一九九〇年代には、セネガル全土の客室数は八〇〇〇室を超え、外国人宿泊客数も一九九三年を除き一〇〇万泊を超えた(図6-1)。大統領選挙の混乱により、一九九三年は外国人ツーリストの数は落ち込んだものの、翌年には回復、二〇〇〇年にはツーリズム産業は国内総生産の二・五%にあたる一億二九〇〇万ドルの収入をもたらし、一万二〇〇〇人の直接雇用者と一万八〇〇〇人の間接雇用者を生み出した[Sekino 2008:14]。ツーリズム産業はかぎりなく成長するものと信じら

図6-1　セネガルにおける外国人ツーリストと宿泊施設の動向(1975–2007年)

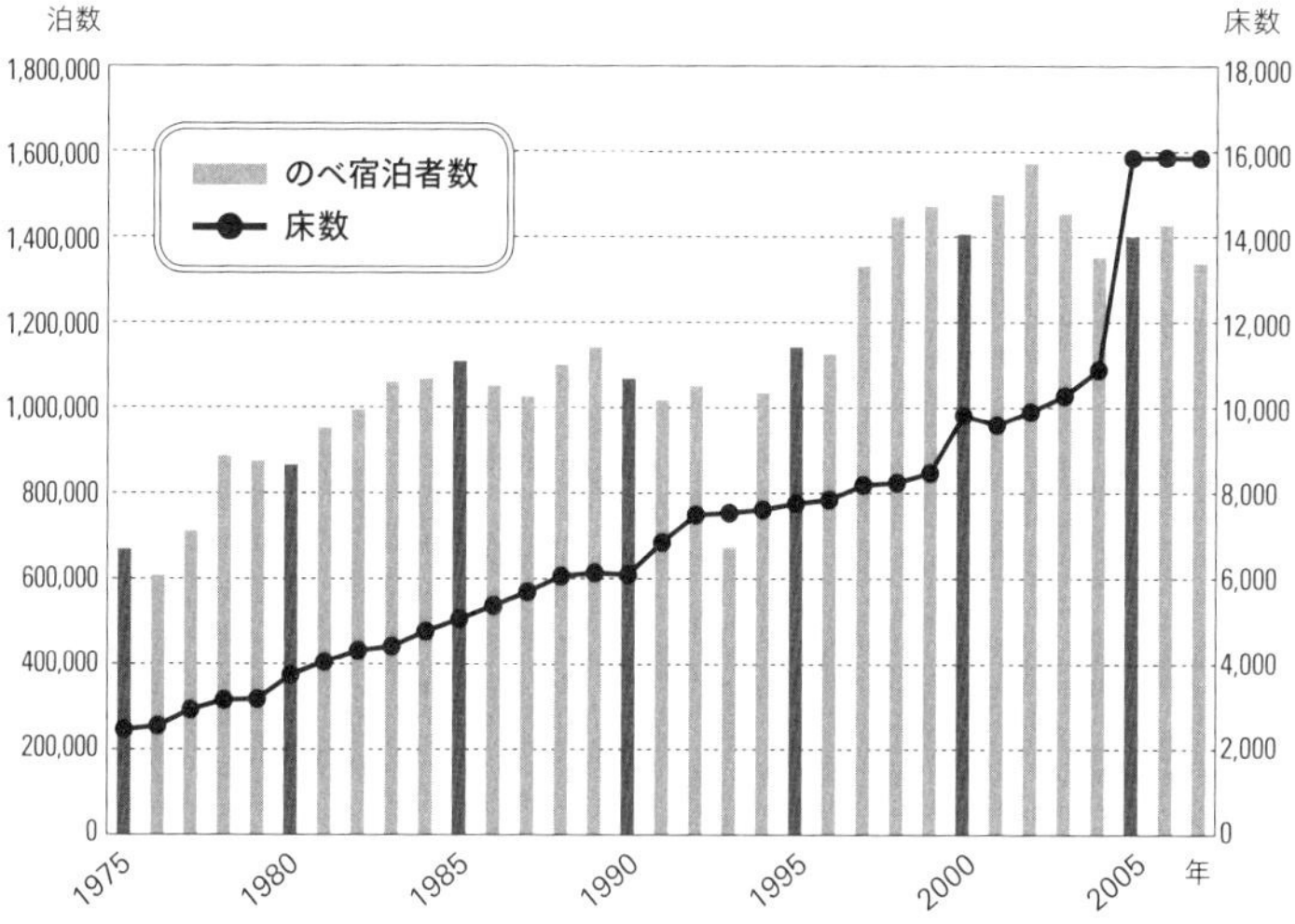

出所：Agence Nationale de la Statistique et de la Démographie

れ、外国資本だけでなく、ヨーロッパへの出稼ぎや外国人富裕層との関係を活かしたセネガル人が不動産に投資し、比較的投資金額が少なくて済むツーリズム産業に参入した[Sekino 2007]。

二〇〇〇年代に入り、二〇〇一年のサベナ・ベルギー航空の経営破たん、アメリカ同時多発テロ事件や鳥インフルエンザの発生、世界的な経済不況により、セネガルのツーリズム産業は二〇〇二年をピークに停滞期に入る。その一方、宿泊施設数は急増し、二〇〇五年には八一五施設となり、床数は三万床を超えた(図6-1参照)。結果、一九七〇年代に五〇%前後であった客室稼働率は、二〇〇〇年以後は四〇%を上まわることはなく、二〇〇七年には三四・六%と過去最低水準を記録し、宿泊施設経営者にとって厳しい状況が続いている。

四 エコロッジ「クール・バンブーン」

カザマンス地方で生まれた統合村落ツーリズムの概念を進歩させた宿泊施設が、バンブーン海洋保護区内に設置されたエコロッジ「クール・バンブーン」である。第3章で述べたように、持続可能なツーリズムを目的とした宿泊施設であり、持続可能なエネルギーの利用および地産地消、地域コミュニティや村人による管理、廃棄物の適正な管理とリサイクルを柱としている。

オセアニウムはフランス世界環境基金に海洋保護区設立のプロジェクトを申請した際に、海洋保護区によって経済的不利益をこうむる地域住民、とりわけ漁民への代替的経済活動としてエコロッジの建設を提案した。この申請が認められてエコロッジが建設され、海洋保護区が正式に保護区として認められた二〇〇四年から営業を開始した。その収益は地域住民に配慮し、海洋保護区のパトロール(燃料費や監視費用)、地方自治体の開発プロジェクト費(学校の教室建設や無料診療所の設置費用)、エコロッジの維持管理や海洋保護区の整備(修繕費や遊歩道整備費)に充当するための基金に三等分することとされた。

クール・バンブーンは受け入れ可能な宿泊客数が二八名と小規模であり、伝統的な家屋を活か

写真6-2　エコロッジ「クール・バンブーン」.
太陽光パネルが設置され，材質は地元で手に入るものを利用している（2012年1月）

した茅葺と煉瓦の建物は地元の素材を使い、ザグリオが提起した統合村落ツーリズムの概念と合致するものであった（**写真6-2**）。さらに、地域住民に雇用と地域開発プロジェクトによる恩恵を与えるだけでなく、持続可能なツーリズムを目指して、太陽光発電や太陽光による温水シャワーの設置といった持続可能なエネルギーの利用、地産地消、地方自治体や地域住民による自治、廃棄物の管理や分別といった取り組みが行われた。地域住民との触れ合いを重視し、保護区に隣接するシポ村集落を徒歩で訪問するツアーが企画され、地元の農具や漁具を展示するエコミュージアム「ディロム・ブ・マック（*Dirom Bu Mag*）」が設置された。自然体験として、マングローブ林を徒歩やカヌーで「探検」するツアーも組まれ（**写真6-3**）、地域住民の中からエコガイドが養

写真6-3　バンブーン・ボロンをカヌーで散策するツアー（2012年1月）

成されている。

管理は海洋保護区の管理委員会が行い、管理委員長の出身村であるスクータ村の男性が管理責任者となった。彼を含む三名（うち一名はガイド）が常勤職員として勤務し、シポ村およびダシラメ・セレール村の女性四名が日雇いで食事の準備や清掃を担当している。開業当時、報酬は一日あたり一五〇〇セーファー・フラン（約三〇〇円）であったが、現在は常勤職員が月額五万セーファー・フラン（約一万円）、日雇いの女性が一日二五〇〇セーファー・フラン（約五〇〇円）となっている。

Saïga や Terres d'Aventure といったフランスの自然志向ツーリズム専門の旅行会社と提携しツアーを組み、クール・バンブーンは欧米諸国の日刊紙あるいは「Lonely Planet」や「Routard」といった世界的なガイドブックに自然環境やコミュニティに溶け込んだエコロッジとして紹介されるまでにいたった。

しかしながら、外部からの肯定的な評価に反して、地方自治体や地域住民からはクール・バンブーンに対する多くの批判の声があがっている。次節では、クール・バンブーンで何が問題となっているかを述べながら、「エコツーリズムは地域開発に貢献する」という言説の妥当性を検証する。

五 エコツーリズムは地域開発に貢献するか

▽疑問視されるコミュニティへの経済的利益

多くの住民がエコツーリズムに期待したのは雇用であった。農業と漁業が主たる産業であるファティック州には大きな企業が存在せず、就業率は三七・二%と低い[ANSD 2009:17]。降水量の減少や塩害などにより農業の生産性は低く、高い漁獲圧による水産資源の減少で漁業も斜陽産業となっており[CRT 2009]、多くの人びとは都市部に出稼ぎに出ざるをえない状況にある。したがって、ツーリズムはいかなる形態であれ、人びとの雇用を生み出す希望でもあった。

セネガルを訪れる外国人ツーリストはそのほとんどがヨーロッパ人であり、ヨーロッパが冬を迎える一一月から四月にかけて集中する一方、五月から七月にかけては減少する[Crompton and Christie 2003:9]。ツーリズムのピークは農閑期と合致し、地域住民にとっては一一月から四月にかけての農閑期の収入を約束するものと期待されていた。

クール・バンブーンにおいても多くの住民が雇用効果を望んでいた。しかしながら、常勤職員三名以外は、日払い臨時雇い四名に限定された。従業員は海洋保護区にかかわる一四の村すべてから選出される予定であったが、常勤職員はすべて管理委員長の親族で占められ、日払い臨時雇い四名のうち三名がロッジに隣接するシポ村の女性であった。トゥバクータ村やスールー村などでも従業員を送り出すことが検討されたが、日雇いという条件やロッジへのアクセスの悪さ、管理委員長一族による独占に対する反発から断念することとなった。ロッジに隣接し、最も雇用が期待されたシポ村の代表者は、「三名が臨時に雇用されているにすぎず、経済効果はきわめて少ない」(男性四〇代、二〇〇八年七月一〇日)と訴える。さらには、第7章で後述するが、二〇一〇年にスクータ村出身の管理責任者を解雇し、新たにフランス人管理責任者が採用されたことで地域住民から不満の声が高まることとなった。

この地域全体の宿泊施設がツーリストの数に対して多すぎるという供給過多の問題もある。ファティック州の宿泊施設の客室稼働率は、セネガルでツーリズム開発が本格化した一九七〇年代は約五〇%であった[Sarr 2005:91]。近年の宿泊施設の建設ラッシュにより、二〇〇七年の段階で宿泊施設は九九を数え、客室稼働率は一六%にまで落ち込んでいる[ANSD 2008:114–115]。トゥバクータ村落共同体内には公式には二軒のホテルと一五軒の民宿が存在するが［CRT 2009:39］、無許可で宿泊業を営む者や、スポーツハンティング客が利用する長期滞在者向けの賃貸物件も多い。クール・バンブーンの宿泊客はスクータ村を訪れ、そこから小舟でシポ村に渡り、荷馬車で宿へと向かわねばならず、非常にアクセスが悪い。アクセスの悪さゆえに、「人の手の入っていない」イメージの自然に触れることができるが、一般のツーリストの足を遠ざけることになる。管理委員長の話によれば、クール・バンブーンを建設する前に、プロジェクトの資金提供者であるフランス世界環境基金に説明を行うため、コンサルタント会社による実現可能性の調査が行われた。最初の調査では、アクセスの悪さ、飲料水の確保の難しさに加えて、隣接する地域において宿泊施設が飽和状態にあることから、利益をあげる見込みがないと判断された。異なるコンサルタント会社に依頼し、二回目の調査で審査を通過することになったという。

現在も収益の状況はかなり厳しい状況にある。海洋保護区の監視員は二〇〇三年の海洋保護区開設から一年半のあいだこそ無報酬であったが、監視員の労働意欲が上がらなかったことから報酬が支払われることとなった。二〇〇六年の時点では一六名の監視員に対し四八時間あたり五〇〇〇セーファー・フラン(約一〇〇〇円)が支給されていた。二〇一二年二月末には、一二名の監視員に一人あたり月二万四〇〇〇セーファー・フラン(約四八〇〇円)が支給されている。さらには監視船やツーリスト運搬用の船の燃料価格の高騰が利益を圧迫し、二〇一一年一一月には従業員や監視員への給与未払いが起こった。収益が伸び悩んでいることもあり、臨時雇いの女性も二〇一二年二月末の時点で三人に減っている。

▽外部に流出する利益

ツーリズムがコミュニティに新たな雇用を生み出し、ツーリストが地域で財やサービスを購入することでコミュニティに利益が還元されることは確かであろう。しかしながら、開発途上国におけるツーリズムにおいては、外部のツーリズム事業者に利益が流れるリーケージ(漏出)が大きな問題となる[Honey 1999]。ツーリズム収入の一部がツーリストの需要を満足させるための財やサービスの輸入に充てられることで海外に流出し、コミュニティに利益が還元されにくいのである。たとえば、メキシコのホエールウォッチングの場合、一九九四年に約三三〇万米ドルが外部のツーリズム事業者によるパッケージツアーをとおして消費され、地域住民の給与や地域での物品購入に充てられたのは、わずか一・二%であった[Young 1999]。また、ザンビアの国立公園の事例では、観光収入の三九・一%がツーリストを送り出す先進国にとどまる。残りの六〇・九%は受け入れ国の収入であるが、その大半はサファリツアーを企画する企業の収入となるため、地域への利益還元は観光収入全体の〇・六%にすぎなかったという[Mvula 2001:401]。

エコツーリズムは僻地など、ツーリストが抱く「汚れのない未開の自然」のイメージに適したアクセス困難な場所が対象となりやすい。ツーリズムとは、「日常から離れた景色、風景、町並みなどに対してまなざしを投げかけること」[アーリ 1995:2]であるからである。アクセスが困難な場所は個人旅行が難しく、旅行会社の提供するパッケージツアーを利用することが多くなる。事実、第二節で言及したサーディン・ラン・ツーリズムもまた、パッケージツアーに依存している。海洋保護区で行われているボートツアーの参加者の九五・四%がパッケージツアーを利用し、さらに七四・八%はクルーガー国立公園など南アフリカの他の地域を含めたパッケージツアーであった[Dicken 2010: 410]。クール・バンブーンの管理責任者によれば、クール・バンブーンにおいても、Senegal Vision や Saïga といった自然志向の旅行会社が企画する「サルーム・デルタ周遊」パッケージツアーは売上に大きく貢献しているという(男性五〇代、二〇〇八年七月二五日)。

しかしながら、こうしたパッケージツアーではリーケージが大きい。送り出し国で払われた金額の四〇~四五%しか受け入れ国の収入とならず、かつ受け入れ国以外の航空会社を利用した場合、その金額はさらに半減する[Britton 1982]。セネガルの場合、フランスとの国際定期便を有していたセネガル国際航空が経営問題により二〇〇九年四月に運行を停止して以来、ツーリスト送り出し国である欧州諸国からの国際定期便はすべて外国の航空会社であり、パッケージツアー料金の八〇%は送り出し国にとどまるものと考えられる。

残った二〇%の利益をめぐって他の国内観光地と競い合うこととなる。しかしながら、ダシラメ・セレール村で一〇年近くパッケージツアーのガイドを務めているパップ・ディウフが指摘するように、「サリーのような滞在型のビーチツーリズムと違い、ファティック州の多くは景観に大きな変化のないマングローブ林を売りにした自然体験型のツーリズムであるため、アクティビティの多様さに欠けている。スポーツフィッシングやスポーツハンティング目的のツーリストを除けば、長期滞在するツーリストは少ない」(男性四〇代、二〇一二年二月一六日)のが現状である。

エコツーリズムがもたらす利益によって潤う地域もある。マウンテンゴリラ・トレッキングで著名なウガンダ共和国のブウィンディ原生国立公園では、一日に訪れるツーリストの数を制限し、五〇〇米ドルときわめて高額な入園許可証発行料を徴収し、ゴリラの保護や他の国立公園の維持管理費用に充てている。Sandbrook [2010] によれば、この公園でツーリストが支払う代金の七五%以上がリーケージとして地域外に流出しているが、それでもなお、残った金額は他の収入源に比して大きなものであるという。ゴリラというきわめて特殊な生き物が生息するような地域では、エコツーリズムによる恩恵は、利益の外部流出を差し引いたとしても地域社会に還元することは可能であろう。しかしながら、パップ・ディウフが指摘するように、アクティビティの多様さに欠き、マングローブという変化のない景観の続く地域で高額な入園料やツアー代金に見合う満足感をツーリストに提供することは困難である。

ファティック州観光協会や宿泊業組合も地域内におけるアクティビティの少なさや同質性によるツーリストの少なさを問題視しており、彼らの提言をもとにセネガル観光省はサルーム・デルタを自然と文化を強調した世界複合遺産として登録することでツーリストに対する認知度を高めようと試みた。しかしながら、二〇一一年七月、ユネスコの世界遺産委員会は自然遺産の側面を却下し、サルーム・デルタは文化遺産としてのみ登録されることになった。さらに、二〇一二年の大統領選挙の混乱にともない、ツーリストのキャンセルが相次ぎ、この地域のツーリズムは壊滅的な状況に陥っている。

エコツーリズムの本質は、ツーリストの増加による環境や文化への悪影響を抑えつつ、地域社会に利益を還元していくことにある。しかしながら、ツーリストの数を極力抑える措置は、世界中のツーリストを惹きつけるような特殊な生物や景勝をもった地域に有効な策ではあるものの、リーケージによる外部への利益流出が大きく、ツーリストの数が多くない地域では地域社会に利益還元を約束する政策とはいいがたい。エコツーリズムもまた本質的にツーリズムという経済活動である以上、ツーリストを増加させなければ経済活動として成り立たず、この論理的矛盾から抜け出すことができないのである。

▽分配をめぐる対立

クール・バンブーンのもたらした雇用効果は期待されるほどではなく、また第三世界ではツーリズムの利益は外部へと流出する割合が高い。この残されたわずかな利益をめぐってコミュニティ内部で争いが繰り広げられることになる。

クール・バンブーンの収益の三分の一は地方自治体の開発プロジェクトに充てられる予定であった。二〇〇九年までに土地の使用料として三〇〇万セーファー・フラン(約六〇万円)が地方自治体に渡されたとされるが、正確な金額やその証拠を示す資料はトゥバクータ村落共同体には残っていなかった。この使用料の行方について、当時の評議長はクール・バンブーンから三〇〇万セーファー・フランの収入がもたらされたと強調するも、その使途について「有効に使われた」(トゥバクータ村、男性七〇代、二〇〇九年八月一七日)と答えるのみで、具体的な言及を避けた。ベタンティ村の評議員は過去の不正流用を認めつつ、現在は行われていないと主張している。

「前評議長の時代には、オセアニウムとの土地の賃貸借条件が不明瞭だった。確かに三〇〇万セーファーの収入が(地方自治体である)村落共同体にもたらされたものの、議員への配分や飲食や会議のための運転手雇用費用に消えた。しかし、現在は三か月ごとに評議会が招集され、土地の賃貸料について話し合いがなされている。会計には確かに金額が記載されていた。村人は何ももたらされていないというが、何かしらの利益はもたらされている。会計は他の収支もあわせて報告されているため正確にはわからないが、ベタンティ村では第一小学校に一教室、第二小学校に二教室がこの資金によって建設されている。したがって、何もなされなかったとするのは事実とは異なる」(男性五〇代、二〇一二年二月九日)

しかしながら、評議員はクール・バンブーンに課されている土地の賃貸料がいくらであるかを知らず、村に投資がなされたことを住民に周知していなかった。事実、ベタンティ第一小学校で確認したところ、教室の建設は環境省の地域灌漑プロジェクトの一環として建設されたものであった。
こうした地方自治体による不正流用はクール・バンブーンの従業員からも非難されている。評議会において従業員たちは賃貸料が消えていることを重視し、議員たちを追及した。クール・バンブーンの常勤従業員は次のように述べており、二〇一二年二月末の時点で議論は平行線をたどっていた。

「彼ら(評議員たち)は、賃貸料はダシラメ・セレール、ネーマ・バ、マンサリンコの三か村に新たに設置されたヒエの製粉機に使用したと反論したが、すべてイタリアの国際援助によってもたらされたものだった。議会は説明責任を果たしていない。五二の村からなる村落共同体の利益とバンブーン海洋保護区の設立に署名した一四の村の利益とは等価ではない。ロッジの収益は保護区運営のために利用されるべきだ」(スールー村、男性四〇代、二〇一二年一月五日)

加えて、クール・バンブーンの経営権の委譲問題が生じている。当初の計画では、海洋保護区設置プロジェクトの終了後に、ロッジの経営権は地方自治体に委譲される予定であった。しかし、バホム副評議長の話によれば、ツーリストの減少でロッジの売上高が落ち込んでおり、ロッジ運営のノウハウのない地方自治体に任せることはできないとして、オセアニウムは経営権の委譲を拒否しているという(ダシラメ・セレール村、男性五〇代、二〇一〇年一一月一〇日)。さらに、オセア

図6-2　クール・バンブーンをめぐる諸アクターの関係

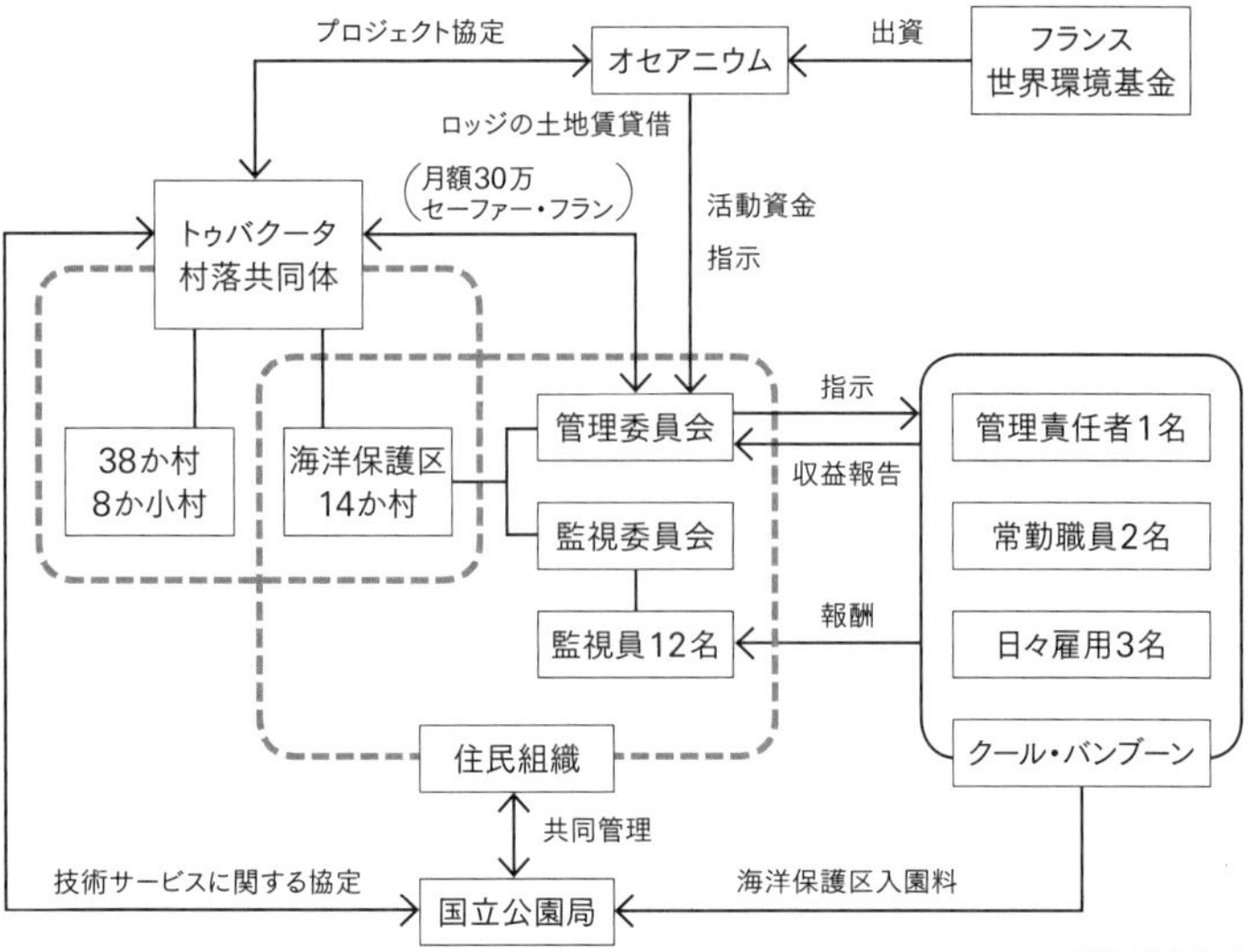

出所：筆者作成

ニウムは協定案の見直しを提案した。これまでは管理委員会と自治体の協定書にもとづき、ロッジの売上高から、従業員の報酬や施設修繕などのロッジ維持管理費、監視員の報酬である監視負担金および監視船の燃料費を差し引き、差額から毎月三〇万セーファー・フラン（約六万円）が、自治体に対し、土地の賃貸借料として納められていた（図6-2）。当時のオセアニウム調整員ジャンは三か月おきの収支決算とし、得られた利益を地方自治体、管理委員会、オセアニウムおよびロッジ維持・監視基金で四等分に分割とする試案をトゥバクータ村落共同体に提示した（図6-3）。しかしながら、オセアニウムがロッジ建設に貢献したとはいえ、実際に資金を提供したのはフランス世界環境

図6-3　ロッジの収益分配の変遷

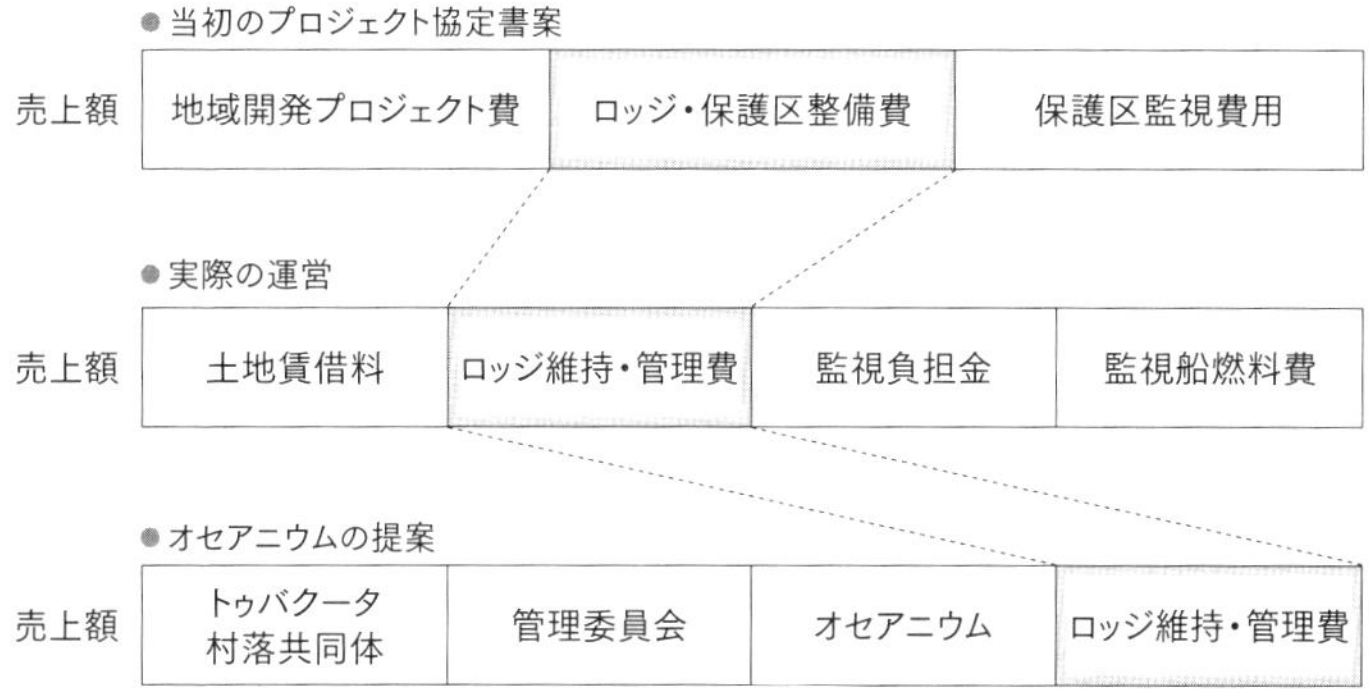

出所：筆者作成

基金である。にもかかわらず、オセアニウムが売上の二五％の分配を要求したことから、副評議長は「だれのための宿泊施設なのか。オセアニウムは自分たちの権限を手放そうとしない」（ダシラメ・セレール村、男性五〇代、二〇一〇年一一月一〇日）と猛反発し、住民からも「確かにオセアニウムがいなければクール・バンブーンは建設できなかっただろう。しかし、支援したからといって、オセアニウムがいつまでも利益の分配を要求するのはおかしい」（トゥバクータ村、男性二〇代、二〇一二年二月一九日）と疑問の声があがっている。

　結果、オセアニウムおよび彼らを支援する住民組織である管理委員会が、地方自治体であるトゥバクータ村落共同体や地域住民と反目するという地域コミュニティ内部の対立構造が生じることとなった。さらに管理委員会に対する批判の急先鋒であったバホム副評議長は、海外からの援助資金を得て出身村であるダシラメ・セレール村に宿泊施設を建設し始めたことで、利益分配をめぐる争いは、「管理委員長のスクータ村」対「副評議長のダシラメ・セレール村」という村落間の政治的主導権の争いにも変貌しつつある。地域コミュニティにもたらされる経済的利益はエコツーリズムの目標のひとつであるが、まさにその利益が争いをもたらす原因となっている。

六 「コミュニティ主体型エコツーリズム」の幻想

バンブーン海洋保護区で行われてきたエコツーリズムは、環境保全と地域開発に貢献する持続的な経済活動として期待されたものの、雇用効果はきわめて低く、むしろコミュニティ内部に新たな対立軸を増やすことになった。エコツーリズムによる利益にアクセスできた者とできなかった者が生じた際には、地域コミュニティの階層化や紛争の問題が生じる[Belsky 1999:657]。そして、エコツーリズムが生み出した利益にアクセスできる者の多くが、ビッグマンと呼ばれる地域エリート、支配的な民族集団やクランである[Zeppel 2007:330]。クール・バンブーンにおいても、歴史的にも古いスクータ村出身で、この村を二分するクランの一族であり、長年、国際援助機関の交渉役として外部との接触を取り仕切っているジャメ管理委員長が実質的な取り仕切り役になっている。

ジャメ委員長の一族がクール・バンブーンの雇用を独占していることに多くの地域住民は不満

をもっている。しかしながら、ツーリズムに従事している地域住民はジャメ委員長に対し同情的である。たとえば、クール・バンブーン従業員のママドゥ・ンドゥールは、他の村人からジャメ委員長への大きな批判が起こっていることを認めたうえで次のように語っている。

「経営の問題は難しい。資金集めとその管理は非常に難しい仕事で、イブ（ジャメ委員長の愛称）にしかできない。しかし、だからといっていつまでも彼に頼るわけにはいかない。（中略）プロジェクトには政治家が必要悪だ。村レベルでは資金管理ができる人材がいない。クール・バンブーンは（資金の）透明性が最大の課題だ。村レベルの人間では十分な教養がなく、頭で考えていることをうまく表現することができない」（スールー村、男性四〇代、二〇一二年一月五日）

この地域のエコガイド組合長も、クール・バンブーンが地域に何ら貢献していないと指摘したものの、「隔離された場所にあり、収入も少なく管理が難しい以上、信頼できる一族で経営を固めるのは仕方がない側面もある」（ベタンティ村、男性五〇代、二〇一二年二月九日）と語っている。このように、コミュニティ主体型エコツーリズムを進めていくにはアクセスの困難さや高い運送費用に加えて、地域住民のビジネススキル、とりわけ資金管理に関する能力不足が大きな課題となっている。収益を適切に管理できない場合には、クール・バンブーンの事例のように、収益は地域コミュニティの信頼や結びつきを弱体化させることになる。むしろ、地域コミュニティがツーリズムに関与することによって、内部に争いが生まれ、ツーリズムという言説があたかもだれもが利益を享受できるような過度の期待を扇動し、利益を得る者に対する妬みの感情を誘発してきたといえるかもしれない。

持続可能なツーリズム開発においては、あらゆる段階でのコミュニティの参加が、利益を最大化するための不可欠な要素として議論されてきた［Jones 2005］。しかしながら、エコツーリズムで描かれてきたコミュニティは、資源を持続的かつ公正に管理することのできる集団という前提にもとづいた「架空のコミュニティ（mythic community）」［Agrawal and Gibson 1999：640］ではなかっただろうか。クール・バンブーンの当初のプロジェクト案において、エコツーリズムといえどもツーリズムである以上、コミュニティが制御できないグローバルな市場や政治条件に影響され、ツーリズム市場の景気・不景気のサイクルや季節変動に対し脆弱な存在となること［Young 1999；Stronza and Gordillo 2008］を想定しておらず、利益配分はアプリオリに三等分されていた（図6‐3参照）。エコツーリズムが常に利益をもたらし、「参加型」で「エンパワー」が施された住民組織である海洋保護区管理委員会が適切に資金管理を行うことができ、さらに地方自治体が適正に運用することが前提であった。コミュニティや地方自治体の歴史的文脈や村同士の確執は軽視され、環境ＮＧＯオセアニウムによって理想化された「コミュニティ」があるにすぎなかった。Kiss［2004：234］が指摘するように、ツーリズムは常に他の観光地と競い合うため、あまりにも多くのことが要求される時間のかかるビジネスであり、経験豊富な人ですら利益を得ることに失敗している。それゆえ、過去の経験が乏しい地域コミュニティにとって理想的な初心者向きのビジネスとは程遠い存在なのである。

結果、エコツーリズムがもたらしたものは強者の論理であった。海洋保護区の設置により漁場を奪われた漁民が、「どの村もトゥバクータ村やスクータ村のようにツーリズムで生きていけるわけではない。私たちには漁しかない」（男性三〇代、二〇〇八年七月四日）と述べるように、すべての村落がツーリズム産業に参画し依存できるわけではない。また、海洋エコツーリズムでは、ツアーガイドには許可証の他にライフジャケットや船外機付き船舶などが必要であり、ビジネスを始めることのできる世帯は、「貧困層の中の最も貧困な者たち（the poorest of the poor）」ではない［Belsky 1999］。エコツーリズムは、外部者に接触できる優位な立場にある者や村、すなわち「貧困層の中の強者」の力をさらに強化し、格差は拡大する。エコツーリズムの供給する利益にアクセスするために、ローカルエリートに追随する人間も現れることになる。事実、かつては漁業に携わる者が多く海洋保護区による禁漁化をめぐってオセアニウムと管理委員長に激しい憎悪を抱いていたスールー村も、村長が自分の娘をクール・バンブーンで雇用してもらうために管理委員長に頭を下げてお願いするような状況となっている。今やジャメ管理委員長は、村人が口々に語るように「スクータ村の影の村長」である。

短期間で経済的利益を達成しつつ環境保全政策の実行を強いられるというジレンマに直面してきた貧困国［McNeely et al. 1990; Myers et al. 2000］にとって、エコツーリズムは魅力的な選択肢であるこ

写真6-4　閑散期である「死の季節」には，
トゥバクータ村の土産物店の大半が閉店する（2009年10月）

とには間違いなく、農業や漁業といった主たる生計手段が斜陽産業にある地域にとって、ツーリズム産業で生き残るしか道はないのかもしれない。しかしながら、ツーリズムが主産業となったトゥバクータ村でガイド業を営む青年が、セネガルのツーリズム産業がここ数年、急激に落ち込んでいることについて、「自分たちは大きな誤ちをおかしたのかもしれない。けれども、もう農業や漁業に戻ろうと思っても戻る場所がない」（男性二〇代、二〇一二年二月一九日）と語るように、グローバル市場の影響を受けてツーリストの流れが減少に転じたとき、人びとには代替の経済手段が何も残されていない状況が生み出される（写真6-4）。

コミュニティはエコツーリズムに関与することで、内部で起こりうる日々の争いに加え、新たに生まれた「貧困層の中の強者」という社会階層や市場至上主義に立ち向かわざるをえない状況にある。

㊆エコツーリズムという幻想を超えて

クール・バンブーンの事例は、「だれのためのエコツーリズムなのか」という疑問を地域社会に投げかけた。エコツーリズムで期待された雇用効果は、実際には約一万七五〇〇人の住民に対し一九名の雇用(うちロッジ雇用は常勤三名、非常勤四名のみ)という低いものであった。地域コミュニティには得られた資金を適正に管理する能力が不足しており、地域開発に活かされるはずであったロッジの利益は地方自治体によって不正に流用されたという疑いを招いた。よそ者が想定した一枚岩の架空のコミュニティは、市場原理にもとづいたツーリズムに飲み込まれ、強者の論理に従って、貧困層の中の強者をエンパワーすることとなった。

だれのためのエコツーリズムであったのか。エコツーリズムに理想を抱く人びとは、経済的損失をこうむる漁民の経済的代替手段は長期的にみれば水産資源を回復することにもつながり、漁民もその恩恵に授かることになると考えるかもしれない。しかしながら、漁民がこうむった不利益は経済的利益だけではない。この地域にとって、漁は先祖から代々続く営みであり、単なる生業ではなく、精神的な基盤でもあった。漁民に代替収入を与えれば、それで彼らが満たされるものではない。他人よりたくさん獲るという願望、それが達成された充実感、そのことで得られる名声は経済的利益にかえられるものではないのである［赤嶺 2006:189］。エコツーリズムによって得られるものは経済的利益だけではなく、新しいスキルやプロジェクト管理における広範な経験、外部者との交渉能力の強化といったソーシャル・キャピタル［Stronza and Gordillo 2008:450］に代表される非経済的利益を生み出すものではあるが、エコツーリズムの生み出す非経済的利益も、漁師としての誇りと単純に比較考慮できるものではない。

地域コミュニティが状況に応じた利益や目的のための一時的なまとまりにすぎない以上［Leach et al. 1999:230］、常に内部での利益配分をめぐる争いは起こり、エコツーリズムによってコミュニティの構成員すべてが満足する利益を得ることはできない。エコツーリズムは「環境保全と地域開発を両立させる万能薬」ではなく、経済的代替手段の選択肢のひとつにすぎない。コミュニティを支援する外部者は、エコツーリズムによって得ることができると想定される利益をいたずらに強調するのではなく、エコツーリズムのもつリスク、すなわち、①期待よりも少ない経済的利益、②外部に流出する経済的利益、③経済的利益を分配する際に生じる争いのリスクを、地域住民が十分に理解したうえで選択する手段を確保する必要があるだろう。

最近のコミュニティ主体型ツーリズムをめぐる議論では、コミュニティが争いを生み出すことから、かならずしも関わる必要はないのではないかとの声があがっている。たとえば、Simpson［2008］は、すべての権限をコミュニティに移譲する必要はなく、コミュニティがツーリズムの計画や実施に関わらない、あるいはほとんど関わらなかったとしても、コミュニティは有意義な利益を得ることができるとする。そして、コミュニティの外側のアクターとの相互作用やコミュニケーションが、その成功の要件であるとしている。投資者、開発事業者、政府機関などさまざまな外部アクターが想定されるが、重視されるのは環境ＮＧＯであろう。環境ＮＧＯはエコツーリズムの利益をコミュニティにもたらすうえで重要な役割を果たす［Zeppel 2007; Simpson 2008］とされてきたからである。

しかしながら、バンブーン海洋保護区では、環境ＮＧＯが地域住民の批判の矢面に立っている。本章でみてきたように、オセアニウムはエコロッジの収益の二五％という地域住民にとって「不当な分け前」を要求し、ツーリズムの利益をめぐる争いに参画している。「よそ者」と呼ばれる外部者は、鬼頭［1998］が資源管理の担い手として期待するような地域への深い理解の眼差しと、地域社会の中でつながろうとする意識をもったアクターなのだろうか。次章では、近年、開発援助組織と住民組織のつなぎ役としてその存在意義を高めている環境ＮＧＯについて、権力関係に着目して検討することとする。

第7章

環境NGOはだれのために動くのか

廃タイヤに火をつけて大統領選挙の混乱に抗議する
地方都市ソコンの高校生たち（2012年1月）

新しい公共性の担い手としてNGOの役割が注目されている。NGOの用語は、一九四五年の国連憲章第七一条に初めて登場しているが、当時、明確な定義は存在しなかった[Chartier and Ollitrault 2005]。アフリカの農村開発NGOを分析したGuillermou[2003]は、NGOを極度に複雑かつ多様なものとしたうえで、原則として、①非営利・非政府の組織で、②人びとの欲求に即して活動がつくられ、③具体的な行動を現場から定義し、④固有の持続的機関を有しないものの人びとと既存の機関の仲介者である、という四つの原則を提起している。セネガルの政令九六―一〇三号[République du Sénégal 1996]では、NGOを「国の発展に貢献する目的をもった非営利かつ政府によって認証された団体」と定義し、二〇〇八年一二月時点で四六九団体(うち国内NGOは二九五団体)のNGOが登録されている[République du Sénégal 2008]。

アフリカにおけるNGOの歴史は植民地時代にさかのぼる。教会や宣教師団体が布教と宗教的道徳心から保健や教育サービスを国に代わり行ってきたが、福祉団体や職業組合といった近代的な組織が登場し、国家主義政党を結成して政治的な役割を果たすようになった[Bratton 1989:570–571]。

各国が独立の熱気から冷め、深刻な債務超過問題に悩まされ始めた一九八〇年代に入ると、NGOは急速に増加する。その原因として、「良いことをしている(Doing good)」組織であるから支援すべきであるという、国際社会によるNGOの理想化[Fisher 1997:442]や、市場による自由競争を重視し、小さな政府を求める新自由主義(neoliberalism)政策の影響[Brockington and Scholfield 2010:554]が指摘されている。開発分野においては、トップダウン方式の開発手法が見直され、住民参加や住民のエンパワーメントが重視されるようになり、草の根レベルで活躍するNGOに対する期待は高まっていた。Clarke [1998:42] は、開発途上国におけるNGOを、植民地時代の宗教的組織による第一世代、小規模でローカルな開発プロジェクトに従事する第二世代、環境保護などの社会運動を行う第三世代に分類している。このように、NGOの活動内容は拡大の一途をたどっており、政府や他組織、地域住民とどのように調整を行っていくかが大きな課題となっている。

第三世代NGOの中でも、とりわけ環境NGOの発展はめざましい。活動経費一五〇〇万ユーロ以上で一〇〇人以上の職員を有するような巨大な環境NGOが出現し、国家間あるいは一国家の権力構造の一部となって、その発言力を高めてきた [Jepson 2005:515-516]。環境NGOの特徴として、①国際的な環境問題の交渉の場において専門的な知識や情報を駆使し、国家の行動を変更させると同時に自らの正統性を高めていること、②国家のように複数の資源（とりわけ民間セクターからの経済的支援）をもち、それが複数の国家間の交渉における力となっていること、③非協力的と思える国家に対し、非暴力的な強制的措置をとること、などが挙げられる [Corell and Betsill 2007:22-23]。環境問題というローカルからグローバルな位相にまたがって展開する課題に対し、ときに国家の役割を補佐し、ときに国家に脅威を与えることでその目的達成と自らの正統性の獲得を目指す組織が環境NGOともいえるだろう。

セネガルにおいても、比較的早い段階で環境NGOが登場している。一九七二年に国連開発計画（UNDP）、国連アフリカ経済開発・経済計画研究所およびスウェーデン国際開発協力庁の共同プログラムとして、環境に配慮した開発を目指す国際NGO「Enda Tiers Monde」が発足する。一九八三年には、オーストリアで創設された「自然友の会（Les Amis de la Nature）」の活動がアフリカに拡大し、環境啓発活動に重点を置いた「セネガル自然友の会（Association sénégalaise des amis de la nature）」が結成されている。この背景には、一九七〇年代のセネガルの環境保護行政の大きな転換がある。国連人間環境会議（一九七二年）を受け、セネガル政府は一九七五年に工業発展・環境省（現在の環境省）を設置し、世界の文化遺産及び自然遺産の保護に関する条約やラムサール条約といった国際条約を批准するとともに、五つの国立公園を設置した。

一九九〇年代に入り、セネガルは水産資源の枯渇という大きな課題に直面する。国の漁業近代化振興策に加え、深刻な農業の衰退が新規漁業参入者の大幅な増加を招いた。その原因として、構造調整プログラムの受け入れによる農業部門における公的機関の支援の縮小や、一九九四年の通貨セーファー・フランの切り下げによる国内製造業の衰退、それに続く国民の雇用の喪失[Dembélé 2004]が挙げられる。農業はもはや生活の安定した基盤ではなくなり、零細漁業民の増加は漁場や漁具に関する争いを誘発した。さらに九〇年代から、政府がそれまで法律上禁止されていた外国漁船への漁業許可の販売を始めたことから、外国漁船が領海に進入し、水産資源の枯渇が危惧されるようになった。二〇一〇年に首都ダカールに事務所を構えた国際的環境NGOのグリーンピースは、西アフリカ地域における水産資源乱獲反対キャンペーンを展開している。

水産資源分野における環境NGOに対する国際社会の期待は大きい。たとえば、FAOの漁業政策理念である「責任ある漁業のための行動規範」[FAO 1995]においても、利害関係者としてのNGOの参画(第四条)を掲げ、地域の漁業資源管理会議に参画(第七条)するよう促している。企業の利害関係者理論を水産資源管理に応用したMikalsen and Jentoft [2001]は、水産資源の枯渇という緊急性のある課題に取り組み、その目的が国際的な条約の趣旨に合致していることから、環境NGOは水産資源管理の正統な利害関係者としている。国際捕鯨委員会の場において、環境NGOは巨大な産業界や強力な国家に対し、善意の弱者(well-meaning underdog)として対峙する一方、近年では捕鯨を支持するNGOが反捕鯨NGOによって主張されてきた捕鯨禁止の規範を変化させつつある[Andresen and Skodvin 2008:145–146]。環境NGOも多様化し、国やドナーに科学的知識を提供し、政治的ロビー活動を行うことのみならず、交渉の場に参加できない人びとの意志や姿勢を正統化する役割をも果たしている。セネガルでは地方分権の推進が国家によって阻害されていると指摘したPoteete and Ribot [2011:447]は、NGOは政治的圧力、裁判や直接行動をつうじて、正当な権利を行使するローカルレベルの努力を支援することができると指摘している。

しかしながら、新家産主義(neo-patrimonialism)と称される、政治エリートが国家資源を私的に流用し、民族的なクライエンタリズムをつうじて支持者に富の配分を行う政治体制においては、NGOは公共性の担い手として機能しないとの批判が政治学の立場からなされてきた。アフリカ独自の「市民社会」論を展開してきたEkeh [1992]は、アフリカには民族集団を中心とした道徳的規範にもとづく原初型公共領域（primordial public realm）と、近代国家形成の過程で形づくられた道徳の欠落した市民公共領域（civic public realm）が存在すると指摘した。このようにふたつの「公共」で構成されるアフリカの「市民社会」概念を考慮せず、「市民社会」を成長させることで民主化が進むというヨーロッパ的な市民社会論のもと、「市民社会」の代表として好ましいローカルなＮＧＯへの資金流入が集中してきた［Chabal and Daloz 1999：22–23］。その結果、「市民社会」の促進は、クライエンタリズムをつうじた外部資金の再分配を行うビッグマンの出現を招いたのである［Médard 1992］。こうしてＮＧＯは市民の声を代弁することなく、ドナーからの資金の受け皿あるいはブローカーとして機能しているにすぎないのではないかとの疑問が提示されてきた。また、環境ＮＧＯが紡ぎ出した「貧しい漁民たちが水産資源を乱獲している」という言説は、環境ＮＧＯに対する政府や地域住民の強い反発を招くだけでなく、地方自治体も巻き込んだＮＧＯ追随グループと反対グループという地域住民間の対立を増幅させることもある［關野 2010］。

本章では近年、急激に発言力を増しているセネガルのＮＧＯオセアニウムを事例とし、環境ＮＧＯが地域社会にいかなる混乱を巻き起こしたのかを検証し、環境ＮＧＯのもつジレンマを提起する。そして、このジレンマを解消する手段として、オセアニウムが政治進出という新たな求心力を構築していくプロセスについて考察する。

一 環境NGOオセアニウムの躍進

▽環境NGOへの変貌

オセアニウムは、セネガル初の海洋保護区の設置に貢献し、大規模なマングローブ植林キャンペーンを展開するなどセネガルを代表する環境NGOとして認識されつつあるが、当初から環境保護活動を目的とした組織ではなかった。一九八四年に、ダカール大学科学部教授で海洋科学研究所の創設者でもあったジャン・ミッシェル(Jean-Michel Kornprobst)がスキューバダイビング学校として発足させたのが始まりである。四年後、ジャン・ミッシェルは組織を去り、アイダーが経営者となった。海への思い入れの強いアイダーの意向によって、活動の本質は海洋環境の持続的な管理へと移行していく。

アイダーはレバノン系のセネガル人である。彼の父はレバノンで、昼は砂利採掘、夜は氷を売って生計を立てていた。レバノン戦争を機にアイダーの家族は新世界への移住を試みた。移住したフランスのマルセイユで貧困をきわめ、セネガルにたどり着いた。貧しかった父は白人としてのアイデンティティをもちつつも、首都ダカールの貧困地区から抜け出すことができなかった。ここで少年期を過ごしたアイダーは地元の漁民たちと海に出かけ、その美しさや力強さに魅了される。独学で潜水術を習得し、素潜り師として拾得した漂流物を販売して暮らしていた。やがてオセアニウム主催で行われた釣り選手権に参加したことをきっかけに、アイダーはオセアニウムとの関係を深めていくことになる。

彼がスキューバダイビング学校を率いるようになった一九八〇年代末、セネガルでは農業の衰退により新規漁業参入者が増加し、各地で漁具と漁法をめぐる争いが起きていた。一九八七年、セネガル政府は海洋漁業法を制定して、使用する網の網目の大きさを制限し、爆発物の使用を禁止したが、依然、漁師たちはダイナマイト漁を継続していた。愛する海が変貌していく中、アイダーはすべての破壊と人間の軽率さに憤り、「声のない、死につつある海」に代わり、言論とイメージを武器として破壊活動と戦うことを決意する。

▽言論とイメージという武器

海洋環境保全のために、いかなる戦略がとられたのか。オセアニウムは、ローカルなNGOに多くみられるカリスマ的指導者による直接行動に加え、国際NGOの戦略にみられるようなメディア媒体の積極的な利用、企業とのタイアップを図りつつ、自ら積極的に政治に関与していくという、これまでのアフリカに見られなかった特殊な戦略をとる環境NGOである。以下、その戦略を具体的にみてみよう。

直接行動

アイダーによれば、セネガルはふたつの大きな危機に見舞われたという。ひとつめは二〇〇〇年の貨物船「オリエントフラワー号」の座礁事故、もうひとつは二〇〇二年九月の首都ダカールと南部カザマンス地方を行き来するフェリー「ジョーラ号」の沈没事故である。前者の事故では、一〇万トン以上の硫酸が船内に積載されていたと推測されたが、当時のセネガルは大統領選挙期間中であり、港湾局は修繕を拒否した。これに対し、アイダーは首都ダカール近郊の漁民とともに政府への抗議デモを行った[Gilbertas 2010:40–41]。しかしながら、アイダーとオセアニウムの名を全国的に高めることになったのは、後者の事故救援活動である。一八六三人が死亡し、六四名のみが救出されるという史上最大の海難事故において、アイダーは真っ先に現場に駆けつけたものの、救出に向かう船はなかった。彼は、政府にとっての優先事項は乗客の救出ではなく、騒動を少なくし、ひそかに事故を始末することだと確信したという。彼は潜水士とともに救出に向かったが、救助することはできなかった。政府に憤慨した彼は大統領に面会を求めたが拒否され、事故の記録をインターネットで配信した[Gilbertas 2010:75–76]。こうした直接行動は、政府の警戒心を招いたが、南部カザマンス地方の住民のアイダーに対する認知度が上がることとなった。

イメージ戦略

オセアニウムの主たるイメージ戦略は、指導者アイダーが自ら撮影したビデオによる住民への普及啓発活動である。彼は一九九三年に最初の映像作品「ダカールの海（*Guedju N'Dakaru*）」を制作する。「見せることが基本、映像は証拠（C'est essential de montrer. L'image est une preuve）」のコンセプトのもと、映像作品をつうじて漁民に対して違法な網の使用の禁止を呼びかけた［Gilbertas 2010 : 44–46］。バンブーン海洋保護区設置の際には、漁民の理解を求め、零細漁業者の危険な漁業技術を紹介する映画「希望の漁師（*Les pêcheurs de l'espoir*）」と「孤児（*Djirame*）」を各村で上映し、稚魚の乱獲と海洋安全管理の問題を提起した。

また、二〇〇八年の世界銀行の支援による「海洋沿岸域資源統合プログラム（GIRMaC）」について、政府の不正な流用により八二億五〇〇〇万セーファー・フラン（約一六億五〇〇〇万円）の金額が失われたと新聞やテレビをつうじて情報を流すなど、メディアを積極的に活用し政府に対する批判を行っている。

企業との連携

ローカル環境NGOにとって活動資金獲得は大きな問題である。セネガルでも多くのNGOが資金および人的資源の不足に悩み、現場で求められていることよりも資金調達を優先した事業が展開されている［Guèye et al. 1993 : 261］。オセアニウムは国際援助機関だけでなく、企業との連携を積極的に行っている。二〇〇六年から開始されているマングローブ植林プロジェクトでは、フランスの乳酸品メーカーであるダノン（Danon）の支援により活動規模が大幅に拡大した。一か村六万五〇〇〇本の植林で始まったプロジェクトは、二〇〇九年には三二〇か村の住民が参加し約三四七〇万本を植林したという（図7-1・写真7-1・7-2）。

　地球温暖化問題に起因する温室効果ガス削減は、フランス企業にとって大きな課題となっていた。ダノンは企業の社会的責任として、二〇一二年までの三年間で三〇%の温室効果ガス削減という目標を課せられており、四〇万トンと同等の植林を行う必要性があった［Gilbertas 2010:253］。温室効果ガス排出量削減を求められる企業とオセアニウムの掲げる資源保護の利害が一致し、彼らの活動は全国的なものへと拡大した。

図7-1　マングローブ植栽本数の変化

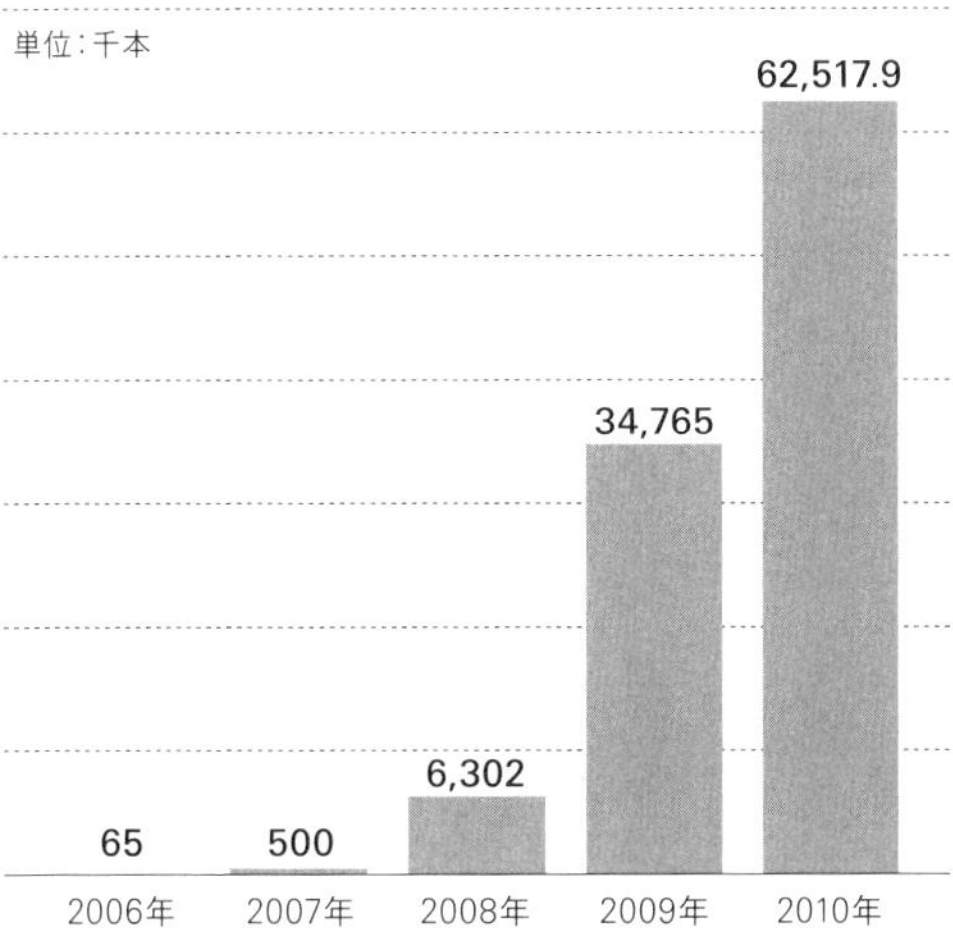

出所：Océanium（http://oceanium.blogspot.com）

政治への直接参加

　指導者自身が積極的に政治に関与していることが、オセアニウムの最大の特徴である。一九八八年、セネガルで最初のエコロジー政党「Pacte africain des écologistes du Sénégal」が結成され、アイダーも参加するが、実質的な活動は行われなかったため脱退したという［Gilbertas 2010:203］。二〇〇〇年の大統領選挙

写真7-1　マングローブ植林に参加するサンガコ村の女性たち（2009年10月）

写真7-2　マングローブ植林を呼びかける啓発トラック（2009年10月）

を機に、彼は生態系を重視し持続可能な開発を目指すエコロジスト連合（現在のセネガル・エコロジスト民主主義連合 Fédération démocratique desécologistes du Sénégal）を結成する。「地方議会に人を送り込むことが目的」［Gilbertas 2010:205］であり、首都近郊の都市や大都市で議席を獲得し、有力野党としての立場を確立しつつある。

二 環境NGOの光と影

オセアニウムの活動は、今やローカルな場から、ナショナル、グローバルな場へと位相を変えて展開している（表7-1）。グローバル、ナショナル、ローカルのそれぞれのレベルでオセアニウムの行動はいかなる影響を与えているのだろうか。

▽国際的評価と乖離する現場の声

強力な意思と行動力をもった指導者に率いられたオセアニウムの活動は国際的に高く評価されている。一九九八年にフランス環境大臣からハッカイボラ（*Cymbium cymbium*）の禁漁化の功績を表彰され、二〇〇七年にはアイダーはフランスの有力紙「ル・モンド」の「地球上で最も活動的なエコロジスト一〇〇人」に選出されている［Hervieu-Wane 2008:207］。

一方、活動規模が拡大するにつれ、活動に対するアカウンタビリティ（説明責任）が求められるようになっている。二〇〇六年から始まったマングローブ植林プロジェクトでは、植林本数六万五〇〇〇本が翌年には五〇万本と約八倍に、ダノンの資金提供が始まった二〇〇九年には三四七〇万本に、さらに翌年には六二五〇万本と一〇〇〇倍以上に膨れ上がった。オセアニウムは植林のマニュアルを参加した村に配布したものの、植林が可能な場所が見つからなくなっていた。村人には、ヒルギ科植物の胎生種子を麻袋一袋集めれば、五〇〇セーファー・フラン（約一〇〇円）の手当てが支払われたため、多くの者が参加を望んだ。しかし、船の賃貸料は村が用意しなければならなかったことから、植林を断念する村もあった。また、サンガコ村では麻袋が大量に不足し、他の村から麻袋を購入するほどであった。

植林場所が不足した調査地では、決められた間隔で胎生種子が植えられることはなく、「ヒルギ科植物とひとくちに言っても、場所によって育つ種類が違う。植栽場所の違いも無視して植えるだけでは何の意味もない。（中略）他の植林ではしっかりと植えられたか確認作業があった。オセアニウムはまったく確認作業を行っていない」（ダシラメ・セレール村、男性四〇代、二〇一〇年九月一〇日）と効果を疑問視する村人もいた。こうした結果、二〇〇九年に実施されたマングローブ植林プロジェクトでは、ダノンおよびＩＵＣＮの専門家は、オセアニウムの事業結果報告と異なり、予定していた面積に植林されていないとの結論を下した［Gilbertas 2010: 252］。アイダーは、「二酸化炭素は問題ではない。土壌の改善や水田の保護、雨をまた降らせるために植えたのだ」［Gilbertas

表7-1　オセアニウムの歴史

年	事　項
1984	大学教授らによりスキューバダイビングクラブとして発足
1988	創設者が去り，アイダーが経営者に就任
1993	最初の映像作品「ダカールの海（*Guedju N'Dakaru*）」を制作
1998	フランス環境大臣がハッカイボラの禁漁キャンペーンの功績を国家表彰
1999	硫酸を積んだオリエントフラワー号の座礁事故で政府の対応を非難
2000	フランス世界環境基金の支援を受け， 海洋保護区設置プロジェクト「ナロー・ウルーク」を開始
	アイダーがセネガル・エコロジスト連合に加入
2002	アイダーがセネガル国営放送RTSの「今年の顔」に選出
	セネガル大統領が憲兵隊の潜水訓練の功績を表彰
	定期船ジョーラ号沈没事故で大統領を非難
2003	セネガル大統領がジョーラ号の救出作業を表彰
2004	大統領令によりバンブーン海洋保護区が設立
2006	セネガル川のマナティー保護活動により，国立公園局長表彰
	南部カザマンス地方でマングローブ植林活動を開始（–2010）
2007	アイダーがセネガル・エコロジスト民主主義連合を設立し，代表に就任
2008	世界銀行の水産資源管理プロジェクトGIRMaCについてメディアをつうじ非難
2009	フランスの乳酸品メーカー・ダノンがマングローブ植林活動を支援（–2010）
2011	アイダーの片腕だったジャンが離脱し，新たなNGOを立ち上げる
2012	大統領選挙で，アイダーは前政権の社会党党首タノール候補を支援
	新政権が発足し，アイダーがエコロジー・自然保護大臣に就任
2013	内閣改造で，アイダーが漁業・海事大臣に就任

出所：筆者作成

2010:254］と植林の効果を主張するが、プロジェクトを視察したバンブーン海洋保護区の保護官は、前述の国際援助プログラムGIRMaCをめぐって政府がオセアニウムと対立していること、他の援助機関が実施する植林プロジェクトと異なり政府との協力体制をオセアニウムが築こうとしないこともあって、「彼らのやっていることは植林ではない。プロジェクトありきで、本数を数えるために植林をしているだけだ」と、数字だけが先行する姿勢を激しく非難している（男性五〇代、二〇一〇年九月二〇日）。目安であるはずの植林本数は目的と化し、二〇一〇年の植林プロジェクトでは数値目標が六〇〇〇万本と倍増された。植林箇所は、ガンビア川上流のコルダ地域などマングローブが自生しない内陸部にも拡大した。オセアニウムは地理情報システム技師を雇用して植林箇所を地図上にプロットしていくことに専心し、キャンペーンポスターでは植林面積(五五〇〇ヘクタール)、動員した村(四〇八か村)および村人の数(一〇万九六五〇人)が強調された。

また、参加人数の報告が正しければ、一人あたり五七〇本、面積にして五〇〇平方メートルの植栽を行ったことになるが、これまでに国際自然保護連合やJICAのマングローブ植林プロジェクトが実施され、二〇〇九年にもオセアニウムが同じ場所で植栽を実施していることから、調査地にはそれほどの規模の植栽が行える土地は存在しなかったと考えられる。国立公園局とオセアニウムの感情的対立はあるものの、保護官が述べたように、植林プロジェクトは、資金提供者に報告可能な数値を算出するために、マングローブの生育状況よりも植栽本数や動員数を重視していったのではなかろうか。

▽国家による賛美から規制へ

オセアニウムが環境保全活動を展開した当初、政府との関係は決して悪いものではなかった。スキューバダイビング学校として憲兵隊や軍隊、水・森林局職員を訓練指導した功績を政府は表彰している。前述のジョーラ号沈没事故においても、大統領に直接面談を求めて官邸に押しかけるなど逸脱した行動をアイダーはとったものの、政府はアイダーの救援活動を表彰した［Gilbertas 2010:263］。

しかし、アイダーがエコロジスト連合を結成し、政治への直接関与を深めてきたあたりから状況は一変する。典型的な例は、オセアニウムが設立に尽力したバンブーン海洋保護区である。二〇〇三年の世界国立公園会議において、大統領は四つの海洋保護区の設立を宣言したが、地方議会で設立がすでに決まっていたバンブーン海洋保護区についてはいっさい触れられていない［IUCN 2003:17］。そればかりか、二〇〇八年に政府はバンブーン海洋保護区について、「この保護区はGIRMaCにより設立された」という立て看板を設置した［關野 2010:131］。これにアイダーは猛抗議し、GIRMaCの祝賀会において、国営テレビの前で「私は政府が行った懐柔策とこいつら（世界銀行職員および国立公園局職員）の不誠実さを告発する」と訴えたため、世界銀行のセネガル代表者は交代することとなった［Gilbertas 2010:107］。こうした行動は、政府とのあいだに大きな溝をつくっていく。二〇一〇年に政府は拡大化・政治化するNGOに対し、事前通告をすることなく、監督権をそれまでの家族・国家連帯・女性支援・マイクロファイナンス省から、より法的拘束力をもち警察や憲兵隊を指揮する内務省へと移管した。さらに、二〇一一年には、政府は一大勢力になりつつあるNGOを規制するために、法律上、毎年更新される必要のある六〇〇のNGOとの協定を中断した。これら政府によるNGO活動に対する制御は、オセアニウムの行動に直接起因するものではないが、政治的影響力を広めて自らの主義・主張に正統性をもたせようとする行為によって、NGOへの規制が広まり、国の権限を拡大させる危険性を提示した。

▽翻弄される地域社会

ローカルなNGOに期待される役割のひとつは地域住民のエンパワーメント、とりわけ住民参加型アプローチをつうじ、情報、知識、技術、社会組織への参加といった社会的な力や自らの将来に影響を及ぼすような意思決定プロセスに関わる政治的な力［フリードマン 1995:73］の付与であろう。しかしながら、参加型アプローチを標榜するオセアニウムは、力の収奪（disempowerment）と呼べるような問題を巻き起こしている。

たとえば、バンブーン海洋保護区の維持および地域開発のために設置されたエコロッジの問題がある。当初、保護区によって不利益をこうむる地元住民、とりわけ漁民の新たな雇用の場としてエコロッジが運営されていた。しかし、経営は芳しくなく、オセアニウムの要求により、二〇一〇年に地元住民マネージャーは交代し、新たに南アフリカの国立公園での勤務経験があるフランス人が雇用されることとなった。これに対し、「フランス人は地域をまとめるためにやってきたというが、村のロッジのマネージャーの仕事を奪ってどうやってまとめられるというのか」（トゥバクータ村、男性三〇代、二〇一〇年九月一〇日）と反発が起こり、地域住民のオセアニウムに対する不信感が増大していった。彼は適切な経営や顧客サービスの向上を求めて従業員教育を進めたものの、ロッジ従業員は「自分たちは開設当時から働いているが、新マネージャーは知識も経験も不足している」（スールー村、男性四〇代、二〇一〇年九月二七日）と非難し、諍いが絶えない状況であった。彼は次第にロッジでの勤務が減り、多くの時間を地方都市で過ごすようになっていった。こうした中、二〇一〇年九月に宿泊客の現金盗難事件が発生した。ロッジは島嶼部に位置するため、犯人は島の村の人間か、ロッジ関係者と思われた。地方都市にいたフランス人マネージャーも参加して対策会議が行われた。従業員たちは、犯人は外部の人間でない以上、イスラム導師による裁定を行うべきだと主張した。宗教指導者が関係者を集め、罪を告白するよう呼びかければ犯人は名乗り出るに違いないという理屈である。しかし、彼はそのような方法は合理的ではなく、そんなことで犯人が見つかるはずがないと反対した。早期解決が重要だと述べ、被害者に賠償金を支払うことで事件の解決を図った。この騒動により、フランス人マネージャーと従業員の亀裂は修復できないものとなった。彼はその後、ほとんどロッジを訪れることはなく、契約途中で退職した。

加えて、このロッジの経営権の委譲問題が生じている。当初の計画では海洋保護区設置プロジェクトが終了後、ロッジの経営権はトゥバクータ村落共同体に委譲される予定であった。しかし、オセアニウムはロッジの収益が落ち込んでいることを理由に経営権の委譲を拒否している。第6章で見てきたように、エコロッジをめぐって、オセアニウムを支援する住民組織であるバンブーン海洋保護区管理委員会が地方自治体と反目するという新たな対立構造が生じ、二〇一二年二月末時点で、交渉は決裂したままであった。

三 環境NGOに内在するジレンマ

これまで見てきたように、オセアニウムは地域社会に根ざした環境保全活動を目指しているものの、ドナーの要望に応え自らの発言力を高めようとするあまり成果主義にこだわり、あるいは政治に積極的に関与することで政府と対立している。さらには誘致したプロジェクトの利益配分をめぐって地域社会に混乱をもたらしている。

その一方で、オセアニウムの活動に賛同する地域住民も存在する。彼らはオセアニウムのいかなる点に正統性を見出しているのだろうか。

▽指導者のカリスマ的正統性

バンブーン海洋保護区のジャメ管理委員長は、漁業が主たる産業であるスクータ村の元漁師である。彼は地方都市の高等中学で教育を受け、フランス語が堪能であったことから、一九八〇年代から日本の漁業支援プロジェクトにかかわり、プロジェクトの交渉役として発言力をつけてきた。彼の一族は村長の一族とともにスクータ村を二分する一大勢力であり、周辺の村との姻戚関係も強く、交渉役の条件を満たしていた。二〇〇〇年、彼は海洋保護区設立の交渉のため村を訪れたアイダーと知り合った。海洋保護区をめぐって地域住民同士の対立が深まっていることに対し、彼は「本当に望ましい海洋保護区は国も環境NGOも関与しない自分たちだけの保護区づくりだ」という。にもかかわらず、オセアニウムに全面的に協力し、セネガル・エコロジスト民主主義連合の政党活動にも積極的に関与している。ある村人は、彼が環境NGOに追随する理由として、「アイダーは彼が重病にかかったときに海外での治療費を出してくれた。アイダーは彼にとって命の恩人」(トゥバクータ村、男性三〇代、二〇一〇年一〇月一三日)であることを挙げる。

同じことは、シポ村の村長の母親にもいえる。息子である村長は海洋保護区に対し、「保護区は村に何の利益ももたらさなかった」と反対を表明しているが、母親は「この村をだれも支援してくれなかった。私が病を患ったとき、みな、私を見捨てた。アイダーだけが私を助けてくれた」(女性七〇代、二〇一〇年九月二七日)という。

このように、彼らはオセアニウムの活動目的である環境保全に共鳴したのではなく、指導者の人間性や人格に強く惹かれたものと推測される。指導者との個人的な信頼関係をもとにした人格的な帰依、カリスマ的正統性によるものといえよう。一般的に人は日常に退屈しやすく、非日常へと惹かれやすい傾向がある。カリスマ的人物は非日常的である方が好ましく、アイダーの兄が「弟は過激主義者であり、彼の性格云々よりも無謀な行動に駆り立てられる熱意が問題だ。恐怖が完全に欠如している」[Gilbertas 2010:204]と語るように、周囲からおかしな人間と思われるがゆえに熱烈な支持を得てきた。

▽官僚組織化

しかしながら、指導者とのカリスマ的関係が日常化すると、世襲による関係の存続を求める伝統化や、地位が成文化されたかたちで存続しようとする合理化が進む[ウェーバー 1970]。カリスマ的指導者に導かれた環境NGOは、正統性の根拠を指導者属性に対する人格的信頼に負っているため、組織として持続的な活動を続けることは困難である。実際、年間六〇億米ドルといわれる環境保護資金のうち、約九〇%は先進国内で使われており[James et al. 1999]、資金調達手段のかぎられたサブサハラの環境NGOの多くは設立者の名声に依存している[Brockington and Scholfield 2010:563]。たとえば、Dian Fossey Gorilla Fund International、動物学者Ian-Douglas Hamiltonが設立したSave the Elephants、Jane Goodall Instituteなどが挙げられる。しかし、そうした組織は、アイダーの片腕であったジャンが、「アイダーは何もおそれない。覚書や規則も無視する。思ったことを話すために、絶えず争いごとを招いてしまう」[Gilbertas 2010:94]と語るように、指導者の独裁的組織になるおそれもある。

一方、組織としての持続性を高めていこうとすると別の問題が生じる。Derman[1995]は、開発プロジェクトにおいて、ドナー資金によるローカルNGOを創設することは、コミュニティの利益のための効果的手段ではなく、官僚組織化(bureaucratization)につながると指摘している。オセアニウムのマングローブ植林プロジェクトにおいても組織が硬直化する問題が見られた。ドナーからの資金獲得プロジェクト規模が拡大したことにより、植林の現場に地域住民で構成されるプロジェクト調整員が配置された。彼らが中心となって人集めが行われたが、南部カザマンス地方に比べてサルーム・デルタでは動員数も少なく、進捗状況も芳しくなかった。このため、調整員会議が招集され、対応策が話し合われたが、調整員は「原因はプロジェクトが競合していることであり、植林場所や交通手段が不足していることである。政治的に問題のある南部に比べ北部は他の機関からの援助が集中しており、住民の側に選択権がある」(男性五〇代、二〇一〇年九月二二日)という事実を知りながら、会議ではいっさい口にすることはなかった。資金調達のためのドナーに対する成果報告、つまり「上向きのアカウンタビリティ(upward accountability)」[Edwards and Hulme 1996: 967]を重視するあまり、現場の事実は隠蔽されていく。結果、プロジェクト統括者、調整員、地域住民間の相互理解が欠如し、環境NGOはドナー機関と地域住民をつなぐブローカーとしてのみ機能することになる。

四　再生産される権力関係

環境NGOは活動を展開するために、トップダウンの資金に依存し、ドナーの「市民社会」重視の言説にもとづいた資金の受け皿としての役割を果たすようになる。NGOの資金の受け皿としての役割が強化されると、資金をめぐって新たな権力関係が再生産されることになる。本章では、近年、NGO研究の潮流のひとつとなりつつある環境NGOの権力関係に着目する。

▽新家産主義の再生産

アフリカ諸国における政治体制の特徴のひとつとして新家産主義が挙げられる。国家は政治的エリートに収奪され、そこで得られた資源は互酬的ネットワークによってパトロンから政治的な支持を動員するクライエントに配分される。この体制こそがまさに、ブローカーとしての環境NGOから地域住民への資源配分の場面において再生産(あるいは再現)されているものである。

バンブーン海洋保護区のジャメ管理委員長は、オセアニウムがフランス環境基金の資金によって建設を誘致したエコロッジの開設時、正規従業員として三名の地元住民を選出した。この三人はすべてジャメ管理委員長の親族であるうえ、多くの住民はきわめて低い雇用効果に不満を抱いている。しかしながら、不満を持ちながらも、村の発展のためにジャメにすり寄っていく村も現れている。第6章で述べたように、海洋保護区設置を誘致したオセアニウムや管理委員長に対し激しい憎悪を募らせていたスールー村の村長は、娘をロッジに雇用してもらえるように管理委員長に頭を下げている状況にある。

オセアニウムが実施したマングローブ植林プロジェクトにおいても、最も情報が得やすい立場にある地域統括調整員にジャメ管理委員長が就任し、他の地域調整員にはジャメの第二夫人の一族が配置された。保護区の問題でジャメに対する嫌悪感を露骨に表現していたサンガコ村も、ジャメと姻戚関係にある調整員をつうじ、マングローブの胎生種子集めに現金が支払われる情報をいち早く入手し、植林に積極的に参加することとなった。

セネガル人開発コンサルタントのコリー・セン(Coly Sene)が、「西アフリカは環境こそが資金源だ。資金を得るために国際基準を導入し、環境政策を発展させていく」(男性三〇代、二〇一二年二月一八日)と述べるように、資源の少ないセネガルにとって環境問題は資金獲得の拠りどころであり、ブローカーである環境NGOをつうじ、地域エリートによるクライエンタリズムが構築されていく。環境保全NGOは、資金配分を行うビッグマンの誕生という新たな権力関係をつくり出す危険性を内包している。

▽国家権力への編入

セネガルの代表的な環境運動としてSet／Setalがある。一九八〇年代後半に若者の政治浄化運動として始まったSet／Setalは現在、セネガル全土に広がる清掃活動として定着しつつある。こうした草の根的な環境運動とオセアニウムのようなローカル環境NGOの違いは、カリスマ的指導者の存在や組織化もさることながら、人びとに訴えが響くかどうかにある。環境NGOが公共圏を担っていくうえでの問題点として、長谷川[2003:59]は、『ふつうの人びと』は生活実感を超えたレベルでの課題には反応しにくいものである。環境保全運動は少数者化しやすく、理念指向性が高まることで原理主義的な性格を帯びやすくなり、そのことがさらに『ふつうの人びと』の参加を遠ざけ、ますます少数者化する悪循環にはまる」と指摘している。生活に直接関わる廃棄物や汚染の問題は別として、歴史的にも野生生物保護といった問題は富裕層の関心でしかなかった[Bryant 2009]。海洋資源保護の訴えは、国民の多くが漁業に従事し、魚が主要なタンパク源となっているセネガルにおいては、「ふつうの人びと」に共感を呼び起こすことは難しい。

自らの正統性を高め、より多くの国民に自らの主張を広めるため、オセアニウムは国家権力への編入を選択した。二〇一二年の大統領選挙において、アイダーはセネガル・エコロジスト連合の党首として、積極的に前政権社会党の党首であるタノール(Ousmane Tanor Dieng)候補を支援した。第一回投票でタノール候補が敗れると、第二回投票では野党連合のマッキー・サール(Macky Sarr)候補を推し、野党の勝利へと導いた。同年四月六日、マッキー大統領を筆頭とする連合政権が発足し、アイダーはエコロジー・自然保護大臣(ministre de l'Écologie et de la Protection de la nature)に就任した(**写真7-3**)。「市民社会」形成の兆しと考えられているインフォーマル・セクターが「国家の管理をすり抜ける」[小川 1998: 238-241]のとは対照的に、環境NGOは自ら国家に編入したのである。

ALY HAÏDAR, MINISTRE DE L'ECOLOGIE ET DE L'ENVIRONNEMENT

« Réussir un vaste programme de reboisement »

Lors de la cérémonie de passation de service au ministère de l'Ecologie et de la Protection de la nature, Aly Haïdar a déclaré qu'il sera à la disposition des populations pour sauver les ressources naturelles.

Le successeur de Djibo Leïty Kâ a, d'abord, remercié le chef de l'Etat, Macky Sall, pour le choix porté sur sa modeste personne. « Je ferai de mon mieux et je félicite mon prédécesseur pour le travail accompli à la tête du département », a dit Aly Haïdar. Sur les priorités de son département, il a cité l'émissaire de Cambérène, la lutte contre les feux de brousse, le plomb à Thiaroye et enfin une vaste campagne de reboisement avec toutes les couches sociales du pays. L'environnement, a reconnu le nouveau ministre, est transversale et il faudrait un couvert végétal pour faire face au fléau. « Nous impliquerons tous les services de l'Etat et plus particulièrement l'Education nationale pour réussir un vaste programme de reboisement national », a souhaite Aly Haïdar. Pour réussir un tel projet, a-t-il dit, il faut une gestion participative.

Le nouveau ministre a présenté le colonel des Donanes, Ismaïla Diop, comme son directeur de cabinet.

El H. A. T.

写真7-3　アイダーの大臣就任を報じる日刊紙「Le Soleil」の記事(2012年4月18日)

写真7–4　オセアニウム調整員だったジャン（右）と，
バンブーン海洋保護区保護官（左）（2010年10月）

これには、長年、アイダーの右腕として外部資金獲得およびプロジェクトの統括責任者として活躍してきたジャンの離脱の影響も大きかったと思われる（写真7–4）。アイダーとの意見対立により、ジャンはオセアニウムを去り、バンブーン海洋保護区のジャメ管理委員長とともに新たに環境NGOを設立した。彼はさらにオセアニウムの技師数名を引き抜いた。資金調達・管理のできる人材を失ったオセアニウムにとって、資金調達のための情報獲得や国際社会における自らの組織の正統性向上のためには、政界進出は必然的なものであったといえよう。

しかしながら、アフリカの国家は経済的利益を追求する政治家や官僚によって食い物にされている側面があり、セネガルにおいても、汚職や政治的クライエンタリズムにもとづく資源分配の横行により国家に対する信頼は薄い［小川 1998］。「ふつうの人びと」にとって重要課題ではない環境保護が、人びとからの信頼の低い機能不全な国家によって呼びかけられたとしても、それは少数の政治エリートのイデオロギーであり、「ふつうの人びと」には国家権力の拡大としか理解されないのではなかろうか。オセアニウムの調査を行った前述のセネガル人開発コンサルタントのセンが、「オセアニウムは当初は環境保全主義者の集まりだった。しかし、動員を続けていくうちに政治に目覚めた。今のスタッフは環境問題に興味をもたず、政治や金銭管理に執着している」（男性三〇代、二〇一二年二月一八日）と述べるように、現在は政治という紐帯が組織の結束を築いている。アイダーの理解者であったジャメ管理委員長が「アイダーはオセアニウムを政治利用した」（男性五〇代、二〇一二年一月二〇日）と非難するように、オセアニウムは環境ＮＧＯから、設立当初の目的が歪んだ政治エリート組織になりつつある。

五 環境ＮＧＯと市民社会

オセアニウムは海を守りたいという情熱をもった指導者に率いられた環境ＮＧＯであった。多くの人の耳に自らの主張を届けるために、メディアを積極的に活用し、国際的評価を高めてきた。カリスマ的指導者の公権力に対峙する姿勢は、少なからずの人の心をつかんできた。アフリカ諸国におけるローカルな環境NGOは、個人の寄付や会費、あるいは商品やロゴマーク使用権の販売といった資金調達手段に欠け、政府からの助成金も期待できないことから、国際機関による公的資金や企業の私的セクター資金に頼らざるをえない。オセアニウムもまた、国際社会の要求に合致した海洋保護区の設置や、温室効果ガス削減義務を課せられた企業との連携に活路を見出した。しかしながら、組織管理の重要性が高まり、資金調達のために上向きのアカウンタビリティが重視された結果、利害関係者間の信頼関係は損なわれ、環境NGOに追随する地域エリートの力を強化した。環境NGOはドナーと地域住民のブローカーと化し、地域社会に権力関係を再生産する。環境NGOは理念主義に陥りやすく、指導者のカリスマ性と相まって、無意識的に権力関係を生み出してしまう。さらに、NGOの政治化は、選挙戦略としてのクライエンタリズムによる資源の配分につながる[Dahou 2003]。オセアニウムは組織の分裂とそれにともなう資金調達手段の消失という組織の正統性の危機に対し、市民セクターから政府セクターへの変貌という選択肢を選んだ。国家権力への編入により、住民との距離は離れ、「市民社会」の範疇から外れた孤立したエリート組織となるおそれもある。ローカルな環境NGOは政治化と組織分裂という組織の正統性を揺るがすリスクを背負っている。新たな活動資金調達手段が確保されないかぎり、環境NGOはドナーの公的資金や地域の資源を食い尽くす「胃袋の政治(the politics of the belly)」[Bayart 1993]を行う危険性さえ否定できない。

それでは、環境NGOがアフリカの「市民社会」の担い手となる可能性はないのだろうか。政治運動にすぎなかったSet/Setalが環境運動として発展したように、環境運動が「ふつうの人びと」の活動として定着する可能性はある。西アフリカで環境保護活動を展開している日本の宗教団体「崇教真光」を調査したLouveau［2011］は、政治権力のバランスを乱す可能性が高くセクトとみなされていた宗教団体が、国家により正当な環境管理者として認められた理由として、信者の宗教的実践活動がセネガル人のもつ自然観と乖離せず、Set/Setalのような地域の自発的な環境活動と同化したことを指摘している。

一方、オセアニウムがもたらした海洋保護区の設置やマングローブ植林活動は、在来の知識や経験にもとづくものではなく、生物多様性の保全や温室効果ガス削減といったグローバルな利益にかなっても、住民の生活実感の範疇を超えた活動であった。環境NGOの理念の前では地域住民は普及啓発の対象という客体にすぎず、理念の押しつけという権力、いわば「上からの政治」に対し、うまく利用しようとする者と抗う者の対立という地域社会の断絶を生み出すこととなった。

本事例は、環境NGOが国際的名声を利用し自ら国家に編入したという特殊な事例ではある。しかしながら、前述のセネガル人開発コンサルタントのセンが、「民衆は自分たちの考えや心情を訴える手段をもたないため、代弁してくれる仲介者を望む。結果、彼らを利用し政治の世界に進出することは先進国よりは容易である」（男性三〇代、二〇一二年二月一八日）と述べるように、環境NGOが民衆のアドヴォカシーに対する「下向きのアカウンタビリティ（downward accountability）」［Edwards and Hulme 1996:967］を果たさず、自らの政治権力獲得に利用する危険性を、セネガルの環境

NGOは内包しているのではなかろうか。実際、センによれば、セネガルの他の州においても環境NGOの指導者が地域に新たなパトロネージを形成して政治的権力をもち始めているという。

ローカルな環境NGOに求められているものは、国際的な大規模環境NGOのような国際交渉の場でロビー活動を行い、環境政策の提案を行う能力ではないだろう。現場を熟知し、生活実感にもとづいた地域社会のアドヴォカシーを認識し、グローバルな環境保全を訴える国際社会と調整を行う力こそがローカルな環境NGOに求められているものではないか。地域社会は決して一枚岩ではなく、歴史や文化の違いにより多様な意見があり、常に意見対立は起こりうる。しかしながら、ばらばらのアクターが互いに衝突しながらも認め合う部分を見つけ、何かをなしとげる社会こそ「市民社会」ではなかろうか。自らの支援者としてのエリート層を生産するのではなく、ローカルの議場でもグローバルの議場でも「貧困層の中の貧困層」の意見を真摯に汲み上げる努力こそがアフリカの「市民社会」における環境NGOの役割であると考える。

第4章から本章まで、海洋保護区を取り巻く「コミュニティ主体型」「科学的調査」「エコツーリズム」「環境NGOの関与」という言説を検証してきた。バンブーン海洋保護区の事例においては、これら理想主義的に語られる理念がことごとく裏目に出ている感がある。次章ではこれまでの議論をもとに、自然資源の所有・利用・管理それぞれの社会的背景に着目して、海洋保護区に関わる多様な利害関係者のレジティマシー(正統性/正当性)を分析する。

Sénégal

III

海洋保護区という装置がもたらすもの

第8章

だれの意見が正しいのか

土産物づくりに勤しむ
トゥバククータ村の若者たち（2009年11月）

バンブーン海洋保護区では当初、環境NGOという地域外のよそ者が地域住民を支援し、住民組織が形成され、住民自身が科学的調査の結果を踏まえ保護区の管理・運営を行い、そのための費用を環境や地域社会への負の影響を極力抑えたエコツーリズムによってまかなうという理想的な海洋保護区像が描かれていた。しかしながら、第4章で述べたように、地域住民の声は無視あるいは排除され、地域住民からの激しい反発がみられた。そこで、第4章から第7章にかけて、海洋保護区を取り巻く「コミュニティ主体型」「科学的調査」「エコツーリズム」「よそ者」という言説に焦点をあて検証を行ってきた。これまで見てきたように、これら理想的に語られる言説はことごとく裏目に出た感がある。

本章では、これまでの議論をもとに、バンブーン海洋保護区およびバンブーン・ボロンの所有・利用・管理に着目し、錯綜する利害関係者のレジティマシー(正統性/正当性)を検証する。そのうえで、海洋保護区そのものの存在意義について生態・経済・社会的効果の観点から再度検討する。レジティマシー(legitimacy)の和訳語には正当性と正統性があるが、本書ではレジティマシーを「ある環境について、誰がどんな価値のもとに、あるいはどんなしくみのもとに、かかわり、管理していくか、ということについて社会的認知・承認がなされた状態(あるいは、認知・承認の様態)」という宮内[2006:20]の定義にならって使用する。

一 競合する利害関係者のレジティマシー

海洋保護区においては、空間を物理的に区分することが困難なため、利害関係者は必然的に多様化する。多様な利害関係者には時間的・空間的なかかわりの濃淡があり、その歴史的背景も異なる。だれのレジティマシーが地域にとって、より妥当といえるのだろうか。

▽所有認識のずれ

まず、バンブーン・ボロンはそもそもだれのものなのかについて着目してみる。ボロンの所有をめぐる認識については、政府と地域住民、さらに地域住民内部においてもずれが見られる(写真8−1)。

政府と地域住民の所有認識のずれ

他のアフリカ諸国と同様、植民地以前のセネガルには西欧的概念としての私的所有権は存在しなかった。土地はカミに与えられた精神的な存在でもあり、個人は排他的に土地を占有することはなかった[Le Roy 1991: 203–204]。土地や河川は伝統的な慣習法によって所有・利用・管理がなされ、村近くのボロンなどの河川は、村の創設者のクランに属した[Pélissier 1966: 414–415]。村の創設者の

写真8-1　ベタンティ村漁業委員会メンバーへのインタビュー（2012年2月）

クランは神聖化され、彼らにのみ、野焼きにおける火入れや斧による伐採の火入れの権利が認められた［Pélissier 1966; Le Roy 1983］ように、バンブーン・ボロン周辺一四か村の住民も「バンブーン・ボロンはクランに属するもの」と口々に語る。

フランスによる植民地化後、私的所有権の概念にもとづいた土地政策が進められる。Caverivière［1986］によれば、一八三〇年に植民地政府はフランスの市民法典と土地謄本制度を適用し、一九〇〇年の登記制度開始に続き、国有財産制度を導入して、慣習的な土地利用を排除し、所有権の確立を試みた。一九三五年一一月一五日付け政令では、国有財産を①行政財産（domaine public）、②不動産権利保護のための登記制の普通財産（domaine privé soumis au régime de l'immarticulation pour le droits immobiliers）、

③推定普通財産(domaine privé présumé)に分類し、所有者名称がない、または一〇年以上開墾されていない土地、すなわち「ヨーロッパ人の目からすれば何の所有もされていない土地」を国の普通財産として扱った。かくして慣習法は無視され、慣習法による土地利用は取り締まりの対象となっていく。

一九六〇年のセネガル独立をきっかけに、土地制度の再編が開始される。アフリカ社会主義の理論的指導者であったサンゴール大統領(Léopold Senghor)にとって、私的所有権は資本主義の産物であり、人と人との関係をモノとモノの関係に変えてしまう人間性の疎外を意味するものであった[Senghor 1976]。第4章で述べたように、彼は一九六四年にセネガルの国土を、①国民財産(domaine national)、②私有地(propriété privée)、③国有地(propriété de l'État)の三つに区分した(国民財産法第一条)。この法により、九八%の土地が国民財産として、国が一時保有することとなった[Caverivière 1986:98]。「開発計画・国土整備プログラムにもとづき、合理的利用・活用を図るために国民財産を所有する」(国民財産法第二条)のである。土地の活用は個人に任せるのではなく、国が一元的に管理し、最も有効な活用を行える農民に戻すことが合理的と考えられていた。この際に、個人の所有権は一時的に凍結されたが、移行期間が設けられ、個人の占有権を所有権に移すことは可能であった。しかし、登記の問題が混乱を招くこととなった。慣習法上の土地の利用者は六か月の期間が与えられ、そのあいだに登記を済まさなければならなかったが、期間が短すぎたうえに、個人名義の所有権の付与は伝統的なクランにもとづく用地取得に適さなかった[Caverivière

写真8-2 海岸浸食が進むプティット・コット地方．
海岸浸食と風食で住居が崩壊している（2008年6月）

1986:107］。

さらに、一九七六年には国家財産法（Code de domaine de l'Etat）により、「航行可能な、あるいは木材の流せる河川ならびにその両岸・島の周縁部二五メートルは国有地である」（同法第五条b）とされ、ボロンは国家のものとして法的に規定されることとなった。加えて、プティット・コット地方をはじめとした沿岸域では海岸浸食が急激に進行している（写真8-2）。国家財産法においては、干潮時の海岸線から内陸に向かって一〇〇メートルは国有地と規定している。しかし、海岸浸食によって日々、海岸線は内陸部に移動している。漁民が権利を主張しようとしても、国家によって「合法的に」所有権が否定されることもありうる。事実、パルマラン村落共同体の漁村ジフェールでは、県知事によって漁民の立ち退きが命じられ、憲兵隊が家屋を破壊するという事件が生じている[Sekino 2008]。

植民地政府であれ独立後の新政府であれ、統治する側にとって、伝統的管理は管理上の障害であり、ボロンは物理的に分割できないものとして国家に編入されていった。法によりボロンは国家に帰属するが、伝統的慣習法に従えばボロンは村のものなのである。

村落間の所有認識のずれ

しかしながら、地域住民にボロンの所有権があるという論理も単純ではない。各々の村のボロンへの歴史的なかかわりによって、異なるレジティマシーが構築されている。ボロンとのかかわりの強さを強調する各村のレジティマシーについて見てみよう。

トゥバクータ村の村長(男性七〇代、二〇〇九年八月二七日)によれば、トゥバクータ村は一九世紀前半にフランスによる植民地化を避け、サルーム・デルタ北部からベタンティ島に移り住み、漁撈を行っていた。バンブーン・ボロンは農耕と漁場の場で、村は離れた場所にあったという。しかし、降水量の減少や塩害によって稲作が困難となったため、一九世紀後半に現在のトゥバクータ村に移住した。村長は、最初にボロンに定住したのはトゥバクータ村の先祖であること、ボロンはクランのものでありトゥバクータ村に子孫が住んでいることから、ボロンがトゥバクータ村の所有を離れたことはないと主張する。しかしながら、この主張にはバニ村からの反論もある。バンブーン・ボロンを所有するクランの子孫はトゥバクータ村だけでなく、バニ村にも居住しているからである。さらには第3章で述べたように、バニ村の口頭伝承では「トゥバクータ村はバニ村の人びとが開墾してつくられた村」と認識されており、両村の主張は対立している。

「現在、ボロンの最も近くで生活しているのはわれわれである」とシポ村の人びとは主張する。シポ村はバンブーン海洋保護区周辺一四か村では最も規模の小さな村であり、農耕地が少なく漁業に最も強く依存している村のひとつである。シポ村の女王の息子（男性四〇代、二〇〇八年七月一〇日）によれば、シポ村の居住空間にはダシラメ・セレール村やスールー村、ネーマ・バ村の先祖が定住していたが、一八二六年に彼らは沿岸域に移住した。その空白地にバンバラの人びとが隣国マリから移住し、一九二一年にシポ村を築いたという。しかしながら、ボロンの最も近くで生活しているのはシポ村住民だけではない。陸地から遠く離れたバンブーン・ボロンの河口部にジョガイ村の人びとが定住している。ジョガイ村はサルーム・デルタ北部の島嶼部にあるバッソウ村の人びとが形成した村であり、行政上はトゥバクータ村落共同体に区分されているが、季節的な漁民の居住地と認識されているため、実際には村とは認識されていない状態にある。たとえば、課税の根拠となる人口統計などの数値もトゥバクータ村落共同体には存在せず、会議に村長が招集されることもない。彼らはバンブーン・ボロンでの漁に従事するために河口部に定着した人びとであるにもかかわらず、行政上の区分が異なるバッソウ村の出身者であり、船以外の交通手段のない遠隔地に存在することから忘れられた存在となっている。

一方、バンブーン海洋保護区の運営・管理に関する主導権は、ジャメ管理委員長が居住するスクータ村が握っている。管理委員長(男性五〇代、二〇〇九年七月一日)によれば、サルーム・デルタ北部の島嶼から一八三六年に沿岸域へと移住して以来、バンブーン・ボロンを利用してきたという。外部との交渉能力が高いジャメ管理委員長が存在することで、委員会だけでなく、バンブーン海洋保護区内に設置された村営ロッジの経営についても、主導権を握っている。加えて、第3章で述べたように、バンブーン海洋保護区周辺一四か村の多くがスクータ村を経由してつくられたとされることから、歴史的にも彼らの主張の根拠は強いものとなっている。

歴史的なかかわりの古さの観点からすればトゥバクータ村、バニ村およびスクータ村に、さらに慣習法を重視すればトゥバクータ村やバニ村の主張の根拠が強い。しかし、現在のかかわりの観点からすると、居住者という点ではシポ村やジョガイ村に、バンブーン海洋保護区の主導権を握っているという点ではスクータ村に理がある。時間軸をどこに置くか、かかわりの濃淡の基準をどこに置くかによって、同じ地域住民というアクター内でも所有のレジティマシーは揺れ動いているのである。

▽利用をめぐる漁師間の軋轢

次に利用について考えてみよう。ここでは、利用空間の認識の違いが論点として挙げられる。地元の漁師にとってボロンは地域のものであり、地域の慣習には外部からの漁民も従わなければばなかった。Pelissier［1966：414–415］によれば、サルーム・デルタでは、水深の深いボロンではだれでも漁業を自由に行うことができたが、村近くのボロンは厳格に村の所有とされた。漁は所有する村の許可のもとで行われ、干し魚の提供といった対価を求められた。こうした慣習は時代とともに廃れていき、メディナ村の村長（男性五〇代、二〇〇九年八月三〇日）によれば、現在は雨季のあいだは利用しないという暗黙のルールだけが残っているという。

一方、現代の一般的なセネガルの漁民にとって、ボロンを含めた漁場としての海はみんなのものという意識が強くなっており、各村によって伝統的に割り当てられてきた漁場というルールを遵守しなくなっている［Chaboud and Charles-Dominique 1991：118–119］。一九八〇年代以降、船外機の免税措置や船外機付き漁船用燃料の特恵価格といった国の漁業振興策、降水量の低下や塩害にともなう農業の衰退、さらに一九九四年の通貨セーファー・フランの切り下げによる国内製造業の衰退によって、農業から漁業に転向する新規漁業参入者が増加したことが大きな要因と考えられる。船外機付き大型漁船の導入、貯蔵設備の発達や漁業の組織化によって行動範囲は格段に広がった。とりわけ、サルーム・デルタは、ハタ類など大きな利益をもたらす大型高級魚が豊富であり、漁業に特化した民族であるセネガル北部のレブなどサルーム・デルタ以外の地域からの漁師が魚を求め流入している（写真8–3）。流入する漁民は地域の伝統的な慣習を尊重しないことが多く、第2章で述べたように、一九八五年にカヤールで起きた流入漁民と定着漁民との流血をともなった衝突をはじめ、両者の諍いは絶えない。禁漁期間の無視や禁止漁具の使用による乱獲などの流入

写真8-3　船外機付き漁船で出漁するサンルイのゲット・ンダール地区の漁民.
彼らは荒波に負けない勇猛さで知られる（2007年5月）

漁民の行為が、地元の漁師とのあいだに軋轢を起こしている。

▽管理をめぐる混乱

バンブーン海洋保護区は国と地方自治体による共同管理という管理形態がとられている。しかし、共同管理のパートナーである国は、意思統一のはかられたアクターとは言いきれない。国というアクターの内部では、各省庁の地方機関が競合し、地方自治体を含めた地方レベルでの連携は困難な状態にある。森林法にもとづきマングローブ林などの管理権限をもつ水・森林・狩猟・土壌保全局、村落共同体との協定によって保護区の共同管理を行う国立公園局、沿岸漁業法にもとづき漁法の制限・取り締まりを行う水産

図8−1　サルーム・デルタの保護区域

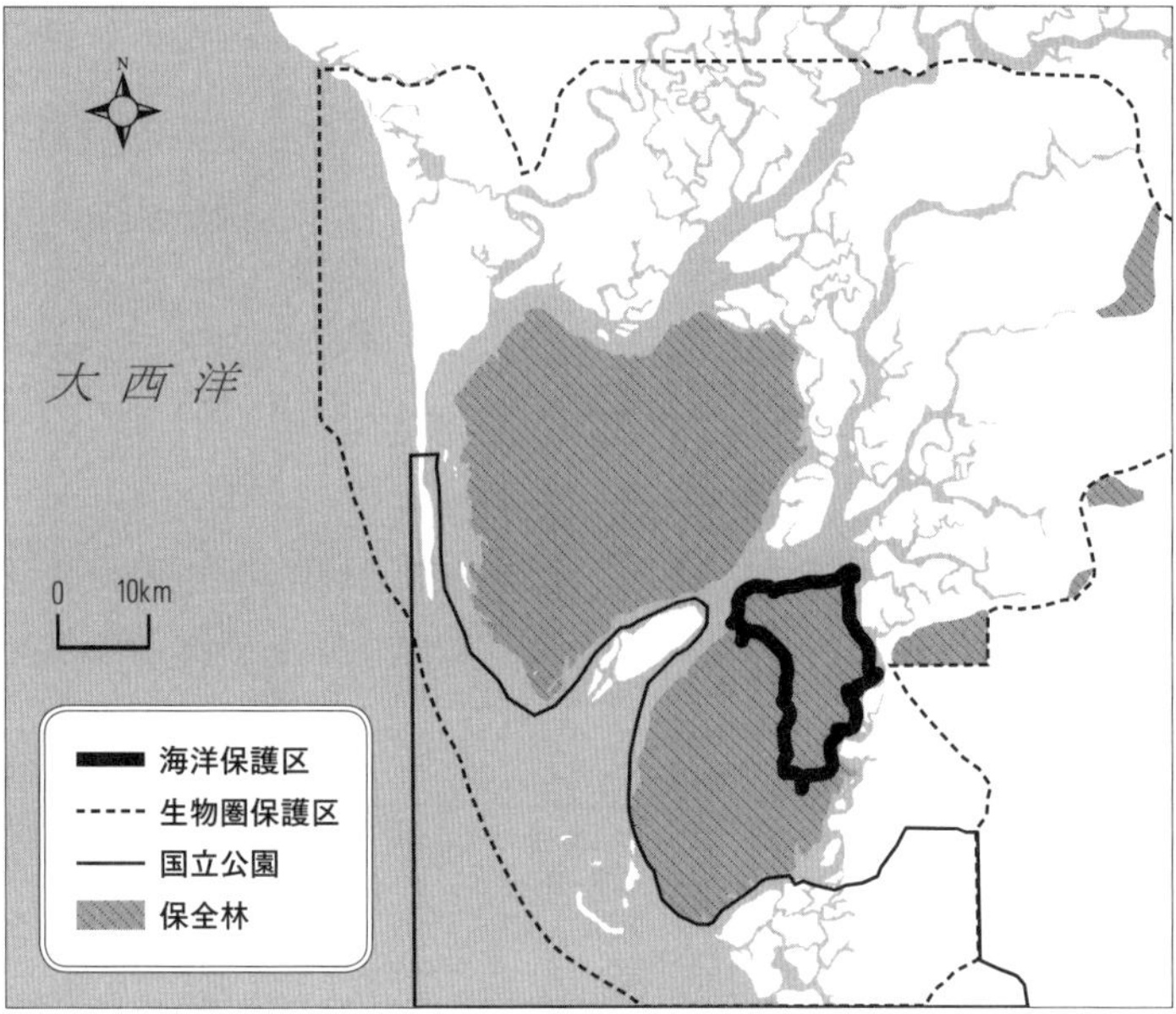

局が管轄を主張する。

加えて、空間的には異なる法体制の重層構造の問題が挙げられる。バンブーン海洋保護区と保全林が重複して設置された場所に別の国立公園が隣接するうえ、生物圏保護区がそれらをすべて覆いかぶさるように設置されている（図8−1）。この保護区の重層構造は、地域住民にとって大きな重圧となる。村人の一人が処罰されたスールー村の漁師は、漁獲資源の保護につながるマングローブの重要性を認めながらも、「枯れたマングローブの採取は認められているが、それを拾って官憲に捕まらない保証はない。森であれ、海であれ、ほとんどのことは禁止されている。

どうやって生きていけばいいのか」(男性四〇代、二〇〇八年七月七日)と訴える。

さらに、だれがバンブーン海洋保護区をつくったのかをめぐり、国とオセアニウムの対立が顕在化している。国は世界銀行の支援を受けて、二〇〇三年から海洋沿岸資源統合管理プログラム(GIRMaC)を実施し、第7章で述べたように、二〇〇七年にバンブーン海洋保護区内に「この保護区はGIRMaCによって設置された」と記載した立て看板を設置した。この行為に対し、オセアニウムのアイダー代表は、バンブーン海洋保護区はフランス世界環境基金の資金援助によって、オセアニウムが八年間の努力の末に創設したものであり、これは「国によるバンブーン海洋保護区の横領」だと激しく非難した。法律上は大統領令によって海洋保護区となったとはいえ、実際に住民と交渉を進め、尽力したのはオセアニウムである。しかし、少なからずの住民はバンブーン海洋保護区の存在に納得していない。オセアニウムの政治に傾倒する姿勢に対し、「結局のところ、オセアニウムは政治屋だった」(トゥバクータ村、男性四〇代、二〇〇八年七月四日)と非難する声もある。この問題をはじめ、国とオセアニウム、地域住民の対立関係が露呈している。

二 海洋保護区のゆらぐレジティマシー

前節で見てきたように、海洋保護区をめぐる利害関係者のレジティマシーは特定のアクターのみに妥当性があるとは言いがたい。利害関係者が合意するためには、資源管理政策自体の根拠が明確なことが必要であろう。水産資源管理におけるレジティマシーは、その政策が利用者にとって合理的で筋がとおったものでなくてはならない［Jentoft 2000:143］。本節では、前章までの議論をもとに、バンブーン海洋保護区のグローバルなレジティマシーの拠りどころである生物多様性の保全、持続可能なツーリズムをとおした地域振興、地方分権化について再度検討する。

▽天然資源に関する知見・情報の不確実性

保護区設置の目的は生物多様性の保全と地域の持続可能な開発であり、「住民の活動によって天然資源が減少あるいは枯渇している」ことを前提にゾーニングが行われる。

第5章で見てきたように、環境NGOオセアニウムは研究機関の協力を得て、バンブーン海洋保護区設置後の魚類生息数の変化を調査しているが、禁漁前に比べてハタ類など流入漁師の対象魚である大型魚類の総バイオマス量は増加しているものの、地域住民の主食となるボラ類やティラピア類といった中型魚は相対的に減少している。「ボロンの禁漁化で他の漁場に漁師が集中し、魚が減っている」という地元漁師のバンブーン海洋保護区の効果に対する疑問に対し、科学的知見は明確に答えるにはいたっていない。

保護区による資源へのアクセス禁止の効果は海洋生態系だけでなく、陸上の生態系においても疑問視されている。たとえば、沿岸部のマングローブ資源が挙げられる。サルーム・デルタ地域においては、人口増加にともなう生活資材の需要の増加やギニア商人を仲買人とするニシン用の燻製かまどの増加［JICA 2008］により伐採圧力が高まり、マングローブ林が減少している、というのがこれまでの定説であった。マングローブ林の減少という前提のもとで取り締まりや植林活動が実施されており、漁業の発展がマングローブ資源の減少を後押ししていると認識されてきたのである。しかしながら、パリ第七大学の研究グループ［Ackermann et al. 2006］は、過去の衛星画像を解析し、マングローブ林の面積が減少した後に回復に転じているとしている。彼らによれば、一九七二年に四万五八五二ヘクタールであったマングローブ林の総面積は、一九八八年に四万一八六五ヘクタールに減少したが、一九九九年には四万三八四四ヘクタールまで回復している。一九八八年のマングローブ林の減少は、一九六八年から九四年まで続いた乾燥化による影響が大きく、降水量の減少による乾燥化がマングローブの増減の主要因であり、人間活動とは直接的に関連していないのではないかと彼らは疑問を投げかけている。

バンブーン・ボロンは魚種の産卵地とされることから、予防原則にもとづき保護策を講ずることは正当といえる。しかしながら、「人口増加によって資源への圧力が高まっている」という繰り返される言説は、介入者の存在意義を高めると同時に、その介入を正当化することにもなる［Fairhead and Leach 1996］。魚種が増加したという言説を強調することは、資源の変動に関する情報・知見の不確実性を覆い隠してしまう危険性がある。

▽ツーリズムの不確実性

では、地域の経済活動の代替手段として進められたツーリズムは、禁漁化による損失を補うものであったろうか。開発途上国においては、外貨獲得の手段としてツーリズムが重要な産業となっている。セネガル統計局によれば、ツーリズムは漁業を抜いて最も大きな外貨獲得手段となり、二〇〇七年の時点で年間約三〇九〇億セーファー・フラン（約六〇〇億円）の収益をもたらしている。

しかしながら、セネガルのように国内ツーリストがほとんど存在せず、先進国からのツーリストに依存する国では、ツーリズムは世界経済の変動に左右されるリスクをともなう。第6章で見てきたように、開発途上国においては、観光収入の一部が観光客の需要を満足させるための財やサービスの輸入に充てられることで海外に流出するツーリズムのリーケージの問題が大きいため、利益が還元されにくい状況がある。この少ない経済的利益をめぐって、コミュニティ内の利害関係者が争っている。クール・バンブーンの事例においては、バンブーン海洋保護区設置を強力に働きかけてきた「よそ者」である環境NGOオセアニウムが主導権を握り、地域住民から見れば不当な分け前を要求している。さらには「よそ者」とのパイプが強い管理委員会委員長が実質的にロッジ従業員の採用権限をもつこととなり、「弱者のなかの強者」が生み出されることとなった。ツーリズムの生み出す収益は地域住民が期待するほど大きくはなく、地域社会で制御できない外的要因が多すぎる難しいビジネスである。ツーリズムは、地域コミュニティにとって利益が期待できる唯一のビジネスであるのか、他に経済的代替手段はないのか、バンブーン海洋保護区では議論が十分になされていなかった。コンサルタント企業の「実現可能性が厳しい」という当初の見込みにもかかわらず、プロジェクト実施が優先されてしまった。結果、少ない利益の配分をめぐり利害関係者間の信頼関係が崩壊しつつある。

▽地方分権の不完全性

資源管理の地方分権化が法的に保障されたものの、村落共同体が自主的に資源管理を行っていくには運営管理能力の欠如という大きな障害がある。保護区設置には、環境のための地方アクションプランの策定が要求され、このプランに保護区の境界や権限が規定される(政令九六―五七二号第四八条)。しかし、バンブーン海洋保護区を管轄する村落共同体の事務局は職員一名にすぎない。アクションプランを地方自治体レベルで作成することはきわめて困難である。人材だけでなく、財源の問題もある。地方自治法によって権限委譲された業務について、中央から地方への税源の再配当は保証されていない。共同体保護区であっても、保護区の入場料はすべて国庫に帰する。「村落共同体は国に技術サービスの提供、地方整備プランの策定を依頼することができる」(政令九六―一一三四号第四五条)ことから、村落共同体は独立して資源管理を行う意思があったとしても、結局は国に依存することになる。

このように、資源管理の地方自治体への権限委譲は実質をともなわないものであり、国と地方自治体による共同管理には、見かけ上は地方自治体の自治を認めながら国の権限は手放さないという国の思惑が隠されているように推測される。

一方、住民の側は共同管理をどのように受けとめているのか。バンブーン海洋保護区の資源管理を現場で担当するのは監視員である。ボロン近くの監視塔は船舶以外の交通手段がなく、かつ四八時間交代制という厳しい勤務条件下にある。国立公園局からバンブーン海洋保護区管理事務所に監視船が一隻調達されたものの、監視船は監視委員会に移譲されることとなった。バンブーン海洋保護区保護官は、「監視船がないので国立公園局独自の監視活動はできない」(男性五〇代、二〇一〇年九月二二日)と主張し、監視活動は監視員に押し付けられているかのような状態である。国立公園局事務所には人がほとんどおらず、共同管理とは程遠い状況にある。結果、監視員は一四のすべての村から選出する予定であったものの、四つの村では候補者がいない。監視員のモチベーションの低下は顕著である。監視活動は二〇〇三年四月に開始されてから一年間は交通費のみの無報酬で行われていたが、二〇一二年二月時点での報酬は月額二万四〇〇〇セーファー・フラン(約四八〇〇円)となった。監視員に対する報酬は高騰する船舶用燃料費と並びバンブーン海洋保護区の運営を圧迫している。加えて、徴収された罰金は国庫に帰属するため、「バンブーン海洋保護区の入場料も罰金も地域住民のために使われていない。私たちの利益をなぜ国は奪うのか」(トゥバクータ村、男性四〇代、二〇〇八年七月四日)という反発も起こっている。地方分権の理想とは裏腹に、共同管理という名目のもと、地域住民が国の資源管理の下請けを行っているかのような構造に陥っている。

さらに、二〇一一年九月一一日にバンブーン海洋保護区の意義を根底から揺るがす事件が起きてしまった。それが、監視委員の手引きによる保護区の密漁事件である。管理委員長は以前から咽頭がんを患っており、九月三日に手術のため、モロッコの病院に入院することとなった。その約一週間後、四人の漁師が保護区内で漁をしていたとして監視委員に捕らえられた。クール・バンブーン従業員によれば、「四人のうちの一人はわれわれの同僚のはずの監視委員だった。今、調書をつくっているところだが、官憲に渡すことはできない。住民を牢屋に入れ、罰金を課することはだれも望んでいない。モロッコにいるイブ(ジャメ管理委員長の愛称)に連絡したよ。イブはこの事件に非常に動揺していた。イブが戻ってきてからすぐに緊急会議が開かれた」(スールー村、男性四〇代、二〇一二年一月五日)という。監視員によれば、二〇一一年は密漁を二回摘発したが、うち一回は管理にかかわっていない島嶼部のジリンダ村から来た季節漁民であったという。事実、バンブーン海洋保護区の保護官は、「今年に入ってから漁師が捕まったという報告は聞いていない」(男性五〇代、二〇一一年一二月二二日)としており、国立公園局はバンブーン海洋保護区の状況をまったく把握していなかった。元監視委員のパップ・ディウフは管理委員会の不透明さに激怒し、一年半で監視委員を辞任しているが、今回の事件について、「問題は同僚のはずの監視委員が漁師たちを手引きしたことだけではない。捕まった監視委員がスクータ村出身で、イブの親族だったということだ。スクータ村の監視委員なら、保護区での巡回スケジュールを最もよく把握している」(ダシレメ・セレール村、男性四〇代、二〇一二年二月九日)と語っている。以前から、「スクータ村の住民だけが保護区内で漁をしている」という噂がたっていたものの、「研究機関との調査捕獲で得たものにすぎない」とジャメ管理委員長は強く否定していた。ところが、皮肉にも彼の親族が密漁に手を染めていたことが判明し、管理委員会に対する地域住民の不信感が強化されることとなってしまった。前トゥバクータ村落共同体評議長は、バンブーン海洋保護区が地域に受け入れられていると主張するが、地域住民はもちろんのこと、監視員ですら海洋保護区の存在意義に賛同していているとは言いがたい状況にある。

三 水産資源におけるレジティマシーのもつジレンマ

バンブーン海洋保護区の事例は、地域のレジティマシーについて重要な示唆をもたらした。資源の管理者と利用者、あるいは地域住民と外部者という明瞭な二項対立だけでなく、周辺一四か村に住む住民、すなわち地域住民と定義されるアクターの内部においても複数のレジティマシーが競合する。バンブーン海洋保護区周辺の住民には、それぞれ固有の歴史観とボロンとのかかわりによって、つくられてきたレジティマシーがある。レジティマシーは絶対的な規範ではなく、それが置かれた社会や歴史の文脈において合理的で説得力のあるものでなければならない［菅 2005:22–23］。しかし、村レベルでつくられたレジティマシーは、村という単位では社会と歴史の文脈において説得力のあるものであるが、バンブーン海洋保護区のように複数の村で交渉が行われる場合においては、他の村の社会と歴史の文脈において論理的とされるレジティマシーと競合し、その結果、ひとつの村のもつ説得力は弱まっていく。

現代の漁業紛争では、紛争が内包する問題が、漁業以外の要因との複雑な「絡み合い」として顕在化している［秋道 2002:29］。バンブーン海洋保護区の事例では、資源に関する知見・情報の不確実性という海洋保護区が内在的に抱える問題が、その合理的な根拠の欠如によって複数のレジティマシーの乱立・競合という状況を生み出し、地方分権といった海洋保護区の本来の目的とは異なる要因と複雑に絡み合い、保護区そのものの存在意義が危ぶまれる状況にある。

かつてのような地域住民の自主的なルールによる水産資源管理は、漁民が各々の漁場を越えて広範囲に移動するようになった現代では適用できない。したがって、利用禁止区域をともなう保護区設置は有効な手段であろう。境界が曖昧で監視費用の高い海洋保護区を効果的に運営していくためには、警察権のある国家や財源をもった外部機関の協力が不可欠である。しかし、その結果、利害関係者は多様化し、各々のレジティマシーが複雑に絡み合い、社会的対立が深刻化するジレンマが生じている。

海洋保護区は利害関係者間の信頼関係なしには成立しえない。ツーリズムという経済的代替手段や、見かけ上の地方分権では、地域住民の信頼を得ることはできない。利害関係者のレジティマシーが乱立する中で、「みんなの利益」とは何かについて、議論を重ね、信頼関係を構築していく過程こそが、海洋保護区の本質といえるのではなかろうか。

第9章

海洋保護区という言説を超えて

村での聞き取り調査に協力してくれた
エコガイドのパップ・ディウフ（2012年2月）

ここまで、セネガルの海洋保護区をめぐる言説に焦点をあて、海洋保護区の利害関係者のレジティマシーが競合し、地域社会が混乱する状況を描いてきた。この混乱はこのまま悪化し、海洋保護区は負の遺産となるのだろうか。それとも、この混乱は持続可能な資源管理にいたるまでの過度期としてとらえるべきであろうか。本章では、各章で扱った議論をもとに、適切な資源管理ツールとして海洋保護区が機能する可能性について考察する。

一　海洋保護区の言説と現実

バンブーン海洋保護区では住民参加型アプローチを採用し、地域住民の理解を得て海洋保護区が設置されたと、環境NGOオセアニウムは主張してきた。しかしながら、現地調査で得られた地域住民の声は異なるものであった。外部資金によるプロジェクトという時間的制約により、住民たちへの十分な説明は行われず、設置を決議する場に「参加」していた村長らも内容をよく理解していなかった。さらに、同意を取り付けるために、海洋保護区の設置は数か月間の試行にすぎないとの説明がなされたことで、管理委員会と漁民たちとの信頼関係は修復できないものとなってしまった。

海洋保護区においては、住民参加プロセスにおける不十分な説明や錯誤に加え、利害関係者の多様化に起因する問題が発生し、事態をより複雑なものにしている。海洋保護区においては、その空間を物理的に区分することが困難であり、必然的に利害関係者は多様化する。各々の利害関係者の時間的・空間的なかかわりには濃淡があり、その歴史的背景も異なる。第3章で見てきたように、この地域は主にセレール・ニョミンカとソーセのふたつの民族で構成され、いずれも現在のギニアビサウにあったとされるガブーと呼ばれる土地からの移民の子孫たちである。しかしながら、沿岸地域に点在していた集落はフランス軍の侵攻およびイスラムとの宗教戦争によって、バンブーン・ボロンの周辺に移住を余儀なくされた。この移動によって、ボロンは自分たちのクランに属するという所有者意識が芽生え、村落間の認識のずれが生じている。加えて、明確な「所有者」がいないことを理由に、植民地政府であれ、独立後の政府であれ、常に為政者はボロンを無主物として国家に編入しようとしてきた。さらに、ボロンの利用をめぐって、海はオープンアクセスであるととらえる外部からの流入漁民と、地先の海は村のものであるとする地元漁民との認識のずれの問題が生じている。どこまでを地元漁民とするのかを明確に判断することは難しく、またバンブーン海洋保護区のように流入漁民を海洋保護区設置のプロセスから排除することが適切とは言いがたい。

バンブーン海洋保護区をめぐる利害関係者のレジティマシーが錯綜するうえに、海洋保護区そのもののレジティマシーが揺らいでいる。

生態系保護の面では、水産資源に関する情報・資源の不確実性が顕著となった。海洋保護区は、保護区内の水産資源だけでなく、そのスピルオーバー効果によって隣接する海洋域の資源をも回復するものとされている。しかしながら、その効果は不確実な点が多く、研究者の世界でも議論を二分している。第5章で検証したように、バンブーン海洋保護区においては、設置後一〇年経った今も総バイオマス量に大きな変化がないことが判明している。バンブーン・ボロンは魚種の産卵地とされることから、予防原則にもとづき保護策を講ずることは正当といえるが、「科学的調査」は自らの正当性を強化したい利害関係者によって利用されることにもなるという危険性を内包している。

また、不利益をこうむる住民に対する経済的代替手段として用いられたエコツーリズムは不確実性を内包するものであった。エコツーリズムは環境に配慮しつつ、地域コミュニティに少なからずの利益をもたらす持続可能なツーリズムとして着目される一方、市場至上主義的側面をぬぐい去ることはできない政策である。バンブーン海洋保護区ではエコロッジを建設し、その運営を住民組織が行い、収益は地域開発プロジェクトに充てる試みが行われてきた。しかしながら、第6章で述べたように、住民組織、環境NGOおよび地方自治体がその収益の配分をめぐって争いを続けている。期待されていた地域住民の雇用も少なく、結果的に貧困層の中の強者の力を強めることとなってしまった。

社会的側面においては、コミュニティの不確実性が挙げられる。資源管理の地方分権化が法的に保障されたものの、地方自治体には自主的に資源管理を行っていくうえでの十分な運営管理能力が欠如しており、国も実際には自らの権限を積極的に手放そうとはしていない。さらに、第8章で指摘したように、バンブーン海洋保護区においては、保護区設置を決議した地方自治体においても、保護区の運営・管理を担当する住民組織のいずれもが、外部の思惑によって「つくられたコミュニティ」であり、伝統的に信頼を得てきた村の長や創設者の一族ではなく、政治的力のある者あるいは外部との交渉能力の高い者が主導権を握っている。

バンブーン海洋保護区を支えてきた「科学的調査」「エコツーリズム」「コミュニティ主体型資源管理」の言説は崩れつつある。さらには、第7章で見てきたように、外部者の環境NGOは、資金獲得のために指導者のカリスマ的正統性に頼らざるをえず、組織としての持続性が保たれにくいというジレンマ、上向きのアカウンタビリティを重視するあまり組織が硬直化する官僚組織化のジレンマを抱えている。その結果、環境NGOは市民セクターから国家セクターへと変貌し、政治のアリーナに進出することで地域社会との乖離が広がっている。むしろ、環境NGOが地域コミュニティを利用し、のしあがってきたとも理解できるだろう。

第3章で見たように、環境NGOオセアニウムが当初想定していた資源管理モデルは、政府と地域コミュニティが共同管理を行い、それを外部者が支援するという比較的単純なものであった(図3-1参照)。しかしながら、これまで見てきたように地域コミュニティとは一枚岩の存在ではなく、さまざまな歴史的・社会的背景をもった人たちの一時的な集まりにすぎず、その境界は非常に曖昧なものである。共同管理のパートナーである政府も一枚岩の存在ではなく、国際援助機

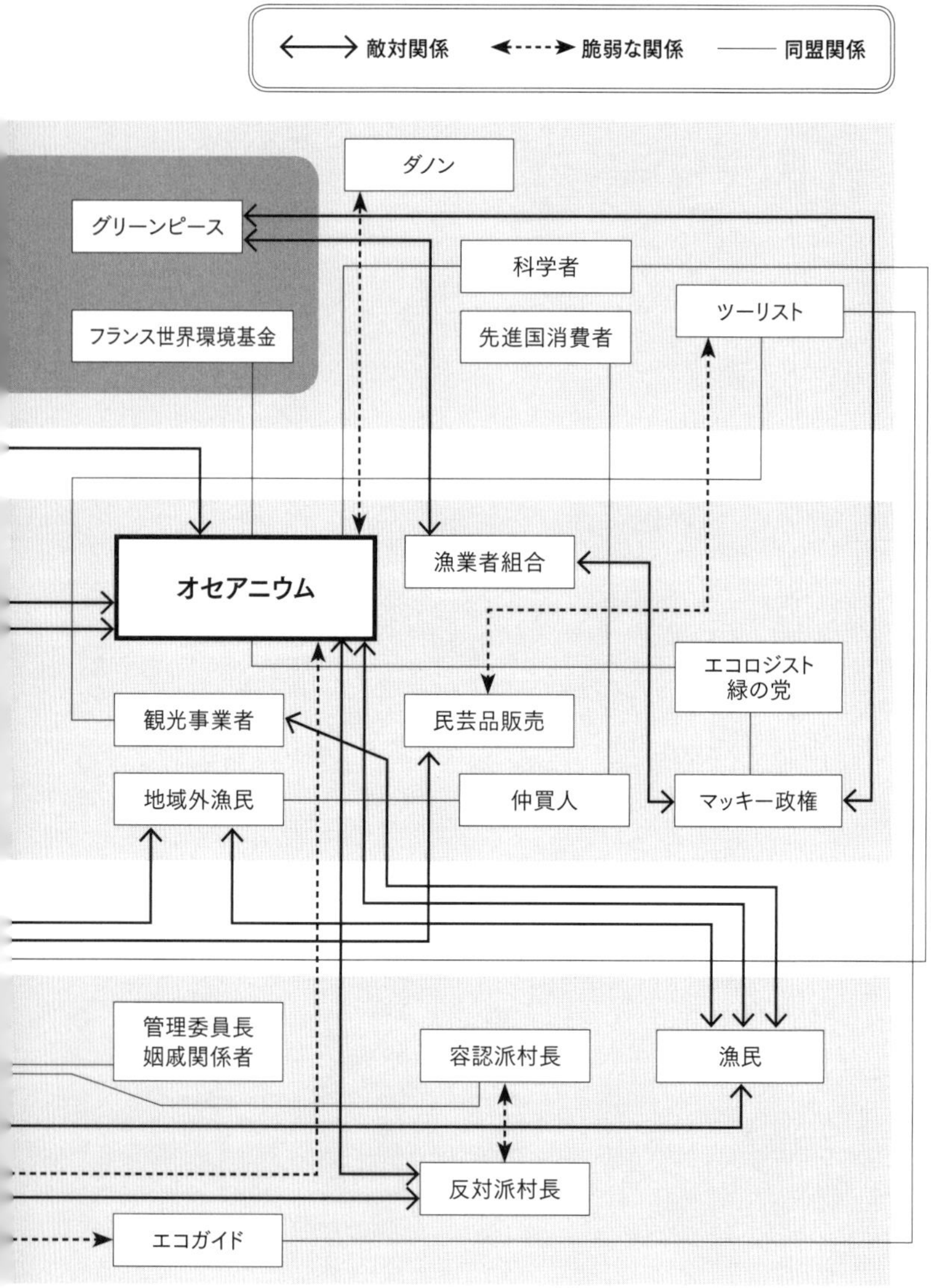
敵対関係
脆弱な関係
同盟関係
ダノン
グリーンピース
科学者
ツーリスト
フランス世界環境基金
先進国消費者
オセアニウム
漁業者組合
エコロジスト
緑の党
観光事業者
民芸品販売
地域外漁民
仲買人
マッキー政権
管理委員長
姻戚関係者
容認派村長
漁民
反対派村長
エコガイド

図9-1　バンブーン海洋保護区を取り巻く利害関係者
出所：筆者作成

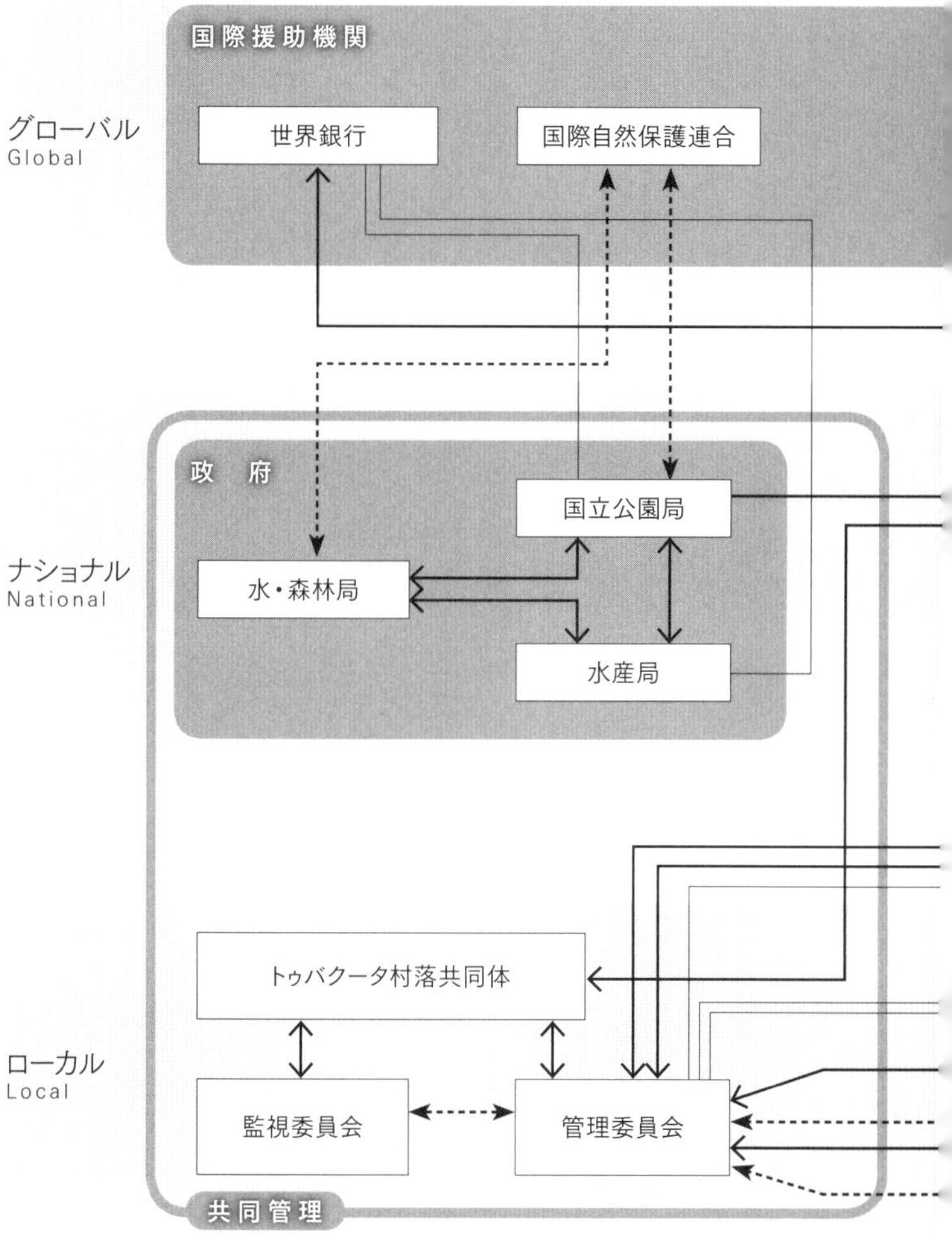

関との関係も部局によって協力関係を築くこともあれば、対立することもある。海洋保護区を取り巻く利害関係者は非常に広範囲、多岐にわたる（図9-1）。それゆえ、利害関係者のレジティマシーが複雑に絡み合い、社会的対立が深刻化するジレンマが生じている。海洋保護区のレジティマシー、たとえば生態学的効果を高めるために幅広い利害関係者を取り込もうとすれば、利害関係者のレジティマシーはより複雑に競合する。結果、権力闘争に陥り、バンブーン海洋保護区の事例のように、外部の援助機関との交渉能力に長けた組織や人間にカネも情報も集中し、格差が生まれる。逆に権力闘争を避けようとすれば、利害関係者を地域コミュニティで調整可能な範囲に特定する必要があるが、小規模な海洋保護区では水産資源の回復の効果は望めないであろう。経済的代替手段としてのツーリズムは地域コミュニティが単独で取り組めるようなビジネスではない。

二 自己存続を図る海洋保護区

さらには、もうひとつ大きな問題を海洋保護区は抱えている。それは海洋保護区という制度が自己存続を図るために変貌していくことである。人間がつくり出した科学的知見にもとづいてつくり出された海洋保護区という制度は、これまで取り上げてきたボロン、魚類、流域住民、地方自治体、環境NGO、開発援助機関、科学技術、所有意識、歴史観など、ヒト・モノを問わず、さまざまなアクターを動員し、それらが複雑に絡み合うネットワークを形成してきたともいえる。

この点をアクターネットワークの観点から振り返ってみよう。近年、科学人類学におけるアクターネットワーク理論［Callon 1986；ラトゥール 1999 など］をさまざまな研究分野に応用させようとする動きが盛んである。アクターネットワーク理論とはヒトとモノを同位のアクターとして位置づけ、その相互関係から事象を明らかにする社会科学アプローチであり、本来は科学技術の社会的影響が拡大するプロセスを明らかにするために用いられた理論である。この理論によれば、事物や出来事、知識というものは、ネットワーク構築者が自らの意志・目的を満たすために他のアクターに働きかけ、他のアクターの目的を自らの目的に合うように「翻訳」しながら、彼らを「取り込み」、管理し、アクターネットワークを構築していく過程であり、その結果であるとされる［足立 2001］。

第1章で見てきたように、海洋保護区という制度は科学者コミュニティの議論から生み出された。この制度は、水産資源枯渇の問題を危惧していた環境NGOの関心を引くことになる。IUCNという国際環境NGOが中心となって研究が進められ、成果は科学論文というかたちで公表されていく。科学論文は蓄積され、「海洋保護区は自然資源管理に有効なツールである」というひとつの前提、いわば海洋保護区というブラックボックスを形づくってきた。

水産資源保護を主目的としたバンブーン海洋保護区の事例の場合、主たるアクターは環境NG

O、住民組織、科学者、そして魚類である。環境NGOオセアニウムは、第7章で見てきたように、当初はマリンスポーツ愛好団体であったが、アイダーが代表に就いてから海洋生態系の保護を主目的とするようになったアクターである。住民組織は地元漁民の代表者で構成され、漁民たちは乱獲や新規漁業参入者の急増による漁獲高の減少から、長期的な視点により、ボロンの一時閉鎖は漁場を回復するものとの認識を示していた。第5章で述べたように、科学者はフランス国立開発研究所の研究チームであり、海洋保護区の設置による水産資源に対する効果の知見を得ることで、科学論文という成果を生み出すことのできるアクターである。そして魚類は、自らの繁殖と生存を求めるアクターである。

これらのアクターは環境NGOを中心に提携関係を結んでいくことになる。環境NGOの存在意義である海洋生態系の保護は、自らの生存を確保したい魚類の利害と一致する。環境NGOが実施する水産資源保護プロジェクトは、プロジェクトをつうじて得られる科学的知識を欲する科学者と、プロジェクトが導入されることで地域開発や何らかの経済的利益が得られることを期待する住民組織の利害に合致するものである。環境NGOが提示する水産資源保護プロジェクトは、「住民参加」と「地域開発」を重視する国際援助機関にとって魅力的なものであり、環境NGOと国際援助機関のあいだにも提携関係が形成される。これらのアクターは互いに相手の様子をうかがいながら提携関係を強固にしていくことになる。たとえば、環境NGOと住民組織の場合、第4章で取り上げたように、保護区設置プロジェクトのため、管理委員長が強引に村長に同意書への署名を行わせた姿勢や禁漁期間の説明の錯誤がこれにあたる。管理委員長を擁するスクータ村は積極的に海洋保護区設置に協力することで、監視員やロッジ従業員の雇用で有利な立場に立つことになった。環境NGOオセアニウムもまた、村長の同意により地域住民が協力的であるという担保を資金出資者である国際援助機関に提供することができた。両者はさらに地方自治体であるトゥバクータ村落共同体との提携関係を模索し、地方自治法にもとづいた「共同体」海洋保護区をつくり出すことに成功した。

設置前に予測されたシナリオは「水産資源保護」であり、魚類が海洋保護区という装置を「受け入れ」、生息数が増加することができれば、この提携関係は安定したものとなるはずであった(図9-2)。これらの提携関係の「スポークスマン」として機能していたのが、第5章で取り上げたフラッグシップ種としてのチョフであった。アクターが他のアクターを取り込む「翻訳戦略」においては、提携関係を代表する「スポークスマン」が必要となる[松嶋 2006]。「スポークスマン」となったチョフは表象化され、チョフに代表される大型魚種の生息数が図表化されていく。この結果は、科学論文や報告書のかたちとして普及する。この一連の交渉プロセスが成功した場合、科学者はチョフを代表とする科学的な「専門家(specialist)」となり、環境NGOはチョフ保護に成功した職業的な「専門家(professional)」としてのレジティマシーを獲得することになる。

しかしながら、翻訳戦略で取り込まれていくアクターは、いつでも翻訳者を裏切ることができるため、かならずしも思い描いたとおりにはならない[松嶋 2006]。バンブーン海洋保護区の場合、まず、魚類というアクターが裏切ることになった。第5章で述べたように「科学的調査」の結果は、大型捕食魚は増加傾向にあるものの、設置後一〇年近く経った現在も魚類のバイオマス量はほぼ一定であった。逆に漁民の主たる漁獲対象となる中型魚種は減少し、漁民は明白な利益を受けることができない状態にある。結果、漁場回復という目的で結ばれていた魚類と住民組織の提携関係は、監視委員の手引きによる密漁という事件の発生により崩れていく。

当初のシナリオが機能しなかったことにより、バンブーン海洋保護区は自らのシナリオを副次的目的でしかなかった「エコツーリズムによる利益分配」に修正し、自らの存在の維持を目的化することになる(図9-3)。トゥバクータ評議会のバホム副議長が述べるように、「今やバンブーン海洋保護区は魚類がどうなったのかという問題ではなく、エコロッジをどうするかという問題の方が大きい」(ダシラメ・セレール村、男性四〇代、二〇一〇年九月二四日)のである。環境NGO、住民組織および地方自治体は、バンブーン海洋保護区が新たに提示したシナリオでは提携関係を維持することができず、ロッジの経営権をめぐって争うこととなった。住民組織は地域住民の代表組織ではなく、管理委員長という地域エリートが支配する組織へと変化した。さらに、ロッジ経営をめぐる混乱から地域住民の支持という担保を失いつつある環境NGOは、国際援助機関との提携関係の解消を余儀なくされる。第6章で触れたように、バンブーン海洋保護区を世界遺産登録することでエコツーリズムの振興を図ろうとしたが、ユネスコは生態的価値を高く評価せず、自然遺産としての登録を見送った。

図9-2　プロジェクト開始時のバンブーン海洋保護区（AMPB）のアクターネットワーク
出所：筆者作成

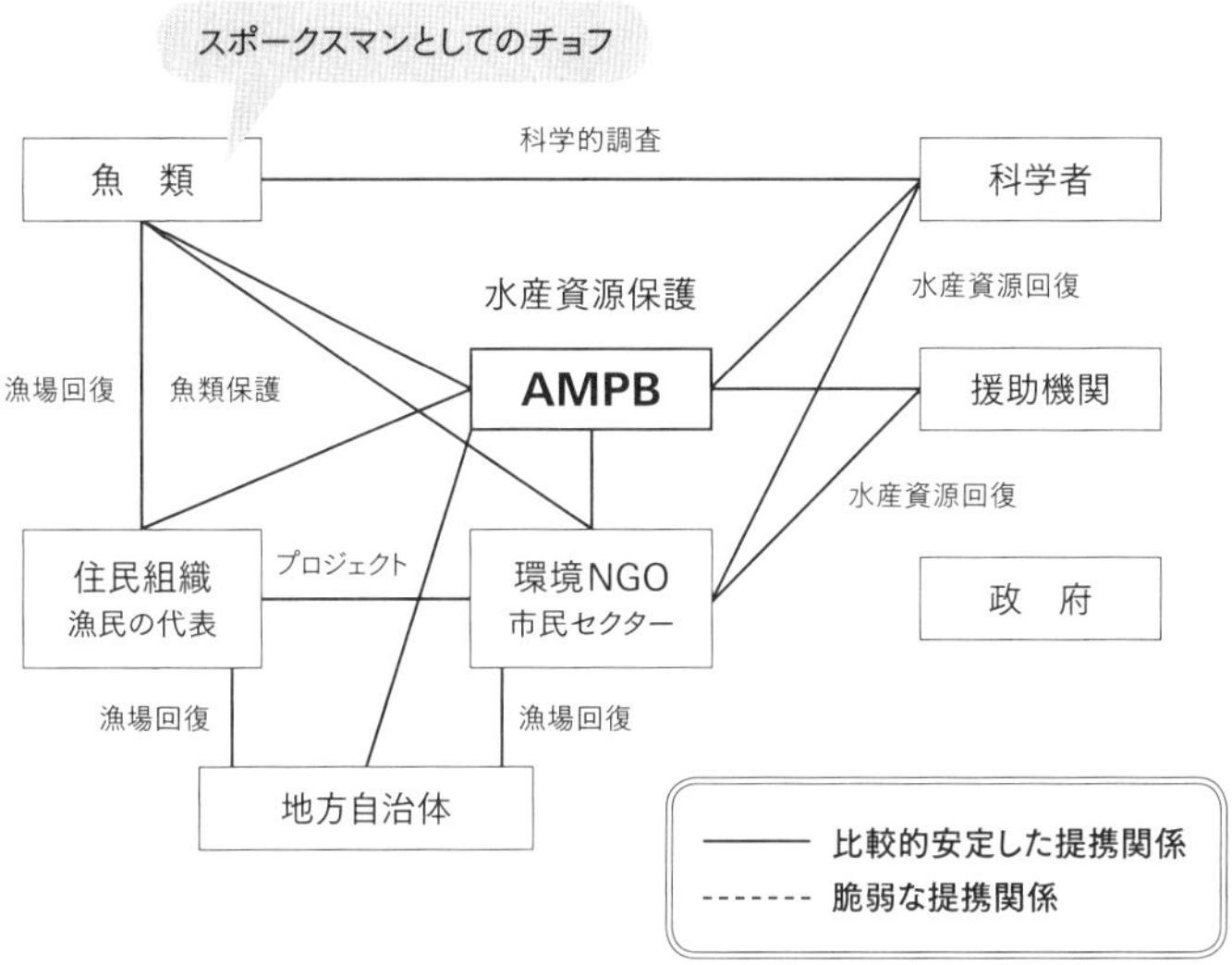

図9-3　現在のバンブーン海洋保護区（AMPB）のアクターネットワーク
出所：筆者作成

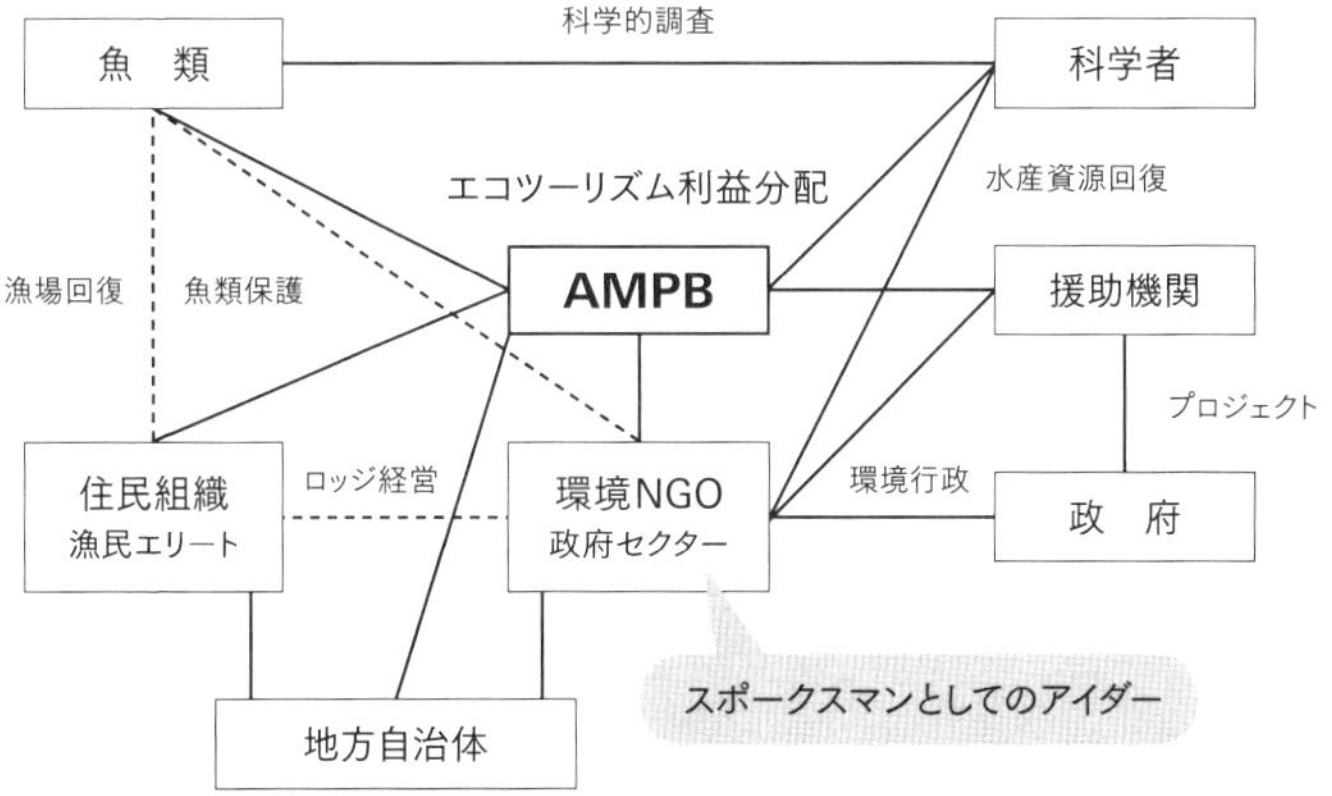

こうした状況を打破するために、環境NGOオセアニウムは政府というアクターとの提携関係を強化する翻訳戦略を選択し、市民セクターから政府セクターに変貌していく。ここでの提携関係のスポークスマンとなったのは、オセアニウムの代表であるアイダーである。アイダーというカリスマ性をもったアクターが、「バンブーン海洋保護区設置の立役者」という実績をもとに前政権であったセネガル社会党と提携関係を結び、エコロジー・自然保護大臣に就任する。社会党幹部は彼の就任に関し、「私は彼を信頼し、エコロジーに対する彼の執着を称賛している」と語り、マスコミは「カザマンス地方での植林行動と、海洋環境の保護活動でアイダーの名は世界に知られている。アイダーは長年、オセアニウムのリーダーであり、任命は偶発的なものではない」と報じた[http://www.dakaractu.com 二〇一三年一〇月三一日閲覧]。

バンブーン海洋保護区のアクターネットワークは、魚類、住民組織、環境NGOや科学者による提携関係を中心とした資源管理のネットワークから、環境NGOと政府を中心とした政治的なネットワークへと変化しつつある。しかしながら、このネットワークは決して安定したものではなく、アクターの「裏切り」は起こりうる。バンブーン海洋保護区と環境NGO、政府の政治的なネットワークが脆弱化することで、バンブーン海洋保護区は自己の存続を求めて新たなシナリオ、すなわち「エコツーリズムによる利益分配」に代わる新たな目的をつくり出す可能性がある。バンブーン海洋保護区の事例にかぎらず、海洋保護区は、当初にネットワークを結んだアクターとの関係性の意味合いを変化させながら、設置の主目的である海洋生態系の保護とは趣旨が異なった装置として存在し続ける可能性があるのである。

三 地域にかかわることの意味

アクターがときに翻訳者を裏切り、新たな提携関係を築き上げるように、しばしば人は他人の期待を裏切る。完全なる利他主義(Altruism)を貫きとおすことができる人間が存在しないように、「ふつうの人」はかならず他人に対する妬みなどの感情をもつ。ジャメ管理委員長は、各村を説得する際に、数か月の禁漁という臨時的措置であるとの説明を行った。委員長としてプロジェクトの実施が優先事項であり、説明に錯誤が生まれたことは致し方なかった面もある。しかしながら、この説明が委員長も予期しなかった大きな混乱を地域社会にもたらす原因となったことに違いはないであろう。バンブーン海洋保護区では、個人がよかれと思ってしたことが、誤解を生み、他者の嫉妬を誘発し、その他の諸問題と結びつき、負の連鎖だけが増幅されていくこととなった。だれもがよかれとしていることが、結果的に不幸を招いてしまう。この負の連鎖を止めることはできるのであろうか。

生態的効果も経済的効果も予測不可能である以上、海洋保護区は万能な水産資源保護ツールとして存在しない。海洋保護区というブラックボックスは常に変化し、普遍的な存在ではない。海洋保護区は、その存在意義が揺らいだとしても、アクターとの関係とともにその目的を変容させながら存在し続けることのできる装置である。バンブーン海洋保護区の設立目的であった水産資源保護は、今もなお不明瞭な「科学的」結果しか示すことができないが、大統領令によって設立が公式なものとされている以上、漁民の提案である数か月間の漁業解禁といった臨時的手段はもはや不可能に近いという認識が地域住民のあいだに広がっている。一度、設立してしまったものを地域の論理で覆すことは難しい。それゆえ、既存のものを地域住民が許容できる範囲のものに改変していくことが求められる。バンブーン海洋保護区がアクターとの関係を変化させながら存在し続けるように、同海洋保護区を取り巻くアクターとの関係、あるいはアクターそのものを地域住民が公正な利益を受けられるように変えていく必要がある。すなわち、地域住民の代表としての住民組織が、バンブーン海洋保護区や環境NGOなどの諸アクターと試行錯誤を重ねながら、ふたたび提携関係を結び直すことである。

海洋保護区に普遍的な定義が存在しない以上、地域に即したかたちでの適用や改変は可能ととらえることもできる。国際社会の求める海洋保護区ネットワークに対し、地域コミュニティが、一時的な漁場の開放や魚種を限定した禁漁措置をともなった新たな海洋保護区のかたちを提起すべく、利害関係者との話し合いを積み重ねる必要がある。

道のりは厳しいが、一筋の光明も見え始めている。第1章で触れたマドレーヌ諸島国立公園での漁師殺害事件はまったく解決の糸口は見えず、外国漁船とセネガル零細漁民との争いも続いているが、政府が漁民や環境NGOとの対話を始めたのである。

二〇一二年二月、大統領選挙の最中、環境NGOグリーンピースはセネガル領海内で操業していたロシア船籍の漁船に「pillage（略奪）」とペンキを塗り、抗議を行った。さらに、大統領候補者に対し、外国漁船に漁業許可証を販売しないよう呼びかけた。こうした外部からの呼びかけが功を奏したのか、同年五月、新大統領マッキー・サールはロシア、コモロ連合、リトアニア、セントビンセント・グレナディーンおよびベリーズ船籍の二九のトロール漁船について漁業許可証の発行を中止した。その前月には、ルクセンブルクでEU水産大臣会議が行われ、共通漁業政策（CFP：common fisheries policy）の見直しが議論され、モーリタニア領海内における漁業許可証の発行の取りやめに失敗していた。それゆえ、この決定を国際環境NGOは大いに評価した。

さらに、同年一〇月にはグリーンピースの主催で漁業関係者との会合がもたれ、「セネガル零細漁業アクターによるプラットフォーム（PAPAS：Platform of the Artisanal Fishing Actors of Senegal）」が創設された。この会合で、前ワッド政権時代に漁業許可を受けた外国漁船の違法操業により約八〇億セーファー・フラン（約一六億円）の損失があったとし、持続可能な漁業を目指して、PAPASは透明性と約束の履行、説明責任を基本的価値として行動していくことが確認された。

「書類上の保護区」と揶揄されたセネガルの他の海洋保護区でも新たな動きが起こり始めた。サンルイ海洋保護区では監視船が二隻配置され、一隻が漁業局、もう一隻が住民組織である管理委員会に管理されている。前サンルイ海洋保護区ボーカル・チャム保護官は、

「サンルイ海洋保護区は現在までのところ機能していない。漁師が気の荒いレブということもあるし、サンルイ海洋保護区が他の保護区に比べ桁外れに大きいという管理上の問題もある。利害関係者による話し合いは非常に困難であるが、バンブーンのような過ちは犯したくない。バンブーンではオセアニウムがあまりにも導入を急ぎすぎた。サンルイは確かに書類上の保護区かもしれないが、ゆっくり時間をかけなければ機能しない」(男性四〇代、二〇一〇年一〇月二〇日)

と述べ、性急に事を進めず、資源管理における漁業者との対話の大切さを強調した。バンブーン海洋保護区の設置が多くの利害関係者に混乱を招き、対立を激化させたことを反省し、管理者である国立公園局も住民とのコンセンサスを第一に考える姿勢を示し始めている。

海洋保護区のアクターのひとつである科学者もまた、他のアクターとの接触によって変わっていくことになる。アクターネットワークの中には、社会「科学者」である私も含まれている。初めてバンブーン海洋保護区を訪れたときの私は、研究対象としての「理想の自然保護区」を求めた。しかし、海洋保護区というアクターをつうじて環境NGO、住民組織、地方自治体、魚類、漁民などさまざまなアクターと接し、ときに協調し、ときに反発しながら海洋保護区にかかわることで、私自身の各アクターに対する見方は変化し、漁民というアクターの私という「よそ者」に対する見方も変化した。

住民がバンブーン海洋保護区に巻き込まれたことで新たな出会いが生まれ、新たな信頼関係も構築されつつある。私は不満や窮状を訴える人たちに何かをすることもできないし、その能力もない。ただ、その横に座って話を聞くだけである。けれども、それこそが地域住民が求めてきたことではなかろうか。スールー村の聞き取りの後、私は他の村でのインタビュー記録を含めた報告書を村長に持って行った。村長は村の男たちに声をかけた。序章で私に「出て行け」と言い放った漁師は、他の村の意見を食い入るように読んだあと、「ようやく俺たちが言いたかったことを書いてくれたな」と笑顔を返してくれた。

国際社会の要望に対し、生活の実情に即したレジティマシーを構築し、海洋保護区ネットワークという国際政治のアリーナで繰り広げられる議論における地域住民の対抗言説とする。地域住民の声なき声に耳を傾け、彼らのレジティマシーを補完し代弁することが社会科学者に求められる役割であり、それこそが地域にかかわることの意味ではないだろうか。

資料1 サルーム・デルタの歴史

▽ゲルワールの北上

サルームの名は、ガーナ王国に起源をもつソニンケの征服者の名から来ている[Cros 1934]。

Sarr and Becker [1987]によれば、サルームを支配したマンディンカの一族ゲルワールは南から到来したとしている。第3章で述べたように、ゲルワールの北上以前にサルームには人びとが定住していたが、人はまばらであり、村々は互いに離れていたという[Ba 1976]。サルームの大半で水脈は地下深くにあり、魚と水の調達のため、ニョンバトーなどの川沿いに人口は集中していた。

マンディンカたちは当初、現在のギニアビサウにあったとされるガブーに入植した。ガブーは肥沃な土壌に恵まれ、牧畜が盛んであった。一方、隣接するフー

サルーム王国の位置

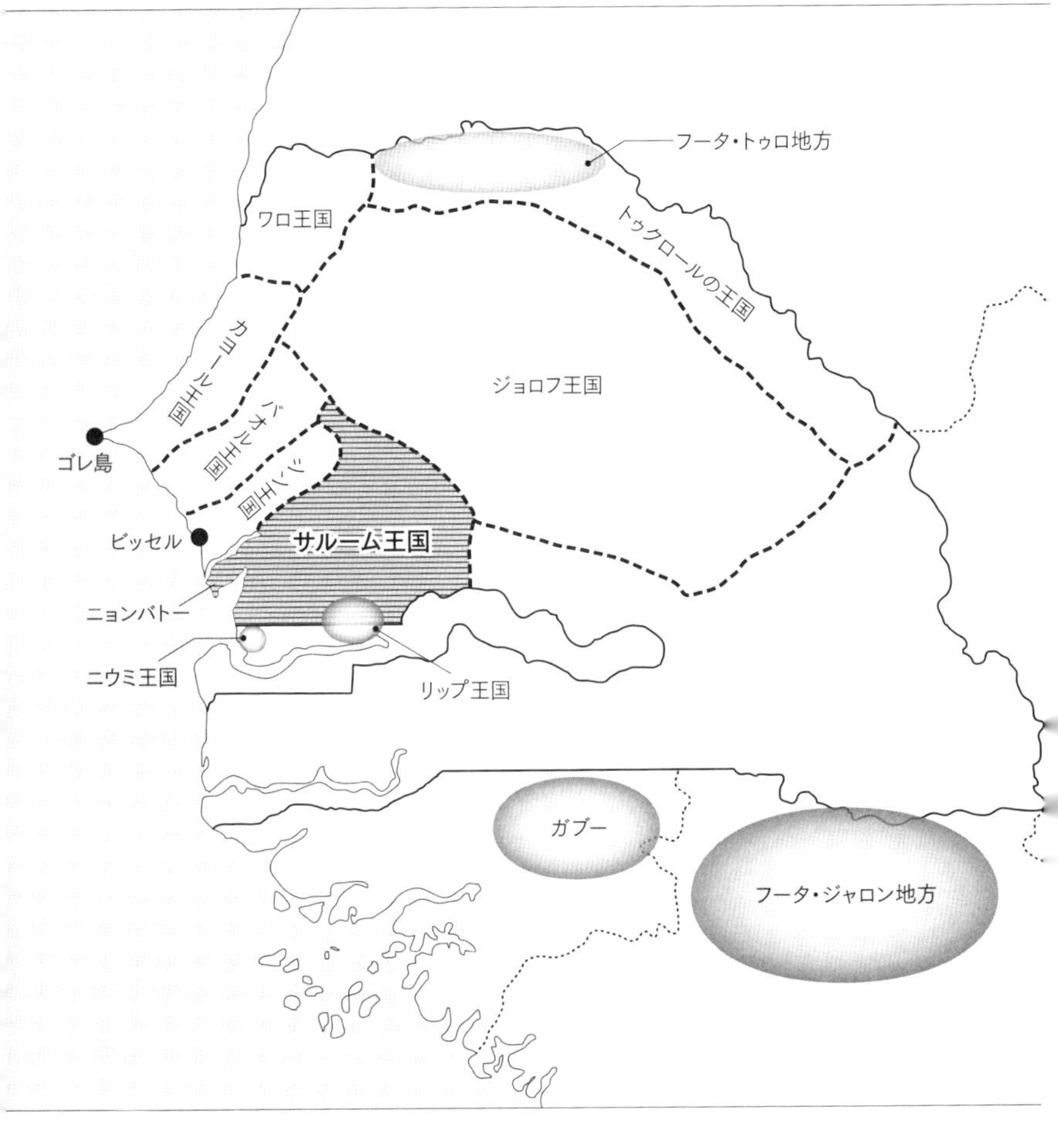
フータ・トゥロ地方
ワロ王国
トゥクロールの王国
カヨール王国
ジョロフ王国
バオル王国
シン王国
ゴレ島
ビッセル
サルーム王国
ニョンバトー
ニウミ王国
リップ王国
ガブー
フータ・ジャロン地方

タ・ジャロン（Fouta Djalon）と呼ばれる地域は乾燥した貧困な土地であった。フータ・ジャロンの支配者（*Almamy*）であるイブライマ・ジャロ（Ibrahima Diallo）は、イスラムのマラブーたちからマンディンカの王ディアンケ・ワリ（Dianké Wali）の娘と結婚するように勧められる。この結婚によりフータ・ジャロン全土を統治することのできる王子が生まれるとされたからである。しかしながら、この試みは失敗することになる。ジャロは牧畜民族であるプルの血を引いており、マンディンカの風習と相いれないとしてディアンケ・ワリ王は反対した。

この拒絶に対してジャロは怒り、ガブーに侵攻した。ジャロの侵攻は屈強なマンディンカの戦士たちにより迎撃されたが、ジャロ王はガブーの地に混乱をもたらそうと社会的地位の高い層の子どもたちを誘拐し、さらにはフータ・ジャロンに馬を探しに来たマンディンカの青年三〇人をイスラム教徒ではない異教徒であるという理由でその首をはねた。逃げ帰った二人の青年はワリ王に報告し、ワリ王は軍隊を率いてフータ・ジャロンに攻撃を仕掛け、一二〇〇人もの戦士たちが虐殺を行った。ガブーとフータ・ジャロンの軍は一三三五年に「全滅する」という意味であるトゥルーバン（Troubang）の地で激突することになる。戦争は一六年半続き、ワリ王は苦しむこととなった。首都は包囲され、数千の戦士たちは戦死あるいは戦闘不能となった。さらには飢饉が住民を襲った。王は首都に火を放ち、兵はすべて焼き尽くされ、農地は人と馬の遺体で埋め尽くされた。ワリ王は子どもたちを集め、三人の王子と四人の王女を選び、「われわれの部族を絶やさぬために、西の海岸に逃れなさい。神によれば、遠方の国でお前たちは統治を続けることができるはずだ。私は、最後のときがきたと感じている。私は先祖から受け継いだこの首都を離れて逃げることはできぬ」と語った。

三人の王子および四人の王女は北西に向かって出立し、現在のガンビア国境に近いリップ（Rip）、そしてニョンバトーを経由して、シンおよびサルーム地域を目指した。この王子の一人が、後にシン王国を創設するマイサ・ワリ（Maisa Waali Jon Mane）とされている［Ba 1976:814］。

ゲルワールたちの大部分は、シン王国の初代の王であるマイサ・ワリの住むビッセル（Mbissel）の地を目指し、プティット・コット地方へと向かった［Becker and Martin 1981］。一方、一部のゲルワールたちを引き連れたセレールのサルーム地域への入植は一四世紀とされ、このセレール集団は先にシン王国を建設したゲルワールたちの支援により政権を掌握した。一四九〇年代にゲルワールたちはサルーム政権を奪取し、一六世紀に完全な支配をなしとげた後、サルーム王国の長として君臨した。

▽サルーム王国の建設

サルームにおけるゲルワール王朝の創始者はベガン・ンドゥール(Mbegan Nduur)である。彼はゲルワールと農民・狩猟民・祈禱師であったセレールとのあいだに生まれ、シン王国で育った。ベガン・ンドゥールはかなり広大な政治的統一を企図した人物として口頭伝承で語られている。シンとサルームを一時的にではあったものの同時に支配し、さらに隣国のバオル(Bawol)王国からカヨール(Cayor)王国にいたるまでを支配しようと試みたという。ウォロフの国であるジョロフ(Jolof)王国の君主ジェレン・ンジャイ(Jelen Njaay)を自分のめいと婚姻させ、連合を組んだ。ウォロフとの関係を特に重視しており、この婚姻後、ンジャイ家はサルーム王国における貴族となり、サルーム王国の王(*Buur*)四九名のうち一七名を占めるにいたっている。国内ではセレールの長たちの権利を尊重し、マンディンカの政治社会モデルおよびウォロフの政治社会制度に着想を得た社会政治制度を築き上げた。彼はしばしばイスラムの首長たちとの戦いに勝利してきたが、イスラムを尊重し、マラブーとしてSaalum Suwareの名を冠した。彼の統治時代からイスラムの催事が伝統宗教の儀式とともに行われるようになったが、セレールとゲルワールを起源とする伝統宗教が排除されることはなく、一九世紀半ばの宗教戦争にいたるまでイスラムとの共存を維持した。

サルーム王国の政治・行政組織は、王を頂点としたカースト制であった。第3章で述べたように、Ba［1976］は、ゲルワール王朝時代のサルーム社会は三つの階級に分かれていたとしている。第一身分はゲルワールの子孫やドーミ・ブール（*doomi-buur*）と呼ばれる王の息子たち、王に匹敵する力をもつボロム・ドンボ・タンク（*borom ndombo-tank*）で構成される貴族である。第二身分は自由民である農民ジャンブール（*jambur*）、さらに第三身分として捕虜、口頭伝承の語り部であるグリオや鍛冶屋などの職人で構成されるニェーニョ（*ñyeñyo*）が存在した。グリオはもっとも低いカーストであるが、もっともおそれられる存在でもあり、その遺体を海や川へ捨てるようなことがあれば魚がいなくなると考えられていた［Le Roy 1983］。家系や歴史の記憶を保護するグリオの死によって、コミュニティの共通基盤である記憶が喪失されることをおそれたのである。

ボロム・ドンボ・タンクはジャーラーフ（*jaaraaf*）の長であり、ジャーラーフは人民を代表する人びとである。ボロム・ドンボ・タンクはその地位に就く者が死亡したときにサルーム王によって任命され、逆に王位が空位の際には、彼らが新しいサルーム王を指名する選挙を司り、採決権を有した。さらに彼らは、君主に足らない証拠を示すことによって王の地位の剝奪や退位を迫ることが可能であった。新たに選出された王は彼らを罷免することはできなかったという。シン王国では、王は神かつ絶対的権力であり、祖先たち死者の魂の守護を司っていたが、サルーム王国ではそこまでの権力をもたず、人間に関する生と死の権利をもたなかった。だれかに死刑宣告するためには、王はジャーラーフの同意を必要とした。ジャーラーフは父系集団であるサール家(Sarr)やニャン家(Niang)から選出された。一方、マンディンカの一族であるゲルワールは王朝を象徴するものであり、その資格は母系集団によって継承されたという。ゲルワールの男性はゲルワールを輩出することができないが、ゲルワールの女性たちは、仮にその夫が捕虜だったとしても、その子孫すべてにゲルワールの称号を授けることができた。しかしながら、実際には父母はジャーラーフの意見なしに娘を嫁がせる権利はなかったため、身分の低い者との結婚はかなりまれであったという。ゲルワールの女性のなかで、王の母、おば、姉妹がリンゲール(*lyngèr*)となり、最高位を占めた。リンゲールは王朝の富を独占することができたため、一人の女性のみが指名されることはなかった。王の息子たちドーミ・ブールは、ゲルワールの男性と自由民の女性との結婚によって生まれた王の子やいとこであり、地方の長にしか就くことを許されなかった。

一方、Klein[1968]は、サルーム王国ではゲルワールに征服されたものの、その社会構造はマンディンカよりもカースト制度の強いトゥクロールのモデルが重視されたと主張している。カースト制度はニョミンカや他のセレールに存在せず、後に発展したものと彼は推測している。また、サルームは王が強大な権力をもった王国ではなく、その中央部には五〇〇〇から一万人を指導する五人の首長がおり、サルーム王は部分的にしか支配することができなかったという。王は人民への租税のほか、奴隷交易、サルーム川での塩製造およびガンビアのマンディンカ諸国からの貢物によって収入を得ており、この収入によって大規模な軍事力を維持することができた。租税の徴収は奴隷戦士であるチェド(*tyeddo*)によって行われた。彼らは王や地方長官の側近でもあった戦士たちで、王の奴隷とも呼ばれた。チェドは奴隷商人たちに賄賂を要求し、すでに租税を納めた村を襲撃することもまれではなかった。サルーム王は戦争で奴隷を獲得し、マンディンカの奴隷商人たちも奴隷を引き連れて首都を頻繁に訪れていた。

サルーム王国では王は国の最重要人物ではあったものの、その地位は安定したものではなく、他の権力による監視・抑制がはたらき、複数の権力関係の均衡のもとに成り立っていたといえよう。身分階層制度を重視しながらも母系による継承を行うことで、一個人や一家族に権力が集中することを避けてきた。後にサンゴール初代大統領に代表されるセネガル知識人が評価したように、近代のセネガル人は、抑圧的な面も有した伝統的な国家を各集団が各々の権利と義務をもち、権力が分散された平等な国家とみなすことになる[Klein 1968:18]。

▽セレールの宗教観

サルーム王国の政治システムの根幹には独自の宗教観がある。Martin and Becker[1979]によれば、セレールの宗教観は生と死という生命の交換であり、最高のカミであるローグ・セーン(*Roog Seen*)への信仰ではなく、恵み深い自然の力への回帰であったという。呪物崇拝、予言、魔法といった魔術が重要な地位を占め、礼拝は祈り、供物、生贄に加え、集団が感情的に融合した状態で行われる儀式によって構成された。

聖なる祭壇であるパンゴール(*pangol*)に祀られたものは歴史上の人物、村の創設者、英雄あるいは大家族の長であり、礼拝儀式によっ

写真10-1 セレールのパンゴール(祭壇)(2007年6月)

て精神化されていった。祭壇は石、地面に突き刺した棒、カナリア、杭などさまざまな要素で構成され、しばしば、とげのある枝や杭でつくった囲いによって閉ざされる（写真10－1）。祭壇の名称にはンベール（*mbeel*）と呼ばれる沼、ンガス（*ngas*）と呼ばれる井戸の名が頻繁に使われ、セレールの生活における水の重要性がうかがえる。沼や井戸は農耕期にしばしば会議が開かれ、祈禱師が未来を告げ、献酒が行われた場所とされている。たとえば、ダシラメ・セレール村にはジドール（*Gidoole*）と呼ばれる井戸が祭壇として使われている。

祭壇の存在によって神聖化された村の創設者の一族にだけ、火入れの権利、すなわち開墾地を管理する永続的能力が付与されたのである［Le Roy 1983］。また、王の即位には浄化儀礼が必要であり、即位式には沼での沐浴が行われた。

▽落花生栽培の普及

Klein［1968］によれば、一八〇七年にイギリスは奴隷交易の永久的な廃止を決定し、イギリスの圧力のもと、復古王政期ブルボン朝の最初のフランス総督ジュリアン・シュマルツ（Julien Schmaltz）が一八一五年に奴隷交易廃止を決定した。ルイ一八世は植民地行政を、フランス植民地の開発および拡大計画を策定した一人のボルドーの船舶製造者ピエール・バレルミー・ポータル（Pierre Barhélemy Portal）に任せることにした。

カリブ海地域のプランテーションに労働者を輸送する代わりに、ポータルは潜在的労働力が見込めるアフリカにプランテーションを設立することを計画した。フランス総督シュマルツはオランダ植民地ジャワ島での経験を買われ、ジャック・フランソワ・ロジャー男爵(Baron Jacques François Roger)とともにセネガルでの農業の可能性とプランテーション開発の調査を実施した。しかし、交易商人たちは利益の大きな塩の交易に執着し、農業に関心をもつことはなかった。彼らの努力は水泡に帰し、一八二六年にロジャー男爵は辞任し、農業開発計画は頓挫した。また、フランス本土での石鹼製造のためにヤシ油工場も建設された。落花生油とオリーブ油を混ぜることで青白い石鹼を製造することができることが明らかになり、一八三三年にガンビアで最初の試みが行われ、一八四一年にセネガルでも開始、初年度は一トンほどの落花生油がマルセイユに運ばれた。一八四五年には約二〇五トンに、さらに一八五四年には約五五〇〇トンに増加した。

落花生はセネガルの砂地の土壌に適合し、生育は容易であった。奴隷貿易の終了後、貿易拠点として凋落しつつあったゴレ島は、この落花生交易の重要な拠点としてふたたび栄えることとなった。落花生栽培は交易の拠点となったサンルイとゴレ島周辺から広がったが、セネガル南部にも急速に拡大した。宗主国フランスの経済にとって落花生は統計的には重要なものではなかったが、フランス領西アフリカ植民地政府の行政官たちは、パリの本部に植民地「帝国」というアイデアを売りつけることができると考えていた。当時の総督フェデルブ（Louis L.C. Faidherbe）は、サルーム・デルタ地域においては商業的利益が常に優先事項であったと記し、パリが利益を生み出さない「帝国」建設の作業に乗り気でないことを知っていた。このため、彼は地方税を課し、地元住民を市民軍に参加させることで植民地「帝国」の利益を強調した。

さらに、落花生栽培の普及はサルームの人口構成に大きな影響を与えた。二〇世紀初頭、マリやボルタ（現在のブルキナファソ）の移住民が次々と落花生栽培を行っているサルームの村に入植し、この地域の民族の多様性を生み出したのである［Becker and Martin 1981］。

▽フランス軍の侵攻

ゴレ島のフランス人商人たちはフランス本国に対し、イギリスとの商業的競合や王の奴隷戦士として各地で略奪を行っていたチェドの問題からの保護を求め、武力を行使し威嚇するよう再三願い出ていた。前節で述べたように、チェドは彼らに対し、頻繁に賄賂を要求する厄介な存在であった。商人たちの要望に応え、一八四七年に砲艦がサルームに到来し、定期的な巡回が行われることとなった。一八四九年には、サルーム王はシン王とともにフランス人商人の保護を約束し、商人たちは毎年の補助金を準備し、王たちに関税の支払いを約束した。また、この協定では、海難事故が起きた際には王が荷の三分の一を取得し、残りをゴレ島に返還することも決められた。しかしながら、この協定でチェドの問題が解決することはなかった。チェドによる賄賂の要求は続き、断った場合には戦いが生じることとなった。そこで、サルームにおいては、商人の邪魔をする人間に対し刑罰が科せられた。しかし、ゴレ島の軍部は商人たちから伝えられる不平不満について確認を行うことができず、商人たちもみな潔白であるわけではなかった。また、一八五〇年代には落花生栽培がサルームに急速に拡大し、サルーム川の入り江では丸木舟によるコストの低い運送が行われ、多くの交易拠点が発展した。

落花生生産はサルームに政治的変化をもたらした。奴隷貿易が支配者や首長、その側近たちの力を強化したのに対し、落花生は自給自足の農民たちに換金作物を提供することとなった。落花生による収入は大きく、農民たちは収入をゴレ島の商人からの銃器購入に充て、自分たちでチェドの襲撃から身を守ることができるようになった。かくして権力のバランスは崩れた。落花生交易により、季節を問わず農民との商売に従事する商人たちが生まれ、こうした商人たちとの取引が盛んになった。チェドをうまく支配し交易を保護してきたサルーム王バレ・ンドゥグ（Ballé

N'Dougou N'Dao）は、紛争が頻発したことから、取引できる季節を制限した。しかし、一八五三年にバレ王が亡くなると、ゲルワールのふたつの母系集団による後継者争いが勃発した。バレ王と同系のバラ・アダムが選出され、フランス人商人たちに人気のなかったライバル候補は敗れたが、一八五六年にバラ・アダムは亡くなった。後継者問題は続き、さらにはフランス総督ピネ・ラプラド（Pinet-Laprade）がたびたび侵攻してきたことから、サルーム王国は次第にその力を失っていくこととなる。

▽イスラムへの改宗

Klein［1968］によれば、イスラムはサハラ越えのルートで商人たちによって西アフリカにもたらされた。一一世紀にセネガル川に広がったタクルール（Takrur）王国の支配者がイスラムに改宗したのがセネガルでの布教の始まりとされる。一三世紀に成立したマリ帝国はガンビア川流域を支配しており、とりわけマンディンカの人びとのイスラム化を担うこととなった。一五世紀にポルトガル人が訪れた際には、マラブーたちがセネガル、ガンビアの各王宮と結びついていたという。マラブーたちは王のために祈り、さまざまな情報を扱っていた。そのサービスの対価として土地を譲り受け、村をつくる許可を得ていた。イスラムは当初、王の側近のあいだに浸透したが、自由農民であるジャンブールに大きく広がるようになった。一方、王の奴隷戦士たちであるチェドは、イスラムが最も浸透しない集団となった。イスラム教徒は最も勤勉で倹約的な人びとであり、それゆえ最も富を有し、チェドの略奪の対象となった。村落部に住むイスラム教徒の多くは、大多数の伝統的宗教崇拝者とは隔たった場所に住んでいた。こうした村において、マラブーは宗教的かつ政治的権威を行使し、力のあるマラブーはタリベ（talibé）と呼ばれる弟子たちのネットワークをもっていた。こうしたイスラム・コミュニティは、伝統宗教の信仰が根強いシン王国を除き、セネガル全域に存在したとされる。イスラム・コミュニティは常にチェドの襲撃の脅威に対峙しており、それゆえ彼らは支配層に対し敵意をもっていた。

Cros［1934］は、サルーム王国には、マンディンカの一族であるゲルワールの長と、セネガルで最も早くイスラムに改宗したタクルール王国の子孫であるトゥクロール（Toucouleur）のマラブーというふたつの首長がいたとしている。さらにサルーム王国には数多くの小王国が存在し、多かれ少なかれ独立し、完全にサルーム王国に帰属することはなかった。権力は複数の競合する力のあいだで共有され、権威は確固としたものではなかった。

Klein［1968］によれば、一八六二年、ガンビアとの国境近くガンビア川沿いのリップ（Rip）王国のバディウ（Badihou）の国で、マ・バ（Ma Bâ）がウォロフのイスラム教徒を率いて王に対し反乱を起こした。王はマラブー主導の権力の独立をおそれ、目立った指導者を殺害することを決めたが、マラブーたちの力は強く、イスラムを受け入れようとしない村を焼いた。王は殺され、チェドたちは追放され、その一部はサルームへと逃げた。当時、サルームを治めていたのは一九歳の若き王サンバ・ロベ(Samba Lobé Fall)であった。一八五九年に即位したが、度重なるフランス軍の攻撃と王の地位を失った彼の父による侵攻に対峙しなければならなかった。サンバ・ロベ王のチェドたちは各地でイスラム軍を撃退したが、一八六一年のフランス軍の攻撃で、賠償金を要求されたうえ、大きな損失をこうむったサルーム王国には銃や馬はほとんど残っていなかった。商人との取引もうまくいかず、フランス司令官によって徴収された関税は王のもとには届かなかった。王とチェドたちは食糧を求めて村々を襲った。さらには、一八六二、六四、六五年とイナゴが大発生した。ニョンバトーのマンディンカの村々はマ・バに忠誠を誓い、チェド討伐戦に参加した。サルーム・デルタ島嶼部のセレール・ニョミンカの数か村もこれに追随した。

サルーム王国はサルーム・デルタに長きにわたり君臨したが、チェドに対する敵意が村人のイスラムへの改宗を促した。一方、セレールのいくつかの村々はマラブー勢力に対抗した。一八六三年には、ガンビア川からサルーム川にかけての一帯は伝統的宗教にもとづいたニウミ王国(Niumi)を除き、すべてマラブーの支配下に入った。当時の出来事を、ピネ・ラプラード総督は、「マラブーたち、すなわちコーランを真摯に遵奉する人たちは、カヨール、バオル、シン、サルーム王国のチェドという窃盗でしか生きることのできない大酒飲みの集団によってふるわれる暴力に疲れ切っていた。彼らは改宗し、残虐で無用な種族を滅ぼすことを決意したのだ」とパリに報告している。

▽フランスによる植民地化

宗教戦争により土地は荒廃し、多くの人が亡くなり、サルーム王国は衰退した。一八八七年に宗主国フランスは、シンおよびサルーム地域に植民地行政官を派遣した。

Klein［1968］によれば、サルームの人びとにとって、フランスによる植民地化の最も大きな影響は政治構造の変化であった。サルーム王国では王の権力は不安定であり、常に紛争が起こりうる可能性を内在し、複数の権力が競合することで強い制御がかけられていた。しかしながら、フランスは明白な権力系統を望み、一八八七年以後、植民地行政府のみが首長を罷免することができるようになった。行政官の多くは首長たちを好まず、大酒飲みや泥棒のようにみなしていたが、同時に行政官は何かをなしとげるには首長の力に依存せざるをえず、首長たちに大きな権限を委任した。行政官たちは村と首長の対立についての情報につうじておらず、首長が嘆願したとおりに支援した。また、伝統的な王の権力の道具であったチェドを王から切り離すことは、フランス植民地行政官たちの願いであった。行政官たちは、王の意志を実現し農民や商人たちから奪ったもので生活していたチェドを非常に嫌い、チェドを農民にしようと画策した。フランス植民地下では権力の中央集権化が進んだものの、首長はフランス権力の名を借りて村人たちを扱い、王の側近たちは首長の意志を表すものとなった。王の側近たちは植民地政府の権力構造から外れていたが、国家から収入を得ていた小郡(canton)の長よりも低く扱われる者はいなかった。

一方、植民地化はサルームの経済構造に急速な変化はもたらさなかった。フランス会社に土地の割譲が行われたが、常に権利関係の確定していない区画があり、役に立たない土地も多かった。南北戦争の影響により安価なアメリカ産木綿が不足していたことから、行政官は落花生栽培から木綿栽培への移行を試みたが、首長にとって落花生栽培は常に値上がりする利益の高い作物であった。さらに行政官は、新たな落花生栽培地としてニョンバトーへ進出するよう商人たちを説得したが、彼らはリスクをとることを嫌い、新たな土地への栽培の導入に懐疑的であった。ニョンバトーでは戦争により多くの人が亡くなり、多くの土地が権利者なしの状態であった。結果、ウォロフの移住者が増加することとなった。

また、植民地政府は、伝統的宗教を重んじる地域にイスラム教徒の首長をしばしば配置した。フランスは、ムーリッド教団(Mouride)の始祖アマドゥ・バンバ(Amadou Bamba)やティジャンヌ派(Tidjane)のアブライ・ニャス(Abdoulaye Niasse)といったイスラムのカリスマ的指導者をおそれたが、同時にイスラムの協力者でもあった。ムーリッドたちは労働や市場への生産に価値を置いたが、経済発展や市場経済の成長と関連する個人主義や競争的価値観は、新しいマラブー支配の集団によって禁じられた。チェド文化の一面は残ったが、それは価値の源としてのイスラムに取ってかわられていった。Le Roy[1983]が指摘するように、サルーム王国で重視された母系のリネージは限定的なものとなり、イスラムの強い影響による父系のリネージが政治・宗教・経済的能力をもつ社会へと変わっていったのである。

資料2　漁業および資源管理年表（フランスとセネガル）

年	フランス	セネガル
一三九六	狩猟権を貴族や富裕層の独占とし、王の楽しみのために、広大な狩猟区を設置	
一五世紀		ポルトガルによりセネガル沖での漁業が確認される
一六世紀	サメ油を求めて漁師がセネガル沖に進出	
一七世紀		海洋漁業が発達し、加工魚の地方市場への供給開始 カポックの普及により丸木舟の製造が盛んになる
一六六九	水森林、漁業および狩猟の違法行為に関するルイ一四世王令を公布し、水・森林・河川の保全と取り締まりを規定	
一六七九	奴隷貿易のためにセネガル会社を創設	
一八世紀	政治・商業的圧力をかけるため、しばしば漁船を妨害	乾燥化の進行により、サンルイの漁民たちは遠洋漁業や干し魚の販売へ特化
一七八八	西アフリカ沿岸でのハタ類の漁獲に専念するロイヤル・アトランティック社を設立	

年	フランス	セネガル
一八三〇	フランスによるセネガル植民地化宣言	
一八五二	海洋、沿岸、河川湖沼における漁場の設置を国による許可制とする	
一八五四	国立自然保護協会の前身である順応動物帝国協会が創設される	
一八六五	船外機の導入が図られるも、漁民が抵抗	
一八八五		ダカール―サンルイ間の鉄道開設により、魚介類の内陸部への運搬が進む
一八八八	領海における外国漁船の操業を禁止する法律を制定	
一九〇〇		登記制度の導入 国有林の利用を規制し、違反行為には罰金を徴収することを定めると同時に、原住民に用益権を認める
一九〇五	フランス領西アフリカ総督府が水産資源開発の視察団を派遣(～一九〇七)	
一九〇六	フランス領西アフリカ漁業調査・組織化局を設立 美的性質をもった景観および天然記念物保護法を制定し、自然遺産の概念を規定	登記を原則任意とするが、原住民が非原住民に土地を売却する場合、国有地の譲渡や割譲の場合などには登記を義務づけ
一九〇八	グルーベルがセネガル沿岸部にヨーロッパの産業漁業の導入が不可欠と報告	

一九〇九	漁業に関する法律を施行し、西アフリカ沿岸部での漁業活動に報奨金や助成金を交付	
一九一一		厳しい干ばつが続く（〜一九一四）
一九一二	魚類・甲殻類・軟体動物を危険にさらす物質の海洋投棄を禁止	
一九一四		ペストが大流行する
一九二七	国立自然保護協会が民営地を借り上げ、カマルグ動植物保護区を設置	
一九三〇	天然記念物および美的・歴史的・科学的・伝説的、趣のある特色をもった景観の保護に関する法律を制定	
一九三九	第二次世界大戦勃発	
一九四一		加工魚をフランスに大量輸出したため、魚介類の値が高騰し、地方市場から魚介類が姿を消す
一九四七	自然保護に関するロンドン条約を受け、フランス領西アフリカにおける狩猟と保護動物について規定	
一九四八		ダカールで海洋漁業会議が開催され、零細漁業者の漁具の近代化に対する公的補助が提案される
一九四九	フランス領西アフリカにおける観光振興と資源保護のため、観光連邦委員会を設置	
一九五〇	マルセイユで海外県フランス連合における漁業と漁場に関する会議を開催	

年	フランス	セネガル
一九五一	フランス領西アフリカに自然保護連邦委員会を設置	
一九五四		狩猟保護区に指定されていたニオコロコバがセネガル初の国立公園に指定される
一九五五		サンルイで海洋漁業経済会議を開催
一九六〇	セネガル独立	
六〇年代	セネガル領海におけるマグロ漁船およびトロール漁船の進出、水産業者によるエビの買い付けが盛んになる	半数の漁船が船外機を導入し、漁船の大型化が進行
一九六一		リシャトールにあるタウエィダムの開放期間は漁業活動を禁止とする
一九六二		沿岸漁業を沿岸から五〇海里以内で出漁日数七二時間以内の漁業と定義
一九六三		内水面漁業の規則に関する法律を施行し、内水面漁業権は国家に帰属し、無償もしくは有償で国民に漁業権を譲渡することを規定
一九六四	水の制度・分配および汚染対策に関する法律を制定し、水源の保護を強化	土地制度改革により、九八%の土地が国民財産として国に一時保管される
一九六五		森林法を制定し、森林を保全林、再生・植林域、国立公園および特別保護区に区分 港湾での瓦礫やごみの投棄を禁止 内水面漁業における漁具を網と格子状の漁具に限定し、二五〇メートルを超える漁具の使用を禁止

一九六六	フランス領南方・南極大陸における漁業および海洋動物の捕獲を事前許可制とする	
一九六七	地域自然公園の概念の誕生	素潜りによる海洋生物の捕獲を事前届出制とし、捕獲物の販売を禁止
一九六八	大陸棚における開発行為および天然資源の採掘を事前許可制とする	自然保護・天然資源保全に関する諮問委員会を設置
一九六九	ヴァノワーズ国立公園内でのスキー場建設に反対するキャンペーンで三五万人の署名が集まる	一二の漁業保護区をセネガル川流域に設置し、使用可能な漁具を制限
一九七〇	科学調査を除き、イルカ類の捕獲・と殺を禁止	バス・カザマンス国立公園を設置
一九七一	自然・環境保護担当省（現在のエコロジー・持続可能開発・運輸・住宅省）を設置	天然記念物、自然景観を含む歴史的建築物について、リストに登録し保護することを定める
	領海を基線から一二海里に規定	
一九七二		降水量の著しい減少により北部を中心に乾燥化が進行（〜一九七三）
		FAOにより、巻き網の導入が図られ、遠洋漁業の漁獲高が増加
		村落部に国民財産の管理を担う村落評議会を設置
一九七四		湖や沼地での引き網の使用を禁止
一九七五	沿岸・湖岸域における自然保全の実施機関として沿岸・湖岸域保全機構を創設	世界の文化遺産及び自然遺産の保護に関する条約を批准
		工業発展・環境省（現在の環境・自然保護・滞水池・人造湖省）を設置

年	フランス	セネガル
一九七五		河口部での内水面漁業と海洋漁業の境界を策定 ジュージ野鳥国立公園を設置
一九七六	自然保護に関する法律を制定し、自然や景観、野生動物の保護を公益と明記するとともに、環境影響評価の実施、保護動植物リストの作成、自然保護区の指定を規定 領海から一八八海里を排他的経済水域に指定	河口、河川湖沼等での引き網や巻網、河川幅の三分の一を超える網等の使用を禁止 マドレーヌ諸島国立公園、ラングドバルバリー国立公園およびサルームデルタ国立公園を設置 国家財産法を制定し、航行可能な河川、湖沼およびその沿岸二五メートルの国家所有を規定
一九七七		絶滅のおそれのある野生動植物の種の国際取引に関する条約を批准 ラムサール条約を批准
一九七八	石油タンカーがブルターニュ半島付近で座礁し、二三万トンの原油が流出 絶滅のおそれのある野生動植物の種の国際取引に関する条約を承認	
八〇年代		水産物の輸出額が落花生の輸出額を追い抜く
一九八二		南部カザマンス地方で暴動が発生し、南部独立の武力闘争に発展
一九八三	公開審問の民主化および環境保護に関する法律を制定し、大規模事業における国民に対する情報開示、国民による提案や逆提案の提示を保証	環境法を制定し、水質汚染・騒音・大気汚染・悪臭対策について規定 人間と生物圏（MAB）国家委員会を創設

		国の植林キャンペーンへの参加や、啓発映画上映、環境教育等を実施するセネガル環境友の会が発足
一九八四	内水面漁業と養殖管理に関する法律を制定し、漁業権の所有者は水環境の保全に努めるものとする	西部・中部アフリカの海洋・沿岸域の保護に関するアビジャン条約を批准 農業分門の自由化などを柱とする新農業政策を策定
一九八五	森林管理、活用および保護に関する法律を制定し、森林のもつ経済的・生態的・社会的価値を明記	領海を基線から一二海里、領海から二二海里を接続水域とするとともに、基線から二〇〇海里までを大陸棚とし、天然資源の利用・開発に関する主権を国が行使すると規定 国家財産法を改正し、海岸と満潮時の海岸線から一〇〇メートル以内の土地を国に帰属させる カヤールで地元漁師とサンルイからの移動漁民が漁具をめぐって争い、死者が発生
一九八六	沿岸域の生態的バランスの保護、侵食対策、景観の保護等を目的とした、沿岸域整備、保護および活用に関する法律を制定 ラムサール条約を発効	狩猟および動物保護法を制定し、厳正保護動物と部分的保護動物をリスト化 底刺し網を禁止する排他的漁業区の特別委員会を設置
一九八七		海洋漁業に関する法律を施行し、漁具や漁船の制限、漁業権の免許制などを規定するとともに、保護すべき魚介類をリスト化
一九八八		首都ダカールで若者による政治浄化運動セット・セタルが起こり、後に都市の環境改善運動へと発展 カザマンス川で使用されるフェレフェレと呼ばれる流し網について、長さと網目の大きさを規制

年	フランス	セネガル
一九八八		ポポンギーヌ自然保護区において、植生回復のため、ポポンギーヌ自然保護女性グループが結成される
一九八九	魚類・甲殻類・軟体動物およびその他の海洋動物について、捕獲可能な大きさ・重さの最低値を定める	国境地帯で家畜の侵入をめぐってセネガル農民が殺害され、セネガル・モーリタニア紛争に発展（〜一九九二）
一九九〇	特定施設からの有機ハロゲン化合物、有機リン化合物、有機スズ化合物等の海洋への排出を禁止 スポーツフィッシングについて、漁具や漁場、捕獲可能な魚介類の大きさを規制 漁業権者もしくは同意を得た者のみが海藻の採取をできると規定	南部カザマンス地方の独立を求めるカザマンス民主勢力運動と政府軍の武力闘争が激化 沿岸漁業および遠洋漁業について、船体重量や漁獲対象種にもとづき、それぞれ漁場を指定
一九九一	自然空間における車両の通行およびコミューン法の変更に関する法律を制定し、市長や県知事は自然保護のため、道路の走行を規制できると規定 野生動物保護およびその生息地の回復のため、県知事は狩猟・野生動物保護区を設立できると規定	
一九九二	水に関する法律を制定し、自然のバランスに配慮しながら水の保護・活用を行うことは公益であると明記 生息地及び野生生物の保護に関するEU指令を公布し、生物多様性の保護地域ネットワーク「Natura 2000」を提起	
一九九三	景観の保護と活用に関する法律を制定し、すべての都市計画の書類は景観の保護・活用指針に適合しなければならないと規定	

	政策に環境を融合させるため、環境省庁間委員会を設置 環境団体、経済界、有識者等を含む持続可能な開発委員会		新森林法を制定し、個人の私的所有権を導入しながら、森林資源の合理的利用が図られる天然資源管理に関わる省庁の一貫性と補完性を保つために、天然資源保全・環境に関する特別評議会を設置
一九九四	通貨セーファー・フランをフランス・フランに対し五〇%切り下げ 回遊魚について、流域ごとに回遊魚管理委員会を設置し、漁獲期間を制限 自然遺産の保護と活用を基礎とした開発を目的として、地域が地域自然公園を指定できると規定 河川湖沼を二分類し、淡水漁業を規制		農作物の輸出金額が暴落し、輸入品の金額が急上昇 農業公社や助成金が削減され、結果的に農民の漁業への参入が促進される 生物の多様性に関する条約を批准
一九九五	持続可能な開発を目的とする環境保護強化に関する法律を制定し、予防原則、予防行為・修正原則、汚染者負担の原則および参加の原則を掲げる	**責任ある漁業のための行動規範**	セネガル領海内での漁船操業について、欧州共同体と協定を締結 国民議会に持続可能な開発委員会を設置
一九九六	保護自然地域に向かう客船を運航するすべての企業に課税		地方自治法を制定し、地方自治体に天然資源や環境の保全に関する権限が委譲される
一九九七	海洋漁業および養殖に関する方針法を制定し、漁業の持続的な経済発展と資源保全のため、漁獲量割当制を実施すると明記		

年	フランス	セネガル
一九九八	カタクチイワシ類の漁獲を一時中断することを決定	新森林法を制定し、地方自治体による森林管理、国家森林基金による地方自治体への補助金などを規定 国の森林財産を保全林、牧畜民に一時的野営が許可される森林牧畜保護区、植林区域もしくは修復区域、国立公園、厳正自然保護区、特別保護区に分類 海洋漁業に関する法律を改正し、商業目的の零細漁業者に事前申請と船舶の登記を義務づけ
一九九九	ブルターニュの沖合で石油タンカーが沈没し、漁業や観光に深刻な影響を与える	
二〇〇〇	ウガンダおよびケニア原産(後にタンザニアが加わる)の淡水魚、とりわけナイルパーチの輸出入・売買等を停止 狩猟に関する法律を制定し、狩猟は野生動物・環境・人間活動のバランスに貢献すると明記	与党書記長がロシア漁船に漁業許可証を交付すると発言し、漁民が反発 セネガル海軍が硫酸運搬中に座礁した貨物船を首都ダカール沖に沈め、環境NGOオセアニウムが反発
二〇〇一	船舶による汚染物質投棄の罰則を強化 森林基本法を制定し、森林の多面的機能を評価し、温室効果ガス対策や生物多様性の保全、自然リスク予防を森林政策に含める	国民投票による憲法改正を実施し、健全な環境に対するすべての個人の権利が明記されるとともに、女性の土地所有権を認める
二〇〇二	**第二回地球サミット　海洋保護区ネットワークの構築宣言**	
		海洋商業法を制定し、海洋上での廃棄物の焼却、陸上で発生した廃棄物の海洋投棄を禁止 ダカールとジガンショールを結ぶ定期フェリーがガンビア沖で沈没し、一八六三人が死亡

二〇〇三	持続可能な開発評議会を設置 沿岸域における経済水域に関する法律を改正し、経済水域において生態系保護区を設置することを規定 ヨーロッパホタテの禁漁期間を設定	環境や文化に配慮した持続可能な観光を目指すツーリズム憲章を制定 第五回世界国立公園会議において、アブライ・ワッド大統領が四つの海洋保護区を設置すると宣言
二〇〇四	温室効果ガス割当量交換システムを構築	大統領令により五つの海洋保護区を設置
二〇〇五	農村地域開発に関する法律を制定し、流域の統合管理のための特別環境利益湿地の設置について言及 水環境汚染対策国家アクションプログラムを策定し、水生生物に害を与える危険な物質リストを作成 国の河川行政財産について、地方自治体に権限を委譲	水法を制定し、水資源の量的保護、あらゆる形態の汚染からの保護、水圏生態系の保護、過剰消費対策、平等な分配を資源管理の原則とする 漁業の持続的管理を目的とした海洋・沿岸域資源統合管理プログラム GIRMaC を実施 セネガル川デルタが国際生物圏保護区に指定
二〇〇六	資源保護のため、ヨーロピアンシーバスの漁獲最大量を制限 国立公園、海洋自然公園および地域自然公園に関する法律を制定し、国立公園は複数のコアゾーンと地理的あるいは生態的関連をもった隣接区で構成され、その設置には協議と公開審問を必要とすると明記 国は海岸の整備・開発を目的として最大一二年間、海洋行政財産を委譲できると規定 海洋保護区の設置支援やネットワークの促進を行う海洋保護区機関を設置 ヨーロッパザルガイの採取可能な最小体長を定める	環境NGOオセアニウムによるマングローブ植林キャンペーンが開始され、後に民間企業と提携し、二酸化炭素削減を目標としてセネガル全土で植林を展開 ニオコロコバ国立公園が密猟の横行と上流部でのダム建設により、危機にさらされている世界遺産リストに登録
二〇〇七	最初の海洋自然公園であるイロワーズ海洋自然公園を設置	

年	フランス	セネガル
二〇〇八	英仏海峡におけるカブトノシコロの採取を規制	生態系を重視し、持続可能な開発をめざすセネガル・エコロジスト民主主義連合が結成される
二〇〇九	環境グルネル実施計画法を制定し、気候変動対策、生物多様性・生態系・自然環境の保全、環境や健康へのリスク防止、ガバナンス等環境グルネル（環境懇親会）での勧告を法制化	
二〇一〇	狩猟に対する妨害行為を罰則化 環境のための国家約束に関する法律を制定し、建築と都市計画、運輸、エネルギーと気候、生物多様性、リスク、ガバナンス等について環境グルネルで示された約束を法制化	森林法を改正し、野焼きが環境破壊と経済的損失をもたらしているとして、罰則を強化 マドレーヌ諸島国立公園において、違法操業を行っていた漁師を国立公園局職員が射殺し、ダカールの漁民地区シュンベジウヌでの暴動に発展し、公園事務所が焼き討ちされる 多様化・拡大化するNGOを規制するため、政府は関係者への通知・諮問の手続きを経ずに内務省にNGOの監督権限を委ねる
二〇一一	大手スーパー Mousquetaires の責任ある漁業への取り組みに関する新聞広告キャンペーンに対し、トロール漁船が乱獲した魚介類がスーパーに卸されているとして裁判所が禁止を命じる	セネガル国家海洋保護区戦略を策定 政府はNGO活動の規制強化のため、六〇〇のNGOに対する地位承認を停止
二〇一二	レユニオンの県知事がサメによる死亡事故を受け、マリンスポーツ愛好者の安全のためにサメの捕獲を許可 領海内で違法操業を行ったと非難されていたドイツの大型トロール漁船を拿捕	大統領選挙後に発足した新政権で環境NGOオセアニウムの代表アイダーが環境・エコロジー大臣に就任 外国籍トロール漁船二九隻の漁業許可書発行を中止

環境NGOグリーンピースが領海内で操業していたロシア船籍の漁船に「略奪」とペンキを塗って抗議
環境NGOグリーンピースの主催で漁業関係者との会合「セネガル零細漁業アクターによるプラットフォーム」が開催され、持続可能な漁業を目指すことを確認
環境NGOグリーンピースが外国漁船による違法操業は政府公認で行われていたと告発
内閣改造で環境NGOオセアニウムの代表アイダーが水産・海事大臣に就任
アメリカ合衆国国際開発庁が密漁行為による被害総額は年間三〇億ドルに達すると表明

二〇一三

欧州議会が深海トロール漁業の禁止案を否決
大手スーパーのCasinoとCarrefourが深海トロール漁業で捕獲された魚介類の販売禁止を宣言

おわりに

本書は系統だった学問の枠組みを意識していない。ルポルタージュに毛が生えたものととらえることもできるだろう。しかし、私はあえて読み物を意識して本書を書くこととした。今、現場で起こっている問題を、とにかく多くの人に知ってもらいたいという気持ちが強かったからである。学問的貢献ができたのかは心もとないが、本書によって、海洋保護区という日本においてもさまざまな問題を引き起こすであろうシステムが幅広い関係者によって議論されるきっかけになることを期待したい。また、海洋保護区を取り巻く言説を批判したものではあるが、すべてを否定するものではない。人びとの日常のちっぽけな、しかし、かけがえのない喜びを、「正しいから」という理屈で奪ってよいのかという問いかけが本書の意図するところである。複雑なものを、標準化された「単純な」システムとして理解しようとしたとき、こぼれ落ちてしまうものが数多くあるということをご理解いただければ幸いである。

三五歳になっていた私の研究者としての再スタートは決して順調なものではなかった。何度もくじけそうになったが、数多くの方々の支えにより、本書を書き上げることができた。ここに記して感謝したい。

＊

本書は、京都大学大学院アジア・アフリカ地域研究科博士学位論文「セネガル・バンブーン共同体海洋保護区の水産資源管理に関する環境社会学的研究——錯綜するレジティマシーのゆくえ」を改稿したものである。

本研究は、平成一八年度JICA海外長期研修員制度、平成二二年度京都大学グローバルCOEプログラム「生存基盤持続型の発展を目指す地域研究拠点」、平成二三年度京都大学教育研究振興財団在外研究中期助成、平成二四年度松下幸之助記念財団研究助成、平成二五年度公益信託澁澤民族学振興基金による成果である。出版にあたっては、第四回京都大学アフリカ研究出版助成を受けた。

フランス国立開発研究所のジャック・キャンシエール教授には、修士課程では指導教官として、博士課程では研修受け入れ責任者としてご指導をいただいた。「自分が指導した学生のなかで最もフィールドワークに優れていた」という口頭試問での評価は、今も私の心の支えである。

日本での行き場を失っていた私に学びの場を提供してくださったのは宮内泰介教授（北海道大学大学院文学研究科）、そして京都大学大学院アジア・アフリカ地域研究研究科の皆さんであった。アジア・アフリカ地域研究研究科編入後は副査として荒木茂教授、重田眞義教授には研究会やゼミナールで適切なアドバイスをいただいた。石川登教授（京都大学東南アジア研究所）には個人ゼミのようなかたちで研究構想のノウハウをご教示いただいた。赤嶺淳准教授（名古屋市立大学大学院人間文化研究科）には、学位論文の査読という私のたっての希望を快く引き受けていただいた。松田裕之教授（横浜国立大学大学院環境情報研究院）には沿岸資源管理の国際シンポジウムにご協力をいただいたうえ、さまざまな研究者との交流の機会を与えていただいた。また、山極寿一教授（京都大学大学院理学研究科）をはじめとする人類進化論研究室の皆さんには、ガボンでの「野生生物と人間の共生を通じた熱帯林の生物多様性保全」プロジェクトにおいて、エコツーリズムの実践という絶好の機会を与えていただき、新たな視座を得ることができた。

指導教官として、研究の方向性だけでなく、研究者としての心構えもご指導いただいた山越言准教授には感謝の言葉を言い尽くせない。送別会で「私は軒先を提供しただけです」とのお言葉をいただいたが、その軒先は、道を失い野良猫のようだった私にとってかけがえもなく温かいものであった。初めての学会で出会い、研究をあきらめかけていた私に編入するように誘ってくれたのは安田章人さん(九州大学基幹教育院助教)である。

調査にご協力いただいたバンブーン海洋保護区の村々の皆さん、とりわけイブライマ・ジャメ管理委員長、エコガイドのパップ・ディウフおよびママドゥ・ンドゥールの協力なしには本研究は成立しえなかった。

環境NGOオセアニウムとともに漁民たちの憎悪の対象となったジャメ管理委員長も、純粋に地域社会の将来を考えていた青年であったはずである。一四の村のコンセンサスを取り付けることの難しさ、斜陽化していく漁業、減り続けるツーリストといった問題にだれよりも強い関心を抱いていたのは間違いなく彼である。本書では、海洋保護区という言説に振りまわされる地域コミュニティの姿に焦点をあてたため、彼の人物像を描き切ることができなかった。というより、本当に彼のことを知るには時間が足りなさすぎたといえるだろう。彼らにとって決して有益でない情報が流れることを承知で、なぜ宿泊を提供し、何も言わずに調査を見守ってくれたのか、その答えを見つけるためにまた彼のもとを訪れていきたい。

新泉社編集部の安喜健人さんとの出会いがなければ本書は生まれなかった。「一般の方々に広く読んでもらえる本をつくりましょう」というお言葉はまさに我が意を得たりであった。稲葉八恵さんには校正という骨の折れる作業にご協力いただいた。

そして、いつもあたたかく私を迎えてくれる地元・岐阜のみなさん、とりわけ鯛焼き福丸さん、ぎふ魚食文化サロンの仲間たちに感謝したい。

最後になったが、私をフィールドワークの世界に導いてくださった故・河内晋平信州大学名誉教授に本書をささげる。退官後も研究を続け、八ヶ岳のフィールドワーク中に生涯を閉じられた恩師は真のフィールドワーカーであった。「關野君、フィールドワークは馬鹿でもやれる学問ですよ」と語る恩師の笑顔は今も目に焼き付いている。その言葉の本当の意味、重みがわかるようになった今、ようやく恩師の背中に近づけた気がしている。

二〇一四年一月

關野伸之

文　献　一　覧

日本語文献

アーリ，ジョン［1995］『観光のまなざし――現代社会におけるレジャーと旅行』加太宏邦訳，法政大学出版局.

赤嶺淳［2006］「当事者はだれか?――ナマコから考える資源管理」，宮内泰介編『コモンズをささえるしくみ――レジティマシーの環境社会学』新曜社，173–196.

秋道智彌［2002］「紛争の海――水産資源管理の人類学的課題と展望」，秋道智彌・岸上伸啓編『紛争の海――水産資源管理の人類学』人文書院，9–36.

足立明［2001］「開発の人類学――アクター・ネットワーク理論の可能性」，『社会人類学年報』27: 1–33.

岩井雪乃［2001］「住民の狩猟と自然保護政策の乖離――セレンゲティにおけるイコマと野生動物のかかわり」，『環境社会学研究』7: 114–128.

ウェーバー，マックス［1970］『支配の諸類型――経済と社会』（第1部第3章・第4章），世良晃志郎訳，創文社.

大村敬一［2002］「カナダ極北地域における知識をめぐる抗争」，秋道智彌・岸上伸啓編『紛争の海――水産資源管理の人類学』人文書院，149–167.

小川了［1998］『可能性としての国家誌――現代アフリカ国家の人と宗教』世界思想社.

カダモスト，アウヴィーゼ・ダ［1967］「航海の記録」河島英昭訳，アズララ・カダモスト『大航海時代叢書II　西アフリカ航海の記録』岩波書店，481–607.

環境省［2011］『海洋生物多様性保全戦略』.

鬼頭秀一［1996］『自然保護を問いなおす――環境倫理とネットワーク』ちくま新書.

鬼頭秀一［1998］「環境運動／環境理念研究における『よそ者』論の射程――諫早湾と奄美大島の『自然の権利』訴訟の事例を中心に」，『環境社会学研究』4: 44–59.

JICA (Japan International Cooperation Agency)［2006］『セネガル共和国漁業資源管理・管理計画調査――最終報告書』オーバーシーズ・アグロフィッシャリーズ・コンサルタンツ株式会社.

JICA［2008］『セネガル国サルームデルタにおけるマングローブ管理の持続性強化プロジェクト――技術協力ファイナルレポート』社団法人日本森林技術協会.

佐藤哲［2008］「環境アイコンとしての野生生物と地域社会――アイコン化のプロセスと生態系サービスに関する科学の役割」，『環境社会学研究』14: 70-85.
菅豊［2005］「コモンズと正当性――『公益』の発見」，『環境社会学研究』11: 22–38.
關野伸之［2010］「地域のレジティマシーをつくるのはだれか――セネガル・バンブーン共同体海洋保護区の事例から」，『環境社会学研究』16: 124–137.
關野伸之［2013］「セネガル・バンブーン共同体海洋保護区の水産資源管理に関する環境社会学的研究――錯綜するレジティマシーのゆくえ」京都大学大学院アジア・アフリカ地域研究研究科博士学位論文.
竹村和久・吉川肇子・藤井聡［2004］「不確実性の分類とリスク評価――理論枠組の提案」，『社会技術研究論文集』2: 12–20.
ナッシュ，ロデリック. F.［1993］『自然の権利――環境倫理の文明史』松野弘訳，TBSブリタニカ.
西﨑伸子［2009］『抵抗と協働の野生動物保護――アフリカのワイルドライフ・マネージメントの現場から』昭和堂.
長谷川公一［2003］『環境運動と新しい公共圏――環境社会学のパースペクティブ』有斐閣.
福永真弓［2010］『多声性の環境倫理――サケが生まれ帰る流域の正統性のゆくえ』ハーベスト社.
フリードマン，ジョン［1995］『市民・政府・NGO――「力の収奪」からエンパワーメントへ』斉藤千宏・雨森孝悦監訳，新評論.
松嶋登［2006］「企業家による翻訳戦略――アクターネットワーク理論における翻訳概念の拡張」，上野直樹・土橋臣吾編『科学技術実践のフィールドワーク――ハイブリッドのデザイン』せりか書房，110–127.
宮内泰介［2006］「レジティマシーの社会学へ――コモンズにおける承認のしくみ」，宮内泰介編『コモンズをささえるしくみ――レジティマシーの環境社会学』新曜社，1–32.
目黒紀夫［2010］「地元住民が野生動物保全を担う可能性――ケニア南部・マサイランドにおける事例から」，『環境社会学研究』16: 109–123.
安田章人［2013］『護るために殺す？――アフリカにおけるスポーツハンティングの「持続可能性」と地域社会』勁草書房.
山越言［2006］「野生チンパンジー野生チンパンジーとの共存を支える在来知に基づいた保全モデル――ギニア・ボッソウ村における住民運動の事例から」，『環境社会学研究』12: 120–135.

ラトゥール，ブルーノ［1999］『科学が作られているとき――人類学的考察』川崎勝・高田紀代志訳，産業図書．

外国語文献

Ackermann, G., F. Alexandre, J. Andrieu, C. Mering and C. Ollivier [2006] "Dynamique des paysages et perspectives de développement durable sur la Petite Côte et dans le Delta du Sine-Saloum (Sénégal)," *VertigO*, 7(2): 1–9.

Adams, William M. and David Hulme [2001] "If community conservation is the answer in Africa, what is the question?," *Oryx*, 35(3): 193–203.

Agrawal, Arun and Clark C. Gibson [1999] "Enchantment and disenchantment: the role of community in natural resource conservation," *World development*, 27(4): 629–649.

Alcara, Angel C. and Garry R. Russ [1990] "A direct test of the effects of protective management on abundance and yield of tropical marine resources," *ICES Journal of Marine Science*, 47(1): 40–47.

Allison, Edward H. and Frank Ellis [2001] "The livelihoods approach and management of small-scale fisheries," *Marin Policy*, 25(5): 377–388.

Andresen, Steinar and Tora Skodvin [2008] "Non-state Influence in the International Whaling Commission, 1970 to 2006," in M. M. Betsill and E. Corell (eds.), *NGO Diplomacy: The Influence of Nongovernmental Organizations in International Environmental Negotiations*, MIT Press, 119–148.

ANSD (Agence Nationale de la Statistique et de la Démographie) [2008] *Situation économique et sociale du Sénégal en 2007*, République du Sénégal.

ANSD [2009] *Situation économique et sociale -Région de Fatick- édition 2008*, République du Sénégal.

ANSD [2011] *Situation économique et sociale du Sénégal en 2010*, République du Sénégal.

Antnus, Isabelle [2009] "La co-gestion des pêches au Sénégal : Vers un nouveau concept de partenariat entre acteurs et Etat?," in D. S. Nidaye and A. Touré (eds.), *Gouvernance locale et gestion décentralisée des ressources naturelles*, Dakar Centre de Suivi Ecologique, 245–262.

Arbonnier, Michel [2000] *Arbres arbustes et lianes des zones sèches d'Afrique de l'Ouest*, Montpellier Paris CIRAD-MNHN.

Aylward, Bruce, Katie Allen, Jaime Echeverría and Joseph Tosi [1996] "Sustainable ecotourism in Costa Rica: the Monteverde cloud forest preserve," *Biodiversity and Conservation*, 5(3): 315–343.

Ba, Abdou Bouri [1976] "Essai sur l'histoire du Saloum et du Rip," *le Bulletin de l'Institut Fondamental d'Afrique Noire*, 38B(4): 813–860.

Bayart, Jean-François [1993] *The state in Africa: The Politics of the Belly*, London: Polity.

Becker Charles and Victor Martin [1981] "Essai sur l'histoire du Saalum," *Revue sénégalaise d'Histoire*, 2(1): 3–24.

Belsky, Jill M. [1999] "Misrepresenting Communities: The Politics of Community-Based Rural Ecotourism in Gales Point Manatee, Belize," *Rural Sociology*, 64(4): 641–666.

Berkes, Fikret (ed.) [1989] *Common-property Resources: Ecology and Community-Based Sustainable Development*, London: Belhaven Press.

Berkes, Fikret [2004] "Rethinking Community-Based Conservation," *Conservation Biology*, 18(3): 621–630.

Billé, Raphaël [2004] "La gestion intégrée du littoral se décrète-t-elle ? : Une analyse stratégique de la mise en oeuvre, entre approche programme et cadre normatif," Thèse de Doctorat, Paris : ENGREF.

Blaikie, Piers [2006] "Is small really beautiful?: Community-based natural resource management in Malawi and Botswana," *World Development*, 34(11): 1942–1957.

Boo, Elizabeth [1990] *Ecotourism: The potentials and pitfalls*, Washington, D.C.: World Wildlife Fund.

Bowen-Jones, Evan and Abigail Entwistle [2002] "Identifying appropriate flagship species: The importance of culture and local contexts," *Oryx*, 36(2): 189–195.

Bratton, Michael [1989] "The Politics of Government-NGO Relations in Africa," *World Development*, 17(4): 569–587.

Britton, Stephen G. [1982] "The political economy of tourism in the Third World," *Annals of tourism research*, 9: 331–358.

Brockington, Dan and Katherine Scholfield [2010] "The Conservationist Mode of Production and Conservation NGOs in sub-Saharan Africa," *Antipode*, 42(3): 551–575.

Brockington, Dan, Rosaleen Duffy and Jim Igoe [2008] *Nature Unbound: Conservation, Capitalism and the Future of Protected Areas*, London: Earthscan.

Bromley, Daniel W. (ed.) [1992] *Making the commons work: Theory, Practice, and Policy,*

San Francisco: Institute for Contemporary Studies Press.

Brooks, Geroge E. [2003] *Eurafricans in Western Africa: Commerce, Social Status, Gender, and Religious Observance from the Sixteenth to the Eighteenth Century*, Athens: Ohio University Press.

Bruner, Aaron G., Raymond E. Gullison, Richard E. Rice and Gustavo A. B. da Fonseca [2001] "Effectiveness of Parks in Protecting Tropical Biodiversity," *Science*, 291: 125–128.

Bryant, Raymond L. [2009] "Born to Be Wild?: Non-governmental Organisations, Politics and the Environment," *Geography Compass*, 3(4): 1540–1558.

Callon, Michel [1986] "The sociology of an actor-network: The case of the electric vehicle," in M. Callon et al. (eds.), *Mapping the Dynamics of Science and Technology: Sociology of Science in the Real World*, London: Macmillan Press, 19–34.

Camara, Mame Marie Bernard [2008] "Quelle gestion des pêches artisanales en Afrique de l'Ouest ? : Etude de la complexité de l'espace halieutique en zone littorale sénégalaise," Thesis dissertation, Dakar : Université Cheick Anta Diop.

Campbell, Lisa M. [2002] "Conservation narratives in Costa Rica: Conflict and co-existence," *Development and Change*, 33(1): 29–56.

Cater, Erlet [1993] "Ecotourism in the third world: Problems for sustainable tourism development," *Tourism management*, 14(2): 85–90.

Caverivière, Monique [1986] "Incertitudes et devenir du droit foncier sénégalais," *Revue internationale de droit comparé*, 38(1): 95–115.

Ceballos-Lascuráin, Héctor [1996] *Tourism, Ecotourism and Protected Areas*, Gland, Switzerland and Cambridge, UK: IUCN.

Chabal, Patrick and Jean-François Daloz [1999] *Africa Works: disorder as political instrument*, London: James Currey.

Chaboud, Christian and Emmanuel Charles-Dominique [1991] "Les pêches artisanales en Afrique de l'Ouest : état des connaissances et évolution de la recherche," in JR Durand et al. (eds.), *La Recherche Face à la Pêche Artisanale*, Paris : ORSTOM, 94–141.

Chartier, Denis and Sylvie Ollitrault [2005] "Les ONG d'environnement dans un système international en mutuation : des objets non identifiés ?," in Aubertin Catherine (ed.), *Représenter la nature ? : ONG et biodiversité*, Montpellier : IRD editions, 21–58.

Chauveau, Jean-Pierre [1984] "La pêche piroguière sénégalaise : les leçons de l'histoire," *Revue Mer*, 10–15.

Chauveau, Jean-Pierre [1986] "Une histoire maritime africaine est-elle possible ? : Historiographie et histoire de la navigation et de la pêche africaines à la côte occidentale depuis le XVe siècle," *Cahiers d'Etudes Africaines*, 26(101/102): 173–235.

Chauveau, Jean-Pierre [1989] "Histoire de la pêche industrielle au Sénégal et politiques d'industrialisation," *Cahier des Sciences Humaines*, 25(1–2): 237–258.

Cinner, Joshua E., Timothy R. McClanahan, Tim M. Daw, Nicholas A. J. Graham, Joseph Maina, Shaun K. Wilson and Terence P. Hughes [2009] "Linking Social and Ecological Systems to Sustain Coral Reef Fisheries," *Current Biology*, 19(3): 206–212.

Ciss, Gorgui [1983] "Le développement touristique de la Petite Côte sénégalaise," Thèse de 3ème cycle en Géographie, Université de Bordeaux III.

Clarke, Gerard [1998] "Non-Governmental Organization (NGOs) and Politics in the Developping World," *Political Sciences*, 46(1): 36–52.

Cleaver, Frances [1999] "Paradoxes of participation: Questioning participatory approaches to Development," *Journal of International Development*, 11(4): 597–612.

Cohen, Erik [1988] "Authenticity and commoditization in tourism," *Annals of tourism research*, 15(3): 371–386.

Colléter, Mathieu, Didier Gascuel, Jean-Marc Ecoutin and Luis Tito de Morais [2012] "Modelling trophic flows in ecosystems to assess the efficiency of marine protected area (MPA), a case study on the coast of Senegal," *Ecological Modelling*, 232: 1–13.

Corell, Elisabeth and Michele M. Betsill [2007] "Analytical Framework: Assessing the Influence of NGO Diplomats," in M. M. Betsill and E. Corell (eds.), *NGO Diplomacy: The Influence of Nongovernmental Organizations in International Environmental Negotiations*, MIT Press, 19–42.

Crick, Malcolm [1989] "Representations of international tourism in the social sciences: Sun, sex, sights, savings, and servility," *Annual Review of Anthropology*, 18: 307–344.

Crompton, D. Elizabeth and Iain T. Christie [2003] *Senegal Tourism Sector Study*, Africa Region Working Paper Series, No. 46.

Cros, Charles [1934] *Le Pays de Sine & Saloum (Sénégal)*, Imprimèrie Chalvet Vals-les-Bains.

CRT (Communauté rurale de Toubacouta) [2009] *Plan local du développement de la communauté rurale de Toubacouta*, République du Sénégal.

Dahou, Tarik [2003] "Clientélisme et ONG : Un cas sénégalais," *Journal des anthropologues*, 94–95: 145–163.

Dahou, Tarik [2008] "L'itinérance des Sereer Niominka. De l'international au local ?," in MC Diop (ed.), *Le Sénégal des migrations : mobilités identités et sociétés*, Paris : Karthala, 321–342.

Dahou, Tarik, Jean-Yves Weigel, Abdelkader Mohamed Ould Saleck, Alfredo Simao Da Silva, Moustapha Mbaye and Jean-François Noël [2004] "La gouvernance des aires marines protégées : leçons oust-africaines," *VertigO*, 5(3): 1–13.

Davis, K. L. F., G. R. Russ, D. H. Williamson and R. D. Evans [2004] "Surveillance and poaching on inshore reefs of the Great Barrier Reef Marine Park," *Coastal Management*, 32(4): 373–387.

Delafosse, Maurice [1955] *La langue mandingue et ses dialectes*, Paris : Impr. Nat. Geuthner.

DGT (Délégation Générale au Tourisme) [1974] *Conseil interministériel sur le tourisme, raport de juin 1974*, République du Sénégal.

Dembélé, Demba Moussa [2004] "Mauvais comptes du franc CFA," *Le Monde diplomatique*, juin 2004.

Derman, Bill [1995] "Environmental NGOs, Dispossession, and the State: The Ideology and Praxis of African Nature and Development," *Human Ecology*, 23(2): 199–215.

Dicken, Matt, L. [2010] "Socio-economic aspects of boat-based ecotourism during the sardine run within the Pondoland Marine Protected Area, South Africa," *African Journal of Marine Science*, 32(2): 405–411.

Dressler, Wolfram, Bram Büscher, Michael Schoon, Dan Brockington, Tanya Hayes, Christian A. Kull, James Mccarthy and Krishna Shrestha [2010] "From hope to crisis and back again?: A critical history of the global CBNRM narrative," *Environmental Conservation*, 37(1): 5–15.

DuBois, Carolyn and Christos Zografos [2012] "Conflicts at sea between artisanal and industrial fishers: Inter-sectoral interactions and dispute resolution in Senegal," *Marine Policy*, 36(6): 1211–1220.

Dudley, Nigel (ed.) [1998] *Guidelines for Applying Protected Area Management Categories*, Gland, Switzerland: IUCN.

Duffy, Rosaleen [2006] "Global environmental governance and the politics of ecotourism in Madagascar," *Journal of Ecotourism*, 5(1–2): 128–144.

Edwards, Michael and David Hulme [1996] "Too close for comfort?: The impact of official aid on nongovernmental organizations," *World development*, 24(6): 961–973.

Ekeh, Peter P. [1992] "The constitution of civil society in African history and politics," in B. Caron, A. Gboyega and E. Osaghae (eds.), *Democratic transition in Africa*, Ibadan: CREDU, 83–104.

Evans, Louisa, Nia Cherrett and Diemuth Pemsl [2011] "Assessing the impact of fisheries co-management interventions in developing countries: A meta-analysis," *Journal of Environmental Management*, 92(8): 1938–1949.

Fabricius, Christo [2004] "The fundamentals of community-based natural resource management" in C. Fabricius et al. (eds.), *Rights, resources and rural development: Community-based natural resource management in Southern Africa*, Earthscan, 3–43.

Fairhead, James and Melissa Leach [1996] *Misreading the African Landscape: Society and Ecology in a Forest-savanna Mosaic*, Cambridge: Cambridge University Press.

FAO (Food and Agriculture Organization) [1995] *Code of Conduct for Responsible Fisheries*, Rome: FAO.

Fisher, William F. [1997] "Doing Good?: The Politics and Antipolitics of NGO Practices," *Annual Reviews Anthropology*, 26: 439–464.

Froese, Rainer [2004] "Keep it simple: Three indicators to deal with overfishing," *Fish and Fisheries*, 5: 86–91.

Garland, Elizabeth [2008] "The Elephant in the Room: Confronting the Colonial Character of Wildlife Conservation in Africa," *African Studies Review*, 51(3): 51–74.

Garrod, Brian [2003] "Defining marine ecotourism: A Delphi study," in Garrod and Wilson (eds.), *Marine ecotourism: Issues and experiences*, Clevedon, UK: Channel View, 17–36.

Gilbertas, Bernadette [2010] *Haidar El Ali : itinéaire d'un écologiste au Sénégal*, Mens, France : Terre vivantes.

Goodwin, Harold [1996] "In pursuit of ecotourism," *Biodiversity and Conservation*, 5: 277–291.

Gruvel, Abel [1908] *Les Pêcheries des côtes du Sénégal et des Rivières du sud*, Paris : Challamel edit.

Guèye, Mamadou Bara, Richard Ketley and John Nelson [1993] "SENEGAL Country overview," in Wellard, Kate and James G. Copestake (eds.), *Non-Governmental Organizations and the State in Africa: Rethinking roles in sustainable agricultural development*, Routledge, 253–263.

Guillermou, Yves [2003] "ONG et dynamiques politiques en Afrique," *Journal des anthropologues*, 94–95: 123–143.

Gutiérrez, Nicolás L., Ray Hilborn and Omar Defeo [2011] "Leadership, social capital and incentives promote successful fisheries," *Nature*, 470: 386–389.

Harmelin-Vivien, Mireille, Laurence Le Diréach, Just Bayle-Sempere, Eric Charbonnel, José Antonio García-Charton, Denis Ody, Angel Pérez-Ruzafa, Olga Reñones, Pablo Sánchez-Jerez and Carlos Valle [2008] "Gradients of abundance and biomass across reserve boundaries in six Mediterranean marine protected areas: Evidence of fish spillover?," *Biological Conservation*, 141(7): 1829–1839.

Hervieu-Wane, Fabrice [2008] *Dakar l'insoumise*, Paris : Editions Autrement.

Honey, Martha [1999] *Ecotourism and sustainable development: Who owns paradise?*, Washington, D.C.: Island Press.

Hulme, David and Marshall W. Murphree [2001] "Community Conservation in Africa: An introduction," in D. Hulme and M. Murphree (eds.), *African wildlife and livelihoods: The promise and performance of community conservation*, Oxford and New Hampshire: James Currey and Heinemann, 1–8.

IUCN (International Union for Conservation of Nature and Natural Resources) [2003] "Vth IUCN World Parks Congress: Benefits Beyond Boundaries," *World Conservation*, 34(2), Gland, Switzerland: IUCN.

James, Alexander N., Kevin J. Gaston and Andrew Balmford [1999] "Balancing the Earth's accounts," *Nature*, 401: 323–324.

Jameson, Stephen C., Mark H. Tupper and Jonathon M. Ridley [2002] "The three screen doors: marine 'protected' areas be effective?," *Marine Pollution Bulletin*, 44(11): 1177–1183.

Jentoft, Svein [1989] "Fisheries co-management: Delegating government responsibility to fishermen's organisations," *Marine Policy*, 13(2): 137–154.

Jentoft, Svein [2000] "Legitimacy and disappointment in fisheries management," *Marine Policy*, 24(2): 141–148.

Jentoft, Svein [2004] "Institutions in fisheries: What they are, what they do, and how they change," *Marine Policy*, 28(2): 137–149.

Jepson, Paul [2005] "Governance and accountability of environmental NGOs," *Environmental Science & Policy*, 8(5): 515–524.

Jones, Brian T. B. and Marshall W. Murphree [2004] "Community-based natural resource

management as a conservation mechanism: Lessons and directions" in B. Child (ed.), *Parks in Transition: Biodiversity, Rural Development and the Bottom Line*, Routledge, 64–103.

Jones, Peter J. S. [2006] "Collective action problems posed by no-take zones," *Marine Policy*, 30: 143–156.

Jones, Samantha [2005] "Community-based ecotourism: The significance of social capital," *Annals of Tourism Research*, 32(2): 303–324.

Kelleher, Graeme [1999] *Guidelines for Marine protected Areas*, Gland, Switzerland and Cambridge, UK: IUCN.

Kellert, Stephen R., Jai N. Mehta, Syma A. Ebbin and Laly L. Lichtenfeld [2000] "Community Natural Resource Management: Promise, Rhetoric, and Reality," *Society & Natural Resources*, 13: 705–715.

Kiss, Agnes [2004] "Is community-based ecotourism a good use of biodiversity conservation funds?," *TRENDS in Ecology and Evolution*, 19(5): 232–237.

Klein, Martin Allen [1968] *Islam and imperialism in Senegal: Sine-Saloum 1847–1914*, Edinburgh University Press.

Krippendorf, Jost [1982] "Towards new tourism policies: The importance of environmental and sociocultural," *Tourism Management*, 3(3): 135–148.

Krüger, Oliver [2005] "The role of ecotourism in conservation: Panacea or Pandora's box?," *Biodiversity and Conservation*, 14(3): 579–600.

Kull, Christian A. [2002] "Empowering Pyromaniacs in Madagascar: Ideology and Legitimacy in Community-Based Natural Resource Management," *Development and Change*, 33(1): 57–78.

Kumar, Chetan [2005] "Revisiting 'community' in community-based natural resource management," *Community Development Journal*, 40(3): 275–285.

Larousse [2009] *Larousse Maxipoche 2009*, Larousse.

Lauck, Tim, Colin W. Clark, Marc Mangel and Gordon R. Munro [1998] "Implementing the precautionary principle in fisheries management through marine reserves," *Ecological Applications*, 8(1): S72–S78.

Laurans, Martial, Didier Gascuel and Mariama Barry [2003] "Revue des connaissances sur la biologie du thiof (Epinephelus aeneus) et diagnostic de l'état du stock au Sénégal" in D. Gascuel, M. Barry, M. Laurans and A.Sidibe (eds.), *Evaluations des stocks demersaux en Afrique du Nord-Ouest*, Rome: FAO, COPACE/PACE Series, 03/65: 55–69.

Le Roy, Etienne [1972] *Parenté et Communautés de vie dans les droits d'Afrique noire*, Paris : L.A.J. Multigraphié.

Le Roy, Etienne [1983] "Communautés et communautarisme chez les Wolof ruraux du Sénégal," *La communauté rurale*, Bruxelles : Mémoires Jean Bodin, tome XL: 83–138.

Le Roy, Etienne [1988] "Communautés d'Afrique Noire et protection des droits de l'individu face au pouvoir-Problématiques, modalités et actualité," *Bulletin de la société Jean Bodin*, 47: 37–63.

Le Roy, Étienne [1991] "Une doctrine foncière pour l'Afrique rurale de l'an 2000," *L'avenir des Tiers Mondes*, Paris : PUF, 193–211.

Lea, John [1988] *Tourism and Development in the Third World*, Psychology Press.

Leach, Melissa, Robin Mearns and Ian Scoones [1999] "Environmental Entitlements: Dynamics and Institutions in Community-Based Natural Resource Management," *World development*, 27(2): 225–247.

Leleu, Kevin, Frédérique Alban, Dominique Pelletier, Eric Charbonnel, Yves Letourneur and Charles F. Boudouresque [2012] "Fishers' perceptions as indicators of the performance of Marine Protected Areas (MPAs)," *Marine Policy*, 36(2): 414-422.

Lemons, John (ed.) [1996] *Scientific Uncertainty and Environmental Problem Solving*, Oxford: Blackwell.

Li, Tania Murray [1996] "Images of community: discourse and strategy in property relations," *Development and Change*, 27(3): 501–527.

Louveau, Frédérique [2011] "L'écologisme d'un mouvement religeux japonais au Sénégal : De la guérison à la gestion de l'environnement par Sukyo Mahikari," *Cahiers d'études africaines*, 204: 739–768.

Ludwig, Donald, Ray Hilborn and Carl Walters [1993] "Uncertainty, resource exploitation, and conservation: Lessons from history," *Science*, 260: 17, 36.

Mackey, Brendan G. [1999] "Environmental scientists, advocacy, and the future of Earth," *Environmental Conservation*, 26(4): 245–249.

MARE (Marine Affairs Research and Education) [2007] "Do We Really Need 50 Ways to Say 'Marine Protected Area?' Views on MPA Terminology, and Efforts to Categorize MPAs," *MPA News*, 8(10): 1–3.

Martin, Victor and Charles Becker [1979] "Documment pour servir à l'histoire des îles du Saalum," *le Bulletin de l'Institut Fondamental d'Afrique Noire*, 41B: 722–772.

Mascia, Michel B., C. Anne Claus and Robin Naidoo [2010] "Impacts of marine protected areas on fishing communities," *Conservation Biology*, 24(5): 1424–1429.

McClanahan, Timothy R. and Stephen Mangi [2000] "Spillover of exploitable fishes from a marine park and its effect on the adjacent fishery," *Ecological Applications*, 10(6): 1792–1805.

McClanahan, Timothy R., Joshua Cinner, Joseph Maina, Nicholas A. J. Graham, Tim M. Daw, S. Matt Stead, Andrew Wamukota, Katrina Brown, Mebrahtu Ateweberhan, Valentijn Venus and Nicholas V. C. Polunin [2008] "Conservation action in a changing climate," *Conservation Letters*, 1(2): 53–59.

McKay, Bonnie J. and James M. Acheson [1987] *The question of the commons: The culture and ecology of communal resources*, Tucson: University of Arizona Press.

McLeod, Elizabeth, Rodney Salm, Alison Green and Jeanine Almany [2009] "Designing marine protected area networks to address the impacts of climate change," *Frontiers in Ecology and the Environment*, 7(7): 362–370.

McNeely, Jeffrey A., Kenton R. Miller, Walter V. Reid, Russell A. Mittermeier and Timothy B. Werner [1990] *Conserving the World's Biological Diversity*, Washington, D.C.: World Bank.

Médard, Jean-François [1992] "Le 'Big Man' en Afrique : Esquisse d'Analyse du Politicien entrepreneur," *Année sociologique*, 42: 167–192.

MEPN (Ministère de l'Environnement et de la Protection de la Nature) [1997] *Plan National d'Action pour l'Environnement*.

Micheli, Fiorenza, Benjamin S. Halpern, Louis W. Bostford and Robert R. Warner [2004] "Trajectories and correlates of community change in no-take marine reserves" *Ecological Applications*, 14(6): 1709–1723.

Midgley, James, Anthony Hall, Margaret Hardiman and Dhanpaul Narine (eds.) [1986] *Community Participation, Social Development and the State*, London: Methuen.

Mikalsen, Knut H. and Svein Jentoft [2001] "From user-groups to stakeholders?: The public interest in fisheries management," *Marine Policy*, 25(4): 281–292.

Ministère du développement rural [1984] *Nouvelle politique agricole*.

Moal, Roland [2003] "La participation des docteurs vétérinaires de la France d'Outre-Mer à la mise en valeur des ressources halieutiques des colonies françaises," *Mondes et cultures*, LXIII–1–2–3–4–2003: 141–160.

Mosse, David [2001] "People's knowledge, participation and patronage: Operations and

representations in rural development," in B. Cooke and U. Kothari (eds.), *Participation: The New Tyranny?*, London: Zed Books, 16–35.

Murombedzi, James C. [1999] "Devolution and stewardship in Zimbabwe's CAMPFIRE programme," *Journal of International Development*, 11(2): 287–293.

Murphree, Marshall W. [2002] "Protected areas and the commons," *Common Property Resource Digest*, 60: 1–3.

Mvula, Cheryl D. [2001] "Fair trade in tourism to protected areas: A micro case study of wildlife tourism to South Luangwa National Park, Zambia," *International Journal of Tourism Research*, 3(5): 393–405.

Myers, Norman [1972] "National parks in savannah Africa," *Science*, 178: 1255–1263.

Myers, Norman [1999] "Environmental scientists: advocates as well?," *Environmental Conservation*, 26(3): 163–165.

Myers, Norman, Russell A. Mittermeier, Cristina G. Mittermeier, Gustavo A. B. da Fonseca and Jennifer Kent [2000] "Biodiversity hotspots for conservation priorities," *Nature*, 403: 853–858.

Nelson, Fred and Arun Agrawal [2008] "Patronage or Participation?: Community-based Natural Resource Management Reform in Sub-Saharan Africa," *Development and Change*, 39(4): 557–585.

Nguyen-Van-Chi-Bonnardel, Régine [1969] "Les problèmes de la pêche maritime au Sénégal," *Annals de Géograophie*, 78: 25–56.

Nielsen, Jesper Raakjær, Poul Degnbol, K.Kuperan Viswanathan, Mahfuzuddin Ahmed, Mafaniso Hara and Nik Mustapha Raja Abdullah [2004] "Fisheries co-management —an institutional innovation?: Lessons from South East Asia and Southern Africa," *Marine Policy*, 28(2): 151–160.

O'Connor, Simon, Roderick Campbell, Tristan Knowles and Hernan Cortez [2009] *Whale watching worldwide: Tourism numbers, expenditures and expanding economic benefits, a special report from the International Fund for Animal Welfare*, Yarmouth, MA: International Fund for Animal Welfare.

Ostrom, Elinor [1990] *Governing the commons: The evolution of institutions for collective action*, Cambridge: Cambridge University Press.

Palumbi, Stephen R. [2004] "Marine reserves and ocean neighborhoods: The spatial scale of marine populations and their management," *Annual Review of Environment and Resource*, 29: 31–68.

Panfili, Jacques, Diaga Thior, Jean-Marc Ecoutin, Papa Ndiaye and Jean-Jacques Albaret [2006] "Influence of salinity on the size at maturity for fish species reproducing in contrasting West African estuaries," *Journal of Fish Biology*, 69(1): 95–113.

Pauly, Daniel, Villy Christensen, Sylvie Guénette, Tony J. Pitcher, U. Rashid Sumaila, Carl J. Walters, R. Watson and Dirk Zeller [2000] "Towards sustainability in world fisheries," *Nature*, 418: 689–695.

Pavé, Marc and Emannuel Charles-Dominique [1999] "Science et politique des pêches en Afrique occidentale française (1900–1950) : quelles limites de quelles ressources ?," *Nature Sciences Sociétés*, 7(2): 5–18.

Pélissier, Paul [1966] *Les paysans du Sénégal : Les civilisations agraires du Cayor à la Casamance*, Saint-Yrieix, France : Fabrègue.

Pierret, G. [1897] *Essai sur la propriété foncière indigène au Sénégal*, Saint-Louis : Imprimérie du gouvernement.

Pikitch, E. K., C. Santora, E. A. Babcock, A. Bakun, R. Bonfil, D. O. Conover, P. Dayton, P. Doukakis, D. Fluharty, B. Heheman, E. D. Houde, J. Link, P. A. Livingston, M. Mangel, M. K. McAllister, J. Pope and K. J. Sainsbury [2004] "Ecosystem-based fishery management," *Science*, 305: 346–347.

Pinkerton, Evelyn (ed.) [1989] *Co-operative management of local fisheries: new directions for improved management and community development*, Vancouver: University of British Columbia Press.

Platteau, Jean-Philippe and Tomasz Strzalecki [2004] "Collective action heterogeneous loyalties and path dependence: Micro-evidence from Senegal," *Journal of African Economies*, 13(3): 417–445.

Polunin, Nicholas V. C. and Callum M. Roberts [1993] "Greater biomass and value of target coral-reef fishes in two small Caribbean marine reserves," *Marine Ecology Progress Series*, 100: 167–176.

Pomeroy, Robert S. [1995] "Community-based and co-management institutions for sustainable coastal fisheries management in South-East Asia," *Marine Policy*, 27(3): 143–162.

Pomeroy, Robert S. and Fikret Berkes [1997] "Two to tango: The role of government in fisheries co-management," *Marine Policy*, 21(5): 465–480.

Poteete, Amy R. and Jesse C. Ribot [2011] "Repertoires of Domination: Decentralization as Process in Botswana and Senegal," *World Development*, 39(3): 439–449.

RAMPAO (Réseau régional d'Aires Marines Protégées en Afrique de l'Ouest) [2010] *Evaluation de l'efficacité de la gestion des aires marines protégées du RAMPAO*, Dakar.

RAMPAO [2011] "Validation du document de stratégie nationale pour les aires marines protégées du Sénégal," *Courrier du RAMPAO*, 18, Aout-Sept 2011.

Republic of South Africa [1998] *Gouvernment Gazette No.18930.*

République du Sénégal [1996] *Décret N° 96–103 modifiant le Décret 89 775 du 30 juin 1989 Fixant les modalités d'intervention des Organisations Non Gouvernmentales (ONG).*

République du Sénégal [2004] *Journal Officiel N° 6197 du Samedi 18 Décembre 2004.*

République du Sénégal [2008] *Contribution de la direction du développement communautaire à l'atelier du centif sur le financement du terrorisme du 18 au 20 décembre 2008.*

Ribot, Jesse C. [1999] "Decentralisation, participation and accountability in Sahelian forestry: Legal instruments of political-administrative control," *Africa*, 69(1): 23–65.

Ribot, Jesse C. [2003] "Democratic decentralisation of natural resources: Institutional choice and discretionary power transfers in Sub-Saharan Africa," *Public Administration and Development*, 23(1): 53–65.

Roberts, Callum M., James A. Bohnsack, Fiona Gell, Julie P. Hawkins and Renata Goodridge [2001] "Effects of Marine Reserves on Adjacent Fisheries," *Science*, 294: 1920–1923.

Roe, Dilys [2008] "The origins and evolution of the conservation poverty debate: a review of key literature, events and policy processes," *Oryx*, 42(4): 491–503.

Roure, Georges and Lucien Blancou [1952] *Notes sur la faune de chasse de l'A.O.F. : Sa protection et sa mise en valeur*, Dakar : Inspection Générale des Eaux et Forêts.

Russ, Garry R. and Angel C. Alcala [1996] "Do marine reserves export adult fish biomass?: Evidence from Apo Island, central Philippines," *Marine ecology progress series*, 132: 1–9.

Sandbrook, Chris G. [2010] "Putting leakage in its place: The significance of retained tourism revenue in the local context in rural Uganda," *Journal of International Development*, 22(1): 124–136.

Sandin, Stuart A., Jennifer E. Smith, Edward E. DeMartini, Elizabeth A. Dinsdale, Simon D. Donner, Alan M. Friedlander, Talina Konotchick, Machel Malay, James E. Maragos, David Obura, Olga Pantos, Gustav Paulay, Morgan Richie, Forest Rohwer, Robert E. Schroeder, Sheila Walsh, Jeremy B. C. Jackson, Nancy Knowlton and Enric Sala [2008] "Baselines and degradation of coral reefs in the Northern Line Islands,"

PLoS ONE, 3(2): e1548.

Sarr, Alioune and Charles Becker [1987] "Histoire du Sine-Saloum (Sénégal)," *Bulletin de l'Institut Fondamental d'Afrique Noire*, 46B(3–4): 211–283.

Sarr, Omar [2005] "Aire marine protégée, gestion halieutique, diversification et développement local : le cas de la Réserve de Biosphère du Delta du Saloum (Sénégal)," Thèse de Doctorat, Université de Bretagne Occidentale.

Schlechten, Marguerite [1988] *Tourisme balnéaire ou tourisme rural intégré ? : Deux modèles de développement Sénégalais*, Editions Universitaires Fribourg Suisse.

Sekino, Nobuyuki [2007] "La promotion de l'écotourisme Etude de cas : La Réserve Naturelle Communautaire de Palmarin," Rapport de stage IRD.

Sekino, Nobuyuki [2008] "Etude comparative des aires protégées de la Petite Côte et du Delta du Saloum," mémoire UVSQ.

Senghor, Léopold [1976] "Pour une relecture africaine de Marx et d'Engels," *Éthiopiques*, 5: 4–18.

Shackleton, C. M., T. J. Willis, K. Brown and N. V. C. Polunin [2010] "Reflecting on the next generation of models for community-based natural resources management," *Environmental Conservation*, 37(1): 1–4.

Simpson, Murray C. [2008] "Community benefit tourism initiatives: A conceptual oxymoron?," *Tourism Management*, 29(1): 1–18.

Smith, Robert J., Diogo Verissimo, Nigel Leader-Williams, Richard M. Cowling and Andrew T. Knight [2009] "Let the locals lead," *Nature*, 462: 280–281.

Stead, Selina M. [2005] "A comparative analyses of two forms of stakeholder participation in European aquaculture governance: Self-regulation and Integrated Coastal Zone Management," in T. S. Gray (ed.), *Participation in Fisheries Governance*, Netherlands: Springer, 179–192.

Stem, Caroline J., James P. Lassoie, David R. Lee, David D. Deshler and John W. Schelhas [2003] "Community Participation in Ecotourism Benefits: The Link to Conservation Practices and Perspectives," *Society & Natural Resources*, 16(5): 387–413.

Stronza, Amanda [2001] "Anthropology of tourism: Forging new ground for ecotourism and other alternatives," *Annual Review of Anthropology*, 30: 261–283.

Stronza, Amanda and Javier Gordillo [2008] "Community views of ecotourism," *Annals of Tourism Research*, 35(2): 448–468.

Suzuki, David and Peter Knudston [1992] *Wisdom of the Elders: Sacred Native Stories of*

Nature, New York: Bantam Books.

Sylla, Aïda [1978] *La philosophie morale des Wolof*, Dakar: Sankoré.

Tandian, Dieynaba [1998] "Les suites de la dévaluation du franc CFA de janvier 1994," *L'actualité économique*, 74(3): 561–581.

Thiao, Djiga, Christian Chaboud, Arona Samba, Francis Laloëd and Philippe M. Cury [2012] "Economic dimension of the collapse of the 'false cod' Epinephelus aeneus in a context of ineffective management of the small-scale fisheries in Senegal," *African Journal of Marine Science*, 34(3): 305–311.

Tito de Morais, Luis, Monique Simier, Jean Rafrray, Oumar Sadio and I. Sow [2007] *Suivi biologique des peuplements de poissons d'une aire protégée en zone de mangrove : le bolon de Bamboung (Sine Saloum, Sénégal)*, rapport 2007, Dakar : IRD, Océanium.

United Nations [2002] *Report of the World Summit on Sustainable Development*, New York: United Nations.

UNWTO (World Tourism Organization) [1988] *Tourism to the Year 2000: Qualitative Aspects Affecting Global Growth*, Madrid.

UNWTO [2012] *UNWTO World Tourism Barometer*, Volume 10.

Walters, Carl J. and Ray Hilborn [1976] "Adaptive Control of Fishing Systems," *Journal of the Fisheries Research Board of Canada*, 33(1): 145–159.

WASSDA [2008] *West African Fisheries Profiles*, April 2008, USAID, West Africa.

WCPA / IUCN (World Commission on Protected Areas / International Union for the Conservation of Nature) [2007] *Establishing networks of marine protected areas: a guide for developing national and regional capacity for building MPA networks*, Gland, Switzerland: WCPA/IUCN.

Weigel, Jean-Yves and Omar Sarr [2002] *Analyse bibliographique des aires marines protégées : Références générales et regionals*, Coherence of Conservation and Development Policies of Coastal and Marine Protected Areas in West Africa, IRD Dakar.

Weigel, Jean-Yves, François Féral and Bertrand Cazalet (eds.) [2007] *Les aires marines protégées d'Afrique de l'Ouest : Gouvernance et politiques publiques*, Perpignan, Presses Universitaires de Perpignan.

West, Paige and James G. Carrier [2004] "Ecotourism and authenticity," *Current Anthropology*, 45(4): 483–498.

Western, David and Michael Wright (eds.) [1994] *Natural Connections: Perspectives in Community-based Conservation*, Washington, D.C.: Island Press.

Wilson, James [2002] "Scientific uncertainty, complex systems and the design of common-pool institutions," in E. Ostrom, T. Dietz, N. Dolsak, P. C. Stern, S. Sonich and E. U. Weber (eds.), *The Drama of the Commons*, Washington, D.C.: National Academy Press, 327–359.

Wood, Louisa J., Lucy Fish, Josh Laughren and Daniel Pauly [2008] "Assessing progress towards global marine protection targets: Shortfalls in information and action," *Oryx*, 42(3): 340–351.

Young, Emily H. [1999] "Balancing conservation with development in small-scale fisheries: Is ecotourism an empty promise?," *Human Ecology*, 27(4): 581–620.

Zeppel, Heather [2007] "Indigenous ecotourism: conservation and resource rights," in James Higham (ed.), *Critical issues in ecotourism: Understanding a complex tourism phenomenon*, Oxford: Elsevier Butterworth Heinemann, 308–348.

著者紹介

關野伸之（せきの・のぶゆき）

1972年，岐阜県生まれ．
岐阜県職員として10年間勤務後，JICA海外長期研修員として
フランスに派遣．
2013年，京都大学大学院アジア・アフリカ地域研究研究科修了．
博士（地域研究）．
京都大学大学院理学研究科産官学連携研究員を経て，
2014年より総合地球環境学研究所プロジェクト研究員．

主要論文「環境NGOの正統化がもたらす権力関係の再生産」
（『アフリカ研究』81号，2012年），
「地域のレジティマシーをつくるのはだれか
――セネガル・バンブーン共同体海洋保護区の事例から」
（『環境社会学研究』16号，2010年）など．

だれのための海洋保護区か
――西アフリカの水産資源保護の現場から

2014年3月31日　初版第1刷発行©

著　者＝關野伸之
発行所＝株式会社 新 泉 社
東京都文京区本郷2－5－12
振替・00170－4－160936番　TEL 03(3815)1662　FAX 03(3815)1422
印刷・製本　萩原印刷

ISBN978-4-7877-1409-1　C1036